Brahim Draredja
Makhlouf Ounissi

Structure et fonctionnement d'un milieu lagunaire méditerranéen

AF185571

Brahim Draredja
Makhlouf Ounissi

Structure et fonctionnement d'un milieu lagunaire méditerranéen

Lagune Mellah (El-Kala, Algérie Nord-Est)

Éditions universitaires européennes

Imprint

Any brand names and product names mentioned in this book are subject to trademark, brand or patent protection and are trademarks or registered trademarks of their respective holders. The use of brand names, product names, common names, trade names, product descriptions etc. even without a particular marking in this work is in no way to be construed to mean that such names may be regarded as unrestricted in respect of trademark and brand protection legislation and could thus be used by anyone.

Cover image: www.ingimage.com

Publisher:
Éditions universitaires européennes
is a trademark of
International Book Market Service Ltd., member of OmniScriptum Publishing Group
17 Meldrum Street, Beau Bassin 71504, Mauritius

Printed at: see last page
ISBN: 978-3-8416-7176-9

Zugl. / Agréé par: Annaba, Université Badji Mokhtar, 2007

STRUCTURE ET FONCTIONNEMENT D'UN MILIEU LAGUNAIRE MÉDITERRANÉEN : LAGUNE MELLAH (EL-KALA, ALGÉRIE NORD-EST)

Brahim DRAREDJA et Makhlouf OUNISSI

Août 2015

AVANT-PROPOS

Le présent travail est un extrait d'une thèse de doctorat d'état qui traite le fonctionnement d'un écosystème lagunaire Sud méditerranéen (lagune Mellah, Algérie Nord-Est). C'est le le fruit d'un travail personnel et d'une collaboration effective et d'échanges bénéfiques avec des spécialistes en écologie marine d'une manière générale, et en écologie lagunaire plus particulièrement. Je tiens donc à associer à ce travail tous ceux qui y ont contribué à divers titres.

Toute ma reconnaissance à toutes les personnes qui ont contribué de près ou de loin à la réalisation de cette étude, je cite en particulier :

Monsieur Makhlouf Ounissi (Professeur, Département des Sciences de la Mer, Université Badji Mokhtar – Annaba), d'avoir accepté de diriger ma thèse. Il m'a fait part de son expérience et son savoir faire dans les domaines de l'écologie marine et lagunaire. J'ai particulièrement apprécié son soutien amical lors des moments difficiles, ses précieuses orientations et la confiance qu'il a bien voulu m'accorder. Pour sa précieuse et bénéfique contribution, il est de mon devoir de l'associer en tant que co-auteur dans cette étude.

Monsieur Georges Stora (Directeur de recherche au CNRS, Laboratoire de microbiologie, géochimie et écologie marines (LMGEM), Centre d'Océanologie de Marseille (COM), Université de la Méditerranée, France), m'a honoré en co-dirigeant cette recherche. Je tiens à lui exprimer toute ma gratitude pour les multiples accueils chaleureux au sein de son laboratoire et pour toute l'aide matérielle et scientifique lors de mes séjours à Marseille. Je n'oublierai jamais l'ambiance sympathique et amicale de son équipe.

Cette étude a été réalisée grâce à la contribution de plusieurs organismes :

- Il m'est indispensable de remercier M. Zoubir Farsi PDG de l'Office National de Développement de la Pêche et de l'Aquaculture (ONDPA) et l'ensemble du personnel technique et administratif, en particulier M. Meftah Bousaha, l'infatigable Ahcen, Moncef et tous ceux que j'ai oublié et qui n'ont jamais épargné leurs efforts afin de m'apporter de l'aide lors de l'échantillonnage.

- Je n'oublie guère la sympathique équipe de la Station Biologique d'El-Kala et à sa tête mon collègue le Professeur Slim Bentacoub. A travers ce témoignage je le félicite surtout pour sa présence constante et ses précieux services techniques (transport, embarcation, benne, etc.).

- Toute ma gratitude également aux responsables du Parc National d'El-Kala (PNEK), qui ont mis à ma disposition des moyens logistiques nécessaires assurant ainsi le bon déroulement de la phase d'échantillonnage. Pour leurs efforts et participations je leur rends un grand hommage et je leur promets à l'avenir une meilleure collaboration scientifique au service de la sauvegarde d'un patrimoine aussi précieux que le PNEK.

- Je remercie infiniment Le Directeur régional de l'Office National de la Météorologie M. Abdelali Bekhouche, ainsi que le responsable de la station météorologique d'El-Kala M. Bougharaf qui m'ont fourni les différentes données météorologiques relatives à la zone d'étude.

La majorité des traitements des échantillons et les analyses des données ont été réalisés grâce à la collaboration de différents laboratoires dont :

- Le Laboratoire de Microbiologie Géochimie et Écologie Marines (LMGEM) du Centre d'Océanologie de Marseille (COM). L'ensemble de l'équipe du LMGEM, particulièrement Frank Gilbert, Eric Dupont, Christian Ré, m'ont toujours réservé un accueil chaleureux et sympathique. Une reconnaissance particulière à M. Georges Stora (Directeur de recherche CNRS), qui n'a jamais hésité à m'aider. Sa disponibilité et surtout sa patience m'ont été toujours d'un grand réconfort pour le bon déroulement de mon travail.

- L'identification des espèces phytoplanctoniques et la majorité des analyses chimiques et biochimiques ont été effectuées au laboratoire du Département des Sciences de la Mer, avec la précieuse collaboration de mes amis et collègues Abdelkhalek Rétima et Hocine Fréhi. Je n'oublierai jamais les longs moments qu'ils m'ont consacré afin de mener à bien cette fastidieuse partie. Je les remercie sincèrement de m'avoir facilité la tâche concernant ce compartiment parfois très pénible à aborder.

- Un grand hommage aussi à deux amis et hommes de sciences, qui nous ont quitté au courant de l'année 2006. Le Professeur Mohamed Guellati, enseignant chercheur au Département de Biologie et Vice Recteur à l'université d'Annaba, était un scientifique et un administrateur intègre et disponible. Le Docteur Gaston Desrosier (Directeur de recherche à l'université de Roumouski au Québec), que j'ai connu au Centre d'Océanologie de Marseille. A ces deux hommes de sciences je dédie ce travail.

- Pour conclure, il m'est nécessaire de demander pardon à ma famille de ne pas pouvoir être parfaitement disponible ces cinq dernières années, je leur promets une meilleure présence pendant les jours qui viennent.

L'auteur principal : Brahim DRAREDJA

SOMMAIRE

INTRODUCTION GÉNÉRALE   1

PREMIÈRE PARTIE : MILIEUX LAGUNAIRES

CHAPITRE I : SYNTHÈSE SUR LES ÉCOSYSTÈMES LAGUNAIRES

1. Introduction   5
2. Définitions et classification   5
3. Particularités physiologiques et productivité des eaux saumâtres   11

CHAPITRE II : PRÉSENTATION DE LA LAGUNE MELLAH

1. Situation géographique   13
2. Morphométrie   13
3. Conditions météorologiques   14
    3.1. Température de l'air   15
    3.2. Précipitations et évaporation   15
    3.3. Régime des vents   17
4. Hydrodynamisme   19
    4.1. Bassin versant   19
    4.2. Marées et courants   19
5. Nature du fond   20
6. Aménagement et exploitation   21
7. Conclusion   23

DEUXIÈME PARTIE : SYSTÈME PÉLAGIQUE

CHAPITRE I : ENVIRONNEMENT PHYSICO-CHIMIQUE

1. Introduction   24
2. Matériel et méthodes   24
    2.1. Choix des stations   24
    2.2. Méthodes de prélèvements et d'analyses   25
       2.2.1. Température et salinité   25
       2.2.2. Oxygène dissous, pH et transparence des eaux   25

2.2.3. Sels nutritifs   26
2.2.4. Dosage de la chlorophylle *a* et des phéopigments   27
2.2.5. Matière en suspension (M.E.S)   27
2.2.6. Carbone organique particulaire (C.O.P)   27
3. Résultats   28
   3.1. Caractères hydrologiques   28
   3.1.1. Température   28
   3.1.2. Salinité   28
   3.1.3. pH   30
   3.1.4. Oxygène dissous   31
   3.1.5. Transparence des eaux   33
   3.2. Sels nutritifs   34
   3.2.1. Azote ammoniacal (N–NH$_4^+$)   35
   3.2.2. Nitrates (NO$_3^-$)   35
   3.2.4. Phosphates (PO$_4^{3-}$)   35
   3.3. Matières organiques   39
   3.3.1. Chlorophylle *a* et phéopigments   39
   3.3.2. Matières en suspension et carbone organique
   particulaire   41
4. Fonctionnement hydrologique de la lagune   42
5. Discussion et conclusion   46

CHAPITRE II : PHYTOPLANCTON

1. Introduction   54
2. Matériel et méthodes   55
   2.1. Choix des stations   55
   2.2. Échantillonnage et analyse du phytoplancton   56
3. Conditions physico-chimiques   58
   3.1. Température et salinité   58
   3.2. pH et transparence des eaux   59
4. Peuplements phytoplanctoniques   61
   4.1. Composition et distribution taxonomique   61
   4.2. Distribution spatio-temporelle   66
   4.3. Structure des peuplements   74
5. Discussion et conclusion   76

CHAPITRE III : ZOOPLANCTON

1. Introduction   80
2. Matériel et méthodes   81
3. Composition taxonomique   82
4. Abondance des peuplements zooplanctoniques   83
    4.1 Composants holoplanctoniques   84
    4.2. Composants méroplanctoniques   90
    4.3. Nectobenthos   93
5. Discussion et conclusion   94

TROISIÈME PARTIE : SYSTÈME BENTHIQUE

CHAPITRE I : SÉDIMENTS

1. Introduction   99
2. Matériel et méthodes   99
    2.1. Choix des stations et prélèvement   99
    2.2. Analyses sédimentaires   100
        2.2.1. Évaluation des pélites   100
        2.2.2. Analyse granulométrique   101
        2.2.3. Autres analyses sédimentaires   101
3. Expression des résultats   102
    3.1. Histogrammes de fréquence   102
    3.2. Courbes cumulatives semi-logarithmiques   102
    3.3. Indices granulométriques   102
    3.4. Triangle de Folk   103
4. Résultats   104
    4.1. Caractéristiques granulométriques   104
    4.1.1. Teneurs en pélites   105
    4.1.2. Granulométrie   106
    4.2. Cartographie sédimentaire   108
    4.3. Matière organique sédimentaire (M.O.S)   108
    4.4. Teneur en carbonates totaux   109
5. Discussion et conclusion   110

CHAPITRE II : MACROFAUNE BENTHIQUE

1. Introduction	113
2. Matériel et méthodes	113
2.1. Choix des stations	113
2.2. Échantillonnage	114
2.3. Traitement des échantillons	115
2.4. Expression des résultats	115
2.4.1. Caractéristiques analytiques	115
2.4.2. Indices biocénotiques	116
2.4.3.Autres analyses	116
3. Description des peuplements macrobenthiques	116
3.1. Description générale	116
3.2. Organisation trophique	118
3.3. Variations temporelles de la composition spécifique	119
4. Structure et organisation de la macrofaune benthique	124

CONCLUSION GÉNÉRALE 135

RÉSUMÉS

Français	137
Anglais	138

REFERENCES BIBLIOGRAPHIQUES 139

ANNEXES 160

LISTE DES FIGURES

N° figure	Titre	Page
	Première partie : Milieux lagunaires	
Figure I.1	Classification des eaux selon le diagramme de salinité de Pora et Bacescu (1977).	7
Figure I.2	Diagramme schématique de la classification des milieux paralique selon leur degré de confinement (I à VI). (D'après Guelorget et Perthuisot, 1983).	8
Figure I.3	Position géographique de la lagune Mellah.	13
Figure I.4	Vue satellitaire du système lacustre de la région d'El-Kala (www.googlearth.com, modifié).	14
Figure I.5	Bathymétrie de la lagune Mellah (d'après Guelorget et al., 1982).	15
Figure I.6	Variations mensuelles de la température moyenne de l'air dans la région d'El-Kala (1990 – 2000).	16
Figure I.7	Variations mensuelles des valeurs moyennes de la température de l'air, des précipitations, de l'évaporation et de la vitesse des vents dans la région d'El-Kala (octobre 97 – décembre 98).	16
Figure I.8	Variations mensuelles des valeurs moyennes de la température de l'air, des précipitations, de l'évaporation et de la vitesse des vents dans la région d'El-Kala (octobre 2000 – décembre 2001).	18
Figure I.9	Variations des valeurs moyennes mensuelles des précipitations et de l'évaporation dans la région d'El-Kala (1990 – 2000).	18
Figure I.10	Mouvements des eaux superficielles. A: trajectoires hypothétiques (d'après Guelorget et al., 1989). B et C: mouvements rectilignes des eaux respectivement pendant le flot et le jusant (d'après Messerer, 1999).	20
Figure I.11	Production piscicole dans la lagune Mellah de 1991 à 2001 (Source : ONDPA).	22
Figure I.12	Production conchylicole dans la lagune Mellah de 1991 à 2001 (Source : ONDPA).	22
	Deuxième partie : Système pélagique	
Figure II.1	Localisation des stations étudiées. ★: stations ayant fait l'objet d'analyses de M.E.S, de C.O.P, des sels nutritifs et de la chlorophylle en plus des relevés hydrologiques.	25

Liste des figures (suite) :

N° figure	Titre	Page
Figure II.2	Évolution mensuelle de la température et de la salinité dans les stations prospectées dans la lagune Mellah (novembre 97 – décembre 98).	29
Figure II.3	Variations mensuelles des températures moyennes de l'air et des eaux de la lagune Mellah (novembre 97 – décembre 98).	30
Figure II.4	Évolution mensuelle de la température et de la salinité dans les eaux du chenal (A) et à l'échelle de la lagune (B) (novembre 97 – décembre 98).	31
Figure II.5	Évolution mensuelle du pH et de l'oxygène dissous dans les stations prospectées dans la lagune Mellah (novembre 97 – décembre 98).	32
Figure II.6	Évolution mensuelle du pH et de l'oxygène dissous dans les eaux du chenal (A) et à l'échelle de la lagune (B) (novembre 97 – décembre 98).	33
Figure II.7	Variations mensuelles des teneurs en ammonium dans les stations échantillonnées de la lagune Mellah durant l'année 1998.	36
Figure II.8	Variations mensuelles des teneurs en ammonium dans le chenal et à l'échelle de la lagune Mellah durant l'année 1998.	36
Figure II.9	Variations mensuelles des teneurs en nitrates dans les stations échantillonnées de la lagune Mellah, durant l'année 1998.	37
Figure II.10	Variations mensuelles des teneurs en nitrates dans la station chenal et à l'échelle de la lagune Mellah, durant l'année 1998.	38
Figure II.11	Variations mensuelles des teneurs en phosphates dans les stations échantillonnées de la lagune Mellah en 1998.	38
Figure II.12	Variations mensuelles des teneurs en phosphates dans la station chenal et à l'échelle de la lagune Mellah durant l'année 1998.	39
Figure II.13	Variations mensuelles de la teneur en chlorophylle *a* et en phéopigments dans les stations échantillonnées de la lagune Mellah durant l'année 1998.	40
Figure II.14	Variations mensuelles de la teneur en chlorophylle *a* et en phéopigments *a* dans la station chenal et à l'échelle de la lagune Mellah durant l'année 1998.	41

Liste des figures (suite) :

N° figure	Titre	Page
Figure II.15	Évolution mensuelle de la teneur en matière en suspension (M.E.S) et du taux en carbone organique particulaire (C.O.P), dans les stations prospectées et à l'échelle de la lagune Mellah durant l'année 98.	42
Figure II.16	Hydrologie et régime de marée du 22 au 25 août 1999 de la lagune Mellah (valeurs négatives en jusant).	43
Figure II.17	Localisation des stations d'échantillonnage du phytoplancton dans la lagune Mellah.	56
Figure II.18	Évolution mensuelle de la température et de la salinité dans les stations prospectées de la lagune Mellah (octobre 2000 – décembre 2001).	59
Figure II.19	Évolution mensuelle du pH dans les stations prospectées de la lagune Mellah (octobre 2000 – décembre 2001).	60
Figure II.20	Composition numérique (abondances relatives moyennes) des différents groupes phytoplanctoniques récoltés dans la lagune (novembre 2000 – décembre 2001).	67
Figure II.21	Composition du phytoplancton (dominance en %) prélevés dans la lagune Mellah (novembre 2000 – décembre 2001).	71
Figure II.22	Variations de la densité (échelle logarithmique) des différents groupes phytoplanctoniques récoltés dans la lagune (novembre 2000 – décembre 2001).	72
Figure II.23	Densité moyenne (échelle logarithmique) du phytoplancton récolté dans la lagune (novembre 2000 – décembre 2001).	73
Figure II.24	Densité (ind.l^{-1}) des espèces phytoplanctoniques à floraison, récoltées dans les stations lagunes (B et C) (novembre 2000 – décembre 2001).	73
Figure II.25	Évolution mensuelle de l'indice de diversité (H' en bits.ind^{-1}) et de la régularité (E) dans les stations A, B et C (novembre 2000 – décembre 2001).	75
Figure II.26	Localisation des stations d'échantillonnage du zooplancton dans la lagune Mellah.	81
Figure II.27	Variations mensuelles de la densité (ind.m^{-3}, échelle logarithmique) du zooplancton total dans les stations A, B et C, durant l'année 1998.	83
Figure II.28	Variations mensuelles de la densité (ind.m^{-3}) de l'holoplancton et de sa dominance correspondante (fréquence %), dans les stations A, B et C, durant l'année 1998.	85

Liste des figures (suite) :

N° figure	Titre	Page
Figure II.29	Variations mensuelles de la densité (ind.m^{-3}) des Copépodes et leur dominance correspondante (fréquence relative %) récoltés dans les stations A, B et C, durant l'année 1998.	86
Figure II.30	Variations mensuelles de la densité (ind.m^{-3}) du copépode *Acartia latisetosa* et de sa dominance correspondante (fréquence relative %) dans les stations A, B et C, durant l'année 1998.	87
Figure II.31	Variations mensuelles de la densité (ind.m^{-3}) du Copépode de *Centropages kroyeri*, et sa dominance correspondante (fréquence relative %) dans les stations A, B et C, durant l'année 1998.	87
Figure II.32	Variations mensuelles de la densité (ind.m^{-3}) du Copépode de *Oithona nana*, et sa dominance correspondante (fréquence relative %) dans les stations A, B et C, durant l'année 1998.	88
Figure II.33	Variations mensuelles de la densité (ind.m^{-3}) des nauplii de Copépodes et leurs dominances correspondantes (fréquence relative %) dans les stations A, B et C, durant l'année 1998.	88
Figure II.34	Variations mensuelles de la densité (ind.m^{-3}) des copépodites et leurs dominances correspondantes (fréquence relative %) dans les stations A, B et C, durant l'année 1998.	89
Figure II.35	Variations mensuelles de la densité (ind.m^{-3}) du méroplancton et sa dominance correspondante (fréquence relative %) dans les stations A, B et C, durant l'année 1998.	90
Figure II.36	Variations mensuelles de la densité (ind.m^{-3}) des larves de Gastéro-podes et leur dominance correspondante (fréquence relative %) dans les stations A, B et C, durant l'année 1998.	91
Figure II.37	Variations mensuelles de la densité (ind.m^{-3}) des Polychètes et leur dominance correspondante (fréquence relative %) récoltés dans les stations A, B et C, durant l'année 1998.	92
Figure II.38	Variations mensuelles de la densité (ind.m^{-3}) des larves de Cirripèdes et de leurs dominances correspondantes (fréquence relative % en bas) dans les stations A, B et C, durant l'année 1998.	93
Figure II.39	Variations mensuelles de la densité (ind.m^{-3}) du nectobenthos et sa dominance correspondante (fréquence relative %) dans les stations A, B et C, durant l'année 1998.	94

Liste des figures (suite) :

N° figure	Titre	Page
Troisième partie : Système benthique		
Figure III.1	Localisation des stations d'échantillonnage des sédiments dans la lagune Mellah.	100
Figure III.2	Caractéristiques granulométriques des stations prospectées selon le triangle de Folk (1965).	104
Figure III.3	Répartition de la teneur en pélites (en %) dans les sédiments de la lagune Mellah.	106
Figure III.4	Couverture sédimentaire de la lagune Mellah et répartition des herbiers à *Ruppia* sp.	107
Figure III.5	Répartition de teneur en matière organique (en %) dans les sédiments de la lagune Mellah.	109
Figure III.6	Répartition de teneur en carbonates totaux (en %) dans les sédiments de la lagune Mellah.	110
Figure III.7	Localisation des stations d'échantillonnage de la macrofaune benthique dans la lagune Mellah.	114
Figure III.8	Dominance moyenne des différents groupes zoologiques récoltés dans la lagune Mellah.	118
Figure III.9	Dominance moyenne des principales espèces macrozoo-benthiques récoltées dans la lagune Mellah.	118
Figure III.10	Organisation trophique (dominance moyenne) de la macrofaune benthique de la lagune Mellah.	119
Figure III.11	Similarité (indice de Sorensen) entre les différentes périodes d'étude (Bakalem et Romano, 1979 : juin 79 ; Semroud, 1983 : 79–80 ; Draredja, 1992 : avril 88 ; Grimes, 1994 : 91–92 et la présente étude (98) de la macrofaune benthique de la lagune Mellah.	124

LISTE DES FIGURES EN ANNEXES

N° figure	Titre	Page
	Troisième partie : Système benthique	
Figure A-1	Courbes des fréquences cumulées des stations (de 1 à 16) prospectées dans la lagune Mellah.	160
Figure A-2	Courbes des fréquences cumulées des stations (de 17 à 33) prospectées dans la lagune Mellah.	161
Figure A-3	Histogrammes de fréquence des stations (de 1 à 15) prospectées dans la lagune Mellah.	162
Figure A-4	Histogrammes de fréquence des stations (de 16 à 33) prospectées dans la lagune Mellah.	163

LISTE DES TABLEAUX

N° tableau	Titre	Page
Première partie : Milieux lagunaires		
Tableau I.1	Classification des eaux en fonction de leur degré halin (d'après Petit, 1954).	6
Tableau I.2	Classification des estuaires (inspirée de la classification de Mc Lusky, 1993).	10
Deuxième partie : Système pélagique		
Tableau II.1	Description des stations échantillonnées. VP : Vase pure, VS : Vase sableuse, VLS : Vase légèrement sableuse, SP : Sable pur, SLV : Sable légèrement envasé.	26
Tableau II.2	Méthodes de dosage des sels nutritifs dissous.	27
Tableau II.3	Variations de la profondeur relative de disparition de disque de Secchi ((Zv/Z)*100) (exprimées en %) des eaux de la lagune Mellah (novembre 97 – décembre 98).	33
Tableau II.4	Caractéristiques de la marée et des échanges advectifs hydrologiques qu'elle induit entre la lagune Mellah et son littoral adjacent lors de la période d'expérience d'été 1999. Ji : jusant 1 à 7, Fi : flot 1 à 6, Jm : valeur moyenne du jusant, Fm : valeur moyenne du flot, φ : phase de marée, Tφ : durée de phase, Vm (φ) : vitesse moyenne du courant de marée, Qpφ : volume d'eau cumulé de phase, Qdφ : volume d'eau douce cumulé de phase d'origine lagunaire, Smφ : salinité moyenne de phase.	42
Tableau II.5	Caractéristiques saisonnières des échanges hydrologiques tidaux entre la lagune Mellah et littoral adjacent. Les données de chaque période ont été relevées à l'échelle de la demi-heure à la station-chenal. Tφj : durée de l'écoulement lagune-mer ou jusant ; Tφf : durée de l'écoulement mer-lagune ou flot ; Vmφj : vitesse moyenne du jusant ; Vmφf : vitesse moyenne du flot ; Qpφf : volume entrant ; Qpφj volume sortant; B : bilan = (Qp φj – Qp φf) ; Rj : échange journalier = (Qp φj + Qp φf). Sj : salinité de franc jusant ; Sf : salinité de franc flot. (*) : données d'après Ounissi *et al.* (2002).	45
Tableau II.6	Comparaison de la variabilité thermique dans différents écosystèmes lagunaires méditerranéens.	47

Liste des tableaux (suite) :

N° tableau	Titre	Page
Tableau II.7	Comparaison de la variabilité haline dans différents écosystèmes lagunaires méditerranéens.	48
Tableau II.8	Variabilités en sels nutritifs dans la lagune Mellah et dans d'autres écosystèmes lagunaires méditerranéens.	50
Tableau II.9	Variabilités de la biomasse chlorophyllienne dans la lagune Mellah et dans d'autres écosystèmes lagunaires méditerranéens.	51
Tableau II.10	Liste taxonomique du microphytoplancton récolté dans la lagune Mellah (novembre 2000 – décembre 2001), (D : douce, M : marine, L : lagunaire, T : toxique).	62
Tableau II.11	Types de toxicité chez le phytoplancton toxique (Steindinger, 1983 ; Taylor, 1984 a et b 1985 ; Lassus, 1988), prélevé dans la lagune Mellah (novembre 2000 – décembre 2001). DSP : Diarrheic Shellfish Poison, NSP : Neurotoxic Shellfish Poison, PSP : Paralytic Shellfish Poison, ASP : Amnesic Shellfish Poison, CTX : Ciguatoxine, MTX : Maitoxine, STX : Scaritoxine.	66
Tableau II.12	Liste des espèces constantes (F>50%), recensées dans les stations échantillonnées de la lagune Mellah (novembre 2000 – décembre 2001). (++ : F>75%).	68
Tableau II. 13	Phytoplancton lagunaire du bassin occidental méditerranéen.	77
Tableau II.14	Liste des espèces zooplanctoniques identifiées dans les stations A (chenal) et B, C (lagunes), durant l'année 1998. (+) : espèces marines.	82
Troisième partie : Système benthique		
Tableau III.1	Dominance moyenne (Dm en %) de la macrofaune benthique dans la lagune Mellah.	117
Tableau III.2	Liste des espèces macrozoobenthiques récoltées dans la lagune Mellah de 1979 à 1998. (+) : présence, (–) : absence	121

LISTE DES TABLEAUX EN ANNEXES

N° tableau	Titre	Page
	Deuxième partie : Système pélagique	
Tableau A-1	Évolution de la composition taxonomique des peuplements micro-phytoplanctoniques et fréquence des espèces récoltées dans la station A (novembre 2000 - décembre 2001). (r, a et c : espèces rares, accessoires et constantes).	164
Tableau A-2	Évolution de la composition taxonomique des peuplements microphytoplanctoniques et fréquence des espèces récoltées dans la station B (novembre 2000 - décembre 2001). (r, a et c : espèces rares, accessoires et constantes).	171
Tableau A-3	Évolution de la composition taxonomique des peuplements microphytoplanctoniques et fréquence des espèces récoltées dans la station C (novembre 2000 - décembre 2001). (r, a et c : espèces rares, accessoires et constantes).	175
Tableau A-4	Répartition du microphytoplancton selon les classes dans la station A. (r, a et c : espèces rares, accessoires et constantes, ST : Richesse spécifique totale).	179
Tableau A-5	Variations mensuelles de la richesse spécifique du microphytoplancton dans la station A (novembre 2000 - décembre 2001). (S : Richesse spécifique, r, a et c : espèces rares, accessoires et constantes, ST: Richesse sp. totale).	179
Tableau A-6	Répartition du microphytoplacton selon les classes dans la station B. (r, a et c : espèces rares, accessoires et constantes, ST : Richesse spécifique totale).	180
Tableau A-7	Variations mensuelles de la richesse spécifique du microphyto-plancton dans la station B (novembre 2000 - décembre 2001). (r, a et c : espèces rares, accessoires et constantes, ST : Richesse spécifique totale).	180
Tableau A-8	Répartition du microphytoplancton selon les classes dans la station C. (r, a et c : espèces rares, accessoires et constantes, ST : Richesse spécifique totale).	180
Tableau A-9	Variations mensuelles de la richesse spécifique du microphyto-plancton récolté dans la station C (novembre 2000 - décembre 2001).	181
Tableau A-10	Variations mensuelles de la densité (ind.l^{-1}) chez les différents groupes microphytoplanctoniques de la station A (novembre 2000 - décembre 2001).	181

Liste des tableaux en annexes (suite) :

N° tableau	Titre	Page
Tableau A-11	Variations mensuelles de la densité (ind.l^{-1}) des espèces microphytoplanctoniques récoltées dans la station A (novembre 2000 – décembre 2001).	182
Tableau A-12	Variations mensuelles des dominances (%) du microphytoplancton dans la station A (novembre 2000 – décembre 2001). Variations mensuelles des dominances (%) chez les différents groupes microphytoplanctoniques de la station A, (novembre 2000 – décembre 2001).	185
Tableau A-13	Variations mensuelles de la dominance (abondances relatives en %) des espèces microphytoplanctoniques récoltées dans la station A (novembre 2000 – décembre 2001).	186
Tableau A-14	Variations mensuelles de la densité (ind.l^{-1}) chez les différents groupes microphytoplanctoniques dans la station B, (novembre 2000 – décembre 2001).	190
Tableau A-15	Variations mensuelles de la densité (ind.l^{-1}) des espèces microphytoplanctoniques récoltées dans la station B, (novembre 2000 – décembre 2001).	190
Tableau A-16	Variations mensuelles des dominances (%) chez les différents groupes microphytoplanctoniques dans la station B, (novembre 2000 –décembre 2001).	193
Tableau A-17	Variations mensuelles de la dominance (abondances relatives en %) des espèces microphytoplanctoniques récoltées dans la station B (novembre 2000 – décembre 2001).	194
Tableau A-18	Variations mensuelles de la densité (ind.l^{-1}) chez les différents groupes microphytoplanctoniques dans la station C, (novembre 2000 – décembre 2001).	197
Tableau A-19	Variations mensuelles de la densité (ind.l^{-1}) des espèces microphytoplanctoniques récoltées dans la station C, (novembre 2000 – décembre 2001).	197
Tableau A-20	Variations mensuelle des dominances (%) chez les différents groupes microphytoplanctoniques de la station C, (novembre 2000 – décembre 2001).	200
Tableau A-21	Tableau II.21 : Variations mensuelles de la dominance (abondance relatives en %) des espèces microphytoplanctoniques récoltées dans la station C (novembre 2000 – décembre 2001).	201
Tableau A-22	Variations mensuelles des indices de diversité (H'), de diversité maximale (H'$_{max}$) exprimés en bits/ind. et de l'equitabilité (E) dans les stations A, B et C (novembre 2000 – décembre 2001).	204

INTRODUCTION GÉNÉRALE

Les milieux lagunaires apparaissent depuis la plus haute antiquité comme des sites d'une importance économique. Cette réputation s'appuie sur l'exploitation des ressources aussi bien minérales que biologiques. Déjà, les Phéniciens utilisaient certains sites lagunaires pour la fabrication du sel, marchandise de grande valeur commerciale dans l'antiquité. Le domaine lagunaire occupe une place essentielle dans la pêche artisanale côtière, pratiquée depuis les temps les plus anciens. Cette activité a permis l'émergence de techniques adaptées et spécifiques aux lagunes comme en témoigne les pêcheries fixe (bordigues) installées sur le pourtour de la Méditerranée.

D'autre part, les lagunes côtières occupent jusqu'à 13% du linéaire côtier mondial et sont présentes sur une large aire de répartition allant des tropiques aux pôles (Lasserre et Postma, 1982). L'importance économique de ces milieux n'a fait que s'accroître au cours du temps. La diversification des activités, la mise en exploitation de sites, de plus en plus nombreux, l'intérêt commercial pour de nouvelles espèces, l'amélioration des techniques assurent notamment le passage de la cueillette à l'élevage, fait de ces milieux des gisements encore riches de ressources exploitables à l'heure actuelle.

Les caractéristiques des lagunes sont très variables tant au niveau de leur morphologie (taille, forme, profondeur) que du climat (situation géograhique), du bassin versant (conditionnant les apports d'eau douce) ou encore de l'ouverture sur la mer ou l'océan (conditionnant les apports d'eau marine). Malgré ces différences, certaines similitudes existent et ces écosystèmes sont classés parmi les plus productifs de la biosphère, généralement caractérisés par une forte production primaire qui peut atteindre 200 à 400 $gC.m^{-2}.an^{-1}$ (Nixon, 1982). Cette richesse a entraîné le développement d'importantes activités anthropiques directement sur les lagunes (pêche artisanale, aquaculture, etc.) auxquelles s'ajoutent des activités développées sur le bassin versant impliquant des incidences sur l'écosystème lagunaire (urbanisation, tourisme, agriculture, industrie). La multitude de ces activités rend ces milieux particulièrement fragiles et leur développement durable nécessite une gestion intégrée (Vallejo, 1982).

La place des milieux lagunaires à l'interface continent–mer, leur confère des caractéristiques physico–chimiques et biologiques originales, graduelle-ment changeantes d'une extrémité à l'autre. Cette production biologique est largement soutenue par les apports continentaux enrichissant. Les lagunes sont ainsi le siège d'une forte production biologique, et constituent des aires

1

de nurseries et d'alimentation pour plusieurs espèces autochtones et immigrantes des côtes contiguës. En plus de leurs potentialités halieutiques et aquacoles, ces écosystèmes sont soumis à des fluctuations et des perturbations naturelles et anthropiques.

La connaissance de ces milieux, suppose le suivi des paramètres physico-chimiques influençant directement ou indirectement la distribution des peuplements qui les colonisent. Toutefois, il faut signaler que la plupart des modifications environnementales et biologiques qui s'y produisent, sont liées dans une large mesure à l'importance et la variabilité des échanges hydrologiques et biologiques entre les lagunes et la mer adjacente (Ounissi *et al.*, 2002 ; Ounissi *et al.*, sous presse a et b).

Les études antérieures ne répondent pas d'une manière pertinente à la problématique réelle du Mellah, celle qui s'attache au fonctionnement hydrologique, écologique et aux potentialités halieutiques et aquacoles de ce milieu productif par essence. D'autre part, les tentatives d'aménagement réalisées en 1988 dans le but d'améliorer les conditions hydrologiques (devenues défavorables pour la production et l'exploitation), n'étaient pas accompagnées de suivis des conditions hydrologiques et du fonctionnement de la lagune. Les études d'échanges hydrologiques, chimiques, biologiques auxquelles s'ajoute la dynamique interne, devraient aboutir à un diagnostic, suivi d'un plan de gestion de la lagune. Selon leur chronologie, on cite les travaux effectués sur le Mellah :

* Bounhiol (1907), donne un inventaire ichtyologique de la lagune.

* Gauthier-Lievre (1931), décrit la lagune et sa végétation environnante.

* Seurat (1940), évalue l'abondance des bivalves dans la lagune.

* Arrignon (1963), étudie la température des eaux de la lagune ainsi que la description de quelques espèces faunistiques des berges.

* Thomas *et al.* (1973), décrivent la lagune et le climat de la région d'El-Kala, et évoquent l'intérêt écologique de ce site en préconisant la création d'un parc national terrestre, lacustre et marin.

* Un groupe de chercheurs du Centre de Recherche d'Océanographie et de la Pêche (CROP) (1979), effectuent une compagne multidisciplinaire (sédimentologie et benthos, étude de la production primaire, halieutique, pollution et ornithologie).

* FAO-PNUD-Médrap (1982), ont étudié la mise en valeur biologique de la lagune.

2

* Semroud (1983), traite la description des peuplements macrobenthiques et leur environnement physico-chimique.

* Guelorget *et al.* (1989), précisent la position de la lagune dans l'échelle de confinement, sa zonation biologique et ses potentialités halieutiques et aquacoles.

* Draredja (1992), évoque les caractéristiques physico-chimiques et sédimento-logiques du milieu, ainsi que la structure de la macrofaune benthique en période printanière.

* Grimes (1994), a étudié trois populations de bivalves (*Loripes lacteus*, *Brachydontes marioni* et *Cardium glaucum*), très abondantes dans la lagune.

* Refes (1994), a effectué une étude relative à la connaissance de la population de *Ruditapes decussatus* et son exploitation dans la lagune.

* Draredja et Derbal (1997) ont établi une synthèse sur la distribution des peuplements floro-faunistiques de la lagune.

* Ounissi *et al.* (2002) ont étudié les variabilités hydrologiques et planctoniques de la lagune selon l'advection tidale pendant les différentes saisons.

* Chaoui et Kara (2004) signalent la présence de la sole du Sénégal *Solea senegalensis* dans le Mellah.

* Chaoui *et al.* (2006) recensent l'ichtyofaune exploitée dans la lagune Mellah.

* Draredja *et al.*, (2006), ont effectué une étude comparative du compartiment macrobenthique entre deux lagunes de la Méditerranée occidentale ; la lagune Mellah (S.W de la Méditerranée) et la lagune Cabras (N.W de la Méditerranée).

L'ensemble de ces travaux restent cependant ponctuels ou limités à des compartiments. Bien que le travail de Semroud (1983) soit exhaustif, il n'y a pas d'étude écologique sur la lagune Mellah englobant les différents compartiments.

La lagune avec ses multiples intérêts scientifiques, environnementaux et socio-économiques offre ainsi un fertile champ d'investigation. La méconnaissance, les particularités environnementales et les intérêts scientifiques et économiques, constituent de fortes motivations de cette étude. En raison de ses multiples vocations, le Mellah constitue de véritables situations conflictuelles d'usage. Le regard du Parc National d'El-Kala (PNEK), est toujours occulté par les exploitants. Le statut juridique du Mellah, suppose un meilleur usage préservant l'intérêt environnemental de cette aire du PNEK.

L'objectif principal de la présente étude est de décrire la structure et le fonctionnement de la lagune Mellah, en relation avec les conditions hydrologiques liées au niveau de colmatage actuel du chenal de communication avec la mer. Elle intègre les compartiments essentiels suivants : phytoplancton, zooplancton et macrozoobenthos. Ces derniers ont été suivis dans le temps en rapport avec l'environnement physico-chimique de l'eau et du sédiment. C'est une démarche qui se veut explicative des liens entre les différents organismes des différents compartiments, et le contexte environnemental permettant donc d'en appréhender les grands principes de fonctionnement écologiques de l'écosystème.

La structuration du manuscrit est agencée, selon les compartiments (environnement physico-chimique, les compartiments pélagique et benthique), avec une présentation synoptique des milieux lagunaires. Le manuscrit s'articule donc sur trois parties principales.

La première partie décrit d'une manière générale les milieux lagunaires, avec deux chapitres. Le premier chapitre, retrace sommairement une description des écosystèmes lagunaires (définitions, classifications, particularités physiologiques et écologiques et niveau de productivité). Le second chapitre présente la lagune Mellah sous des différents aspects : la morphologie, l'hydrodynamisme, la sédimentologie, l'aménagement et l'exploitation de la ressource biologique.

La seconde partie scindée en trois chapitres, s'occupe du compartiment pélagique de la lagune. Le premier chapitre traite les traits essentiels de l'environnement physico-chimique de la lagune, ainsi que son fonctionnement hydrologique. Le second chapitre s'intéresse à l'étude du phytoplancton du point de vue composition et abondance, ainsi que le processus d'échange avec le littoral adjacent. Le troisième chapitre intègre la fraction zooplanctonique en dressant la liste faunistique et la répartition spatio-temporelle des différentes espèces récoltées avec une tentative d'analyse des échanges avec la mer.

La troisième et dernière partie englobe le système benthique, avec deux chapitres également. Le premier chapitre s'intéresse à l'habitat du zoobenthos avec une analyse sédimentaire du substrat superficiel. Alors que, le second chapitre traite la composition et l'organisation structurale de la macrofaune benthique. L'ensemble des résultats de ce dernier chapitre sont présentés sous forme d'article. Enfin, on termine par une conclusion générale et des perspectives.

CHAPITRE I : SYNTHÈSE SUR LES ÉCOSYSTÈMES LAGUNAIRES

1. Introduction

Le monde des eaux peut être partagé en deux grands domaines :
Le domaine continental où circulent les eaux dites "douces" et dans lequel les phénomènes de dissolution et d'érosion jouent un rôle prépondérant. Le domaine maritime occupé par un énorme volume d'eaux fortement salées, où dominent les phénomènes de concentration et d'accumulation.

La frontière entre ces deux domaines est la ligne de rivage, espace unidimensionnel à l'échelle du monde, peut parfois s'étaler et devenir localement une surface. Il apparaît alors un domaine intermédiaire original qui n'est pas simplement la somme ou la différence des deux autres ; c'est le domaine lagunaire (Boutière, 1979-80).

Le caractère fondamental du domaine lagunaire est son instabilité. Instabilité dans le temps d'abord car le devenir normal d'une lagune est son comblement, à la fois pour des raisons physiques et pour des raisons biologiques. En effet, elle piège une bonne partie des sédiments venant de l'extérieur, et renferme des matériaux organiques qui ne s'évacuent pas. Instabilité de ses caractères physiques, chimiques et biologiques, s'exprimant par des fluctuations et des écarts qui n'ont de signification biologique qu'en fonction de la durée de vie des organismes concernés. L'objectif de ce chapitre est, la connaissance de ces milieux particuliers que sont les lagunes côtières, et la définition des points importants de leur classification.

2. Définitions et classification

Le domaine lagunaire est défini comme le résultat d'un étalement local de la ligne de rivage. Comparativement au milieu marin, la nappe lagunaire possède une inertie extrêmement faible où toutes les caractéristiques physiques et biologiques de ce domaine découlent de cette constatation essentielle.

Le terme saumâtre est d'origine latine "salmadisus", qui signifie d'un goût proche de l'eau de mer. D'après Dussard (1966), le milieu saumâtre est caractérisé par des eaux poïkilohalines avec une salinité entre 0,5 g.l^{-1} (eaux oligohalines) et plus de 46 g.l^{-1} (eaux hyperhalines). Kienner (1978) établit une classification des milieux saumâtres et range au sein de ceux-ci toutes les lagunes, qui par définition, correspondent aux plans d'eaux littoraux dont les eaux sont partiellement salées en raison de l'influence des marées. D'autre part, Redeke (*in* Kienner, 1978) simplifie cette définition et considère ce type de milieu, comme étant un mélange d'eaux marines et douces, d'où l'euryhalinité des biocénoses colonisant ce biotope. Dans le domaine marin, les espèces sont plutôt sténohalines car elles évoluent dans des conditions de salinité relativement stables.

La classification des milieux saumâtres est essentiellement basée sur le degré halin, celui-ci semble être le facteur déterminant pour ces milieux. En effet, plusieurs auteurs parmi eux Remane (1940), Petit (1954) et Kienner (1978), ont tenté de classer ces milieux en se basant sur le critère "variations halines". Une autre classification s'appuyant sur la comparaison des biocénoses des divers milieux saumâtres s'est avérée pratique à plus d'un titre (Remane et Schliepper, 1958, 1971 ; Guelorget *et al.*, 1983a). Petit (1954) et Kienner (1978), ont dressé une classification spécifique aux lagunes méditerranéennes, en se basant sur les limites extrêmes de la salinité. Nous citons à titre d'exemple celle proposée par Petit (1954) (**tab. I.1**) :

Tableau I.1 : Classification des eaux en fonction de leur degré halin (d'après Petit, 1954).

Submarin	15 à 36
Pré-saumâtre	9,50 à 15
Saumâtre proprement	5 à 9,50
Pré-limnique	3 à 5
Limnique	< 3

Les différentes classifications sus-citées se basant toutes sur le degré halin, ne sont en fait que le fruit d'un travail localisé d'où leur limite régionale ; les différentes fluctuations des limites extrêmes de la salinité des différentes zones sont en réalité subordonnées à la latitude. Un travail de synthèse regroupant des études de planctonologie, de benthologie et de chimie pourra dans une certaine mesure aboutir à une classification plus exhaustive.

Le système proposé au cours du symposium qui s'est tenu à Venise en 1958 sur la classification des eaux en fonction de leur degré halin, définit une série d'eaux types, caractérisées par une salinité moyenne allant de 0,5 g.l^{-1} pour les eaux limniques à plus de 40 g.l^{-1} pour les eaux hyperhalines ou sursalées.

Une classification faisant le consensus de la majorité des auteurs méditerranéens (**fig. I.1**) et assez similaire à celle du Système de Venise (1958), a été proposée par Pora et Bacescu (1977). Différentes catégories d'eaux sont définies dans cette classification. On appelle une eau mixo-oligohaline une eau dont la salinité est comprise entre 0,5 et 5 g.l⁻¹, limite maximale de salinité totale pour une eau douce. Les eaux ayant une salinité allant de 5 à 18 g.l⁻¹ sont des eaux mixo-mésohalines ; au-dessus ce sont des eaux mixo-polyhalines, jusqu'à une isohalinité de 30 g.l⁻¹. De 30 à 40 g.l⁻¹ les eaux marines sont dites euhalines. Au-dessus de 40 g.l⁻¹, les eaux sont qualifiées d'hyperhalines, telles sont les eaux de surface de certaines parties de la mer Rouge qui peuvent atteindre 45-46 g.l⁻¹, des marais salants, des flaques lagunaires isolées pendant la saison chaude ainsi que certaines flaques supralittorales.

Cependant et comme l'avait déjà signalé Sacchi et Testard (1971), il est extrêmement rare que toute la lagune ou tout un estuaire, puissent entrer dans une seule catégorie ; variant à la fois dans le temps, en liaison avec les saisons ou le stade évolutif, et dans l'espace, dans toute l'étendue de leurs eaux.

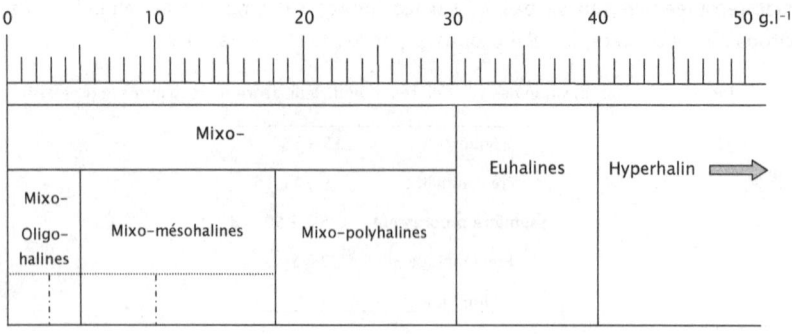

Figure I.1 : Classification des eaux selon le diagramme de salinité de Pora et Bacescu (1977).

D'autre part, Guelorget et Perthuisot (1983), qualifient de paralique tous les milieux aquatiques en contact avec la mer, mais distincts des domaines continental et marin, surtout par leur organisation biologique, hydrologique et sédimento-logique. Les travaux de Guelorget *et al.* (1981), Ibrahim *et al.* (1982), Guelorget *et al.* (1982), Guelorget *et al.* (1983 a), Elsayed *et al.* (1985), Frisoni et Guelorget (1986), Guelorget *et al.* (1989), ont montré que l'organisation biologique dans ce domaine dépend plutôt d'un autre paramètre complexe : le confinement. Ce dernier correspond au temps de renouvellement des éléments vitaux (éléments nutritifs, oligo-éléments, vitamines, etc.) venant de la mer en un point donné de la lagune. Autrement dit, au cours de leur trajet vers le domaine lagunaire, ces éléments subissent des piégeages chimiques et biologiques, et les peuplements s'organisent selon la raréfaction de ces éléments. Selon cette école du domaine paralique, la salinité se trouve elle-même commandée par le confinement. Il s'établit ainsi des gradients biologiques et chimiques superposés au gradient de confinement. Les auteurs précisent que la salinité n'est pas le facteur écologique directeur des milieux lagunaires : la distribution des espèces et leurs gradients quantitatifs (densités, biomasses) dépendent du confinement, c'est-à-dire le temps de renouvellement des éléments d'origine marine, en un point considéré d'un bassin. Ils ont défini (à partir de la répartition de la macrofaune invertébrée et du phytoplancton), une échelle de confinement pour les zones proches de la mer ou "proche paralique". Ces écosystèmes comportent six zones de confinement (de I à VI) (**fig. I.2**), et chaque zone est définie par sa composition en macroflore et en macrofaune benthique qui lui correspond.

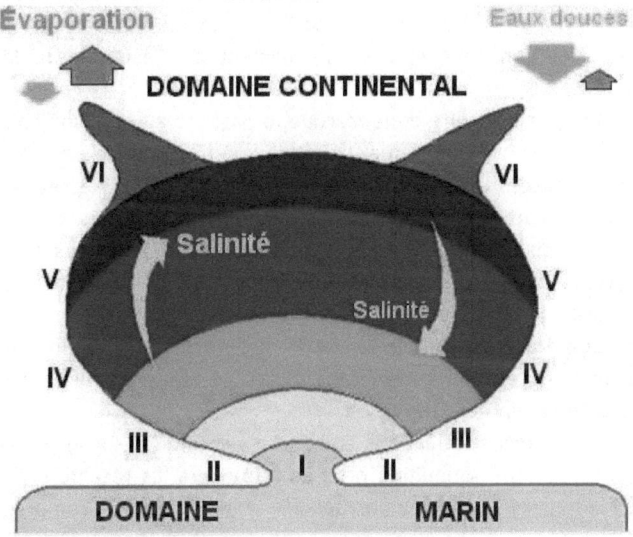

Figure I.2 : Diagramme schématique de la classification des milieux paralique selon leur degré de confinement (I à VI). (D'après Guelorget et Perthuisot, 1983).

Pour l'établissement de l'échelle de confinement, Guelorget et Perthuisot (1983) rajoutent que d'une manière générale, les organismes caractéristiques des différentes zones dépendent de la situation géographique et de la configuration du milieu, et définissent ainsi les différentes échelles de confinement :

Zone I (degré 0 à 1) : située à proximité de la communication de la mer, elle abrite une macrofaune et une macroflore typiquement marines.

Zone II (degré 1 à 2) : elle se caractérise par la disparition des Échinodermes et des espèces marines les plus sténohalines. Les peuplements phyto-planctoniques sont moins diversifiés mais conservent des caractéristiques des peuplements néritiques.

Zone III (degré 2 à 3) : elle est dominée par des espèces "mixtes" en ce qui concerne la macrofaune, alors que le phytoplancton perd son caractère marin.

Zone IV (degré 3 à 4) : cette zone est caractérisée par la perte de toute la faune thalassique et son remplacement par des peuplements strictement lagunaires.

Zone V (degré 4 à 5) : dans cette zone la production primaire est maximale, la sédimentation est essentiellement organique et le sédiment est hautement réducteur. La faune est particulièrement composée d'espèces vagiles. En milieu sous-salé apparaissent les éléments de la faune dulçaquicole et dans les milieux sursalés, on rencontre éventuellement des espèces de la faune évaporitique.

Zone VI (degré 5 à 6) : cette zone marque le passage au domaine continental soit dulçaquicole soit évaporitique. Le passage à l'eau douce est marqué par l'apparition d'espèces vagiles dulçaquicoles strictes et, en milieu évaporitique, la macrofaune benthique disparaît à l'exception de quelques brouteurs. Le phytoplancton est constitué d'espèces dulçaquicoles (Diatomées Pennées et Chlorophycées), tandis qu'en domaine évaporitique ne subsistent que des Cyanophycées.

Alors que Mac Lusky (1993), établit une autre classification (tab. I.2) basée sur l'influence de la marée, sans utiliser le terme paralique comme le suggère également Barnes (1994).

Jusqu'aujourd'hui des spéculations entre les scientifiques sur le problème de classification des eaux saumâtres persistent toujours. La récente synthèse de Elliott et Mac Lusky (2002) sur le besoin de définir et de comprendre les estuaires, est démonstratif à cet égard. Barnes (1994) a vivement critiqué le concept de milieux paraliques et du confinement.

On peut reprendre ses propos cités dans la synthèse de Elliott et Mac Lusky (2002) « *Some scientists working on brackish-water lagoons in the Mediterranean have used the term paralic. The French scientists, Guelorget and Perthuisot (1992) coined this term and identified these so-called Paralic aquatic ecosystems as being situated between marine and continental domains, inhabited by biological populations which are strictly bound to that environment, with a zonal organization independent of salinity gradients. They further introduce the concept of "confinement" with a range from "thalassic"*

(=marine) conditions to "far paralic" conditions near freshwater. This approach has been critically appraised by Barnes (1994), who clearly shows that the term "paralic" is in general the environment that in the English-speaking world would be termed "brackish-water". He also comments that all of Guelorget and Perthuisot's work related to micro- or non-tidal environments. Although Guelorget and Perthuisot do include estuaries in their paper, Barnes (1994) clearly shows that all species in macro-tidal estuaries originate from and are continuous with marine and freshwater habitats. Although the term "confinement" may be useful for describing non-tidal lagoons, he shows that the term "paralic" a term neutral with respect to salinity only has relevance to such lagoons. A computerized literature search by the present authors has shown that the terms paralic and confinement have not been adopted in the English literature. It is considered here that the terms brackish-water or estuary provide sufficient definition, again remembering that all estuaries are brackish, but not all brackish-waters are estuaries. Given the above discussions, the present authors are left a little bemused as to why so many scientists are to keen to extend the definition of "estuaries" in order to include their own local environment, why there is the need to derive alternative definitions or nomenclature, or whether it is possible to summarize a complex environment in a simple definition».

Tableau I.2 : Classification des estuaires (inspirée de la classification de Mac Lusky, 1993).

Division (1971)	Tidal	Salinity (PSU)	Venice system (1958)	Kinne
River	Non-tidal	< 0.5	Limnetic	
Head	The highest point reached by tides			
Tidal fresh	Tidal	< 0.5	Limnetic	
Upper	Tidal	0.5-5	Oligohaline	Oligohalinicum
Inner	Tidal	5-18	Mesohaline	
				Horohalinicum
Middle	Tidal	8-18		Mesohalinicum
		18-25	Polyhaline	
Lower	Tidal	18-30		Polyhalinicum
		25-30	Polyhaline	
Mouth	Tidal	> 30	Euhaline	
Sea	Tidal	30-40		Thalassicum

Nichols et Allen (1981), ont proposé une classification des lagunes selon leur morphologie, et quatre catégories ont été distinguées :

▪ les lagunes estuariennes dans lesquelles les courants fluviaux et les courants de marée jouent un rôle prépondérant,

- les lagunes ouvertes dans lesquelles la marée a un marnage suffisant pour que le flot et le jusant assurent un autodragage des passes qui échappent à l'obturation,

- les lagunes semi-fermées témoignent d'un rapport de forces inverses ; les apports de la dérive littorale tendent à colmater les passes qui se maintiennent difficilement et,

- les lagunes fermées caractérisées par l'absence de courants de marée, ce qui est l'indice d'un faible marnage, et par des effets de chasse d'origine fluviale.

3. Particularités physiologiques et productivité des eaux saumâtres

Kinne (1971) distingue deux groupes d'espèces : les espèces qui ne régulent pas, à métabolisme à peu près indépendant de la salinité extérieure Mac Lusky (1967, 1968 et 1970) cas de l'Amphipode *Corophium vulator,* et les espèces à métabolisme régulé, présentant un minimum d'activité dans un milieu qui leur est favorable, dans lequel la consommation d'oxygène correspond à l'effort osmotique minimum (Macan, 1963), cas des *Corixa* (insectes aquatiques). L'euryhalinité est l'une des particularités biologiques des milieux saumâtres qui met en jeu le mécanisme d'osmorégulation, ces conditions d'euryhalinité sont à la base de ce que Petit (1954) dénomme "le paradoxe des eaux saumâtres", à savoir une pauvreté en nombre d'espèces et une élévation en nombre d'individus.

Par la fluctuation de leurs paramètres physico-chimiques, les milieux lagunaires paraissent très sélectifs. Ils éliminent la quasi-totalité des espèces marines et d'eau douce qui vivent dans son voisinage. Seules quelques unes d'entre elles résistent aux températures extrêmes et aux salinités très différentes de celles de leur milieu d'origine. Les espèces tolérantes occupent alors, la place laissée libre par les espèces éliminées ou sensibles. Elles peuvent proliférer de façon parfois prodigieuse, accumulant des densités et des biomasses souvent supérieures à celles des milieux voisins.

D'une manière générale, les eaux saumâtres côtières (lagunes, estuaires, mangroves, etc.), sont des milieux eutrophes où la concentration des éléments nutritifs est à l'origine des biomasses élevées (Ballow *et al.*, 1963 ; Blanc *et al.*, 1969). L'étude de Massé (1971) dans l'étang de Berre (France), a permis de signaler la présence de biotopes riches en mollusques tels que *Lentidium mediterraneus, Tapes aureus, Cardium glaucum* et *Cyclonassa neritea.* Cet auteur conclut que "malgré, la variation importante de la salinité, la production se maintient à un niveau exceptionnellement élevé et supérieure à celle qui peut être évaluée en mer libre dans la Méditerranée occidentale".

Parmi les différents facteurs qui sont à l'origine de la forte production dans ces milieux, l'abondance de la nourriture et la rareté des prédateurs comme les Échinodermes. De même, Wolff et De Wolf (1977) pensent également que les milieux lagunaires et estuariens, représentent des zones à forte productivité biologique.

Selon Nixon (1982), la production halieutique des milieux paraliques à l'échelle mondiale est extrêmement variable, et se situe entre quelques kilogrammes et une tonne par hectare et par an. En Méditerranée, les pêcheries lagunaires contribuent à 10% au moins de l'ensemble des captures de la production halieutique méditerranéenne (Quignard et Mazoyer, 1983), et à environ 30% de la pêche démersale (Levy et Troadec, 1974). On peut toutefois, se convaincre de l'importance économique des pêches lagunaires en constatant avec Amanieu (1972) que pour l'année 1971, la seule production de la pêche aux petits métiers dans les étangs de Thau et de Berre était supérieure en valeur, à la production de chalutiers du littoral français.

On se souvient également de la notoriété de l'étang de Diana en Corse, port principal de cette dépendance romaine, il était en outre, un centre réputé de production d'huîtres (Guelorget et al., 1983 b). On signale également que, la production conchylicole annuelle des étangs méditerranéens oscille aux alentours de 15 t/ha, à titre d'exemple les étangs du Languedoc-Roussillon ont produit en 1980 environs 9 000 t de moules et 5 000 t d'huîtres représentant ainsi 15% et 5% de la production des eaux françaises (Guelorget et al., 1983 b).

CHAPITRE II : PRÉSENTATION DE LA LAGUNE MELLAH

1. Situation géographique

La lagune Mellah se situe à l'extrême Nord-Est algérien (8° 20' E et 36° 54' N), en bordure de la mer Méditerranée entre les deux caps Rosa et Roux (**fig. I.3**). Cet écosystème est localisé dans un milieu naturel couvert d'une forêt dense de chêne liège, où on trouve d'autres étendues d'eaux douces ; lacs Oubéira et Tonga (**fig. I.4**). Le site étudié est l'unique milieu lagunaire en Algérie, son originalité réside dans son caractère saumâtre. D'après la configuration et les oueds qui s'y jettent, la lagune Mellah serait une ancienne vallée fluviale envahie par la mer (Arrignon, 1963). D'autre part, le Mellah est une lagune qui se trouve insérée dans des collines d'alluvions quaternaires, où les mouvements tectoniques y ont fortement contribué (Morel, 1967). Toutefois, Guelorget et al. (1989) le qualifient comme étant un milieu qui correspond à une dépression endoréique lacustre würmienne, envahie par la mer lors de la remontée eustatique flandrienne.

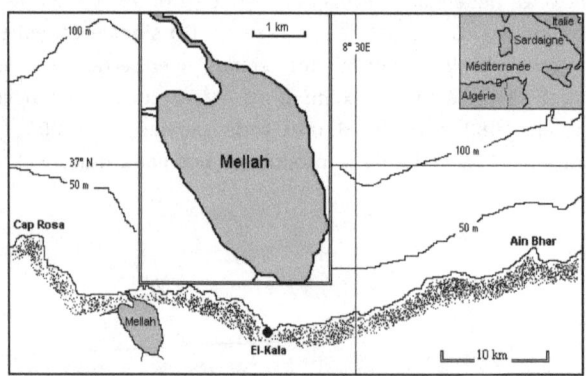

Figure I.3 : Position géographique de la lagune Mellah.

2. Morphométrie

Cette étendue d'eau saumâtre est d'une forme grossièrement ovoïde, tendant à s'allonger du Nord-Nord-Ouest au Sud-Sud-Est. Avec une superficie globale d'environ 865 hectares, elle s'étend sur 4,5 Km du Nord au Sud et 2,5 Km d'Est en Ouest. Dans la région Nord-Est de la lagune, on remarque un cordon dunaire s'élevant jusqu'à plus de 177 m, orienté du Nord-Ouest au Sud-Est (Thomas et al., 1973).

13

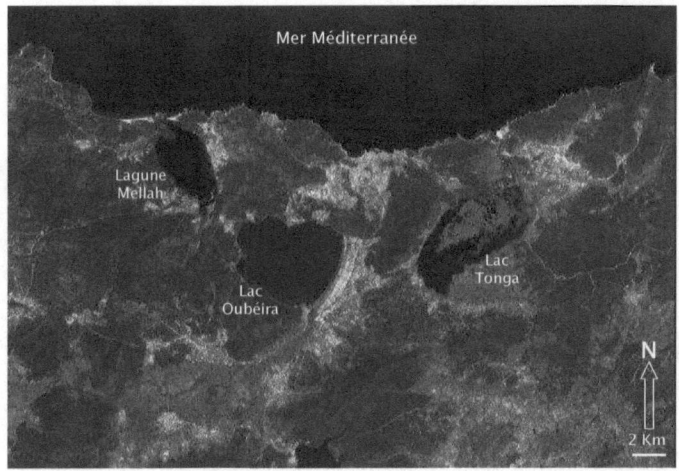

Figure I.4 : Vue satellitaire du système lacustre de la région d'El-Kala (www.googlearth.com, modifié).

La profondeur de la lagune varie suivant les différents secteurs ; à l'Ouest de l'étendue les fonds sont en pente assez marquée et la profondeur croit rapidement vers le centre jusqu'à moins de 6 m. Dans la partie Est sur près de 500 m la profondeur maximale est de 2 m, au-delà existe une rupture de pente jusqu'à une profondeur à un peu plus de 5 m (**fig. I.5**) (Guelorget *et al.*, 1982). La lagune est caractérisée par deux plateaux peu profonds (< 2 m), correspondant à l'accumulation périphérique des matériaux détritiques du bassin versant, longeant les rives et on note également l'existence de cônes alluviaux au droit des embouchures des principaux oueds notamment au Sud (Guelorget *et al.*, 1989). D'autre part, Messerer (1999), signale que la profondeur maximale de la lagune ne dépasse pas 5,20 m, relevée dans la partie centrale de l'étendue en octobre 1996.

3. Conditions météorologiques

La lagune Mellah est située sous un climat de type méditerranéen, caractérisé par un hiver froid et humide et un été chaud et sec. Ce type de climat a une grande influence sur l'hydrologie de ce milieu semi-fermé. Les données météorologiques, nous ont été très aimablement fournies par la station météorologique d'El-Kala.

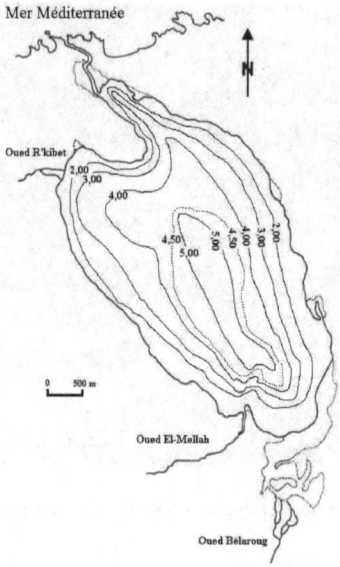

Figure I.5 : Bathymétrie de la lagune Mellah (d'après Guelorget *et al.*, 1982).

3.1. Température de l'air

Les températures moyennes mensuelles pour la période 1990-2000 (**fig. I.6**), varient de 12,50 (janvier) à 26,60°C (août). Les fluctuations thermiques moyennes mensuelles relevées dans la région d'El-Kala et coïncidant avec la période d'étude d'octobre 1997 à décembre 1998 et de novembre 2000 à décembre 2001, sont importantes (**figs. I.7** et **I.8**). On note une augmentation régulière de la température d'avril à août. L'amplitude thermique entre octobre 97 et décembre 98 est de 12,75°C (valeurs extrêmes : 12,83 en janvier et 25,57°C en juillet). Par contre, elle est plus élevée (13,80°C) entre novembre 2000 et décembre 2001. D'une manière générale, on assiste à deux grandes phases thermiques ; une période chaude de mai à octobre et une autre froide de novembre à avril.

3.2. Précipitations et évaporation

La région d'El-Kala est soumise à un régime pluviométrique marin méditerranéen avec des pluies fréquentes et non prolongées, mais d'intensité assez forte en hiver. Le climat est chaud en été avec un taux d'évaporation élevé.

15

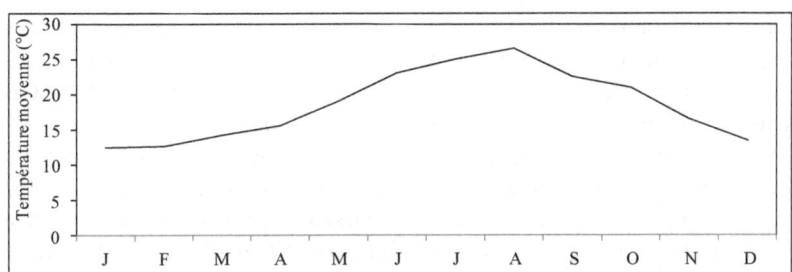

Figure I.6 : Variations mensuelles de la température moyenne de l'air dans la région d'El-Kala (1990 - 2000).

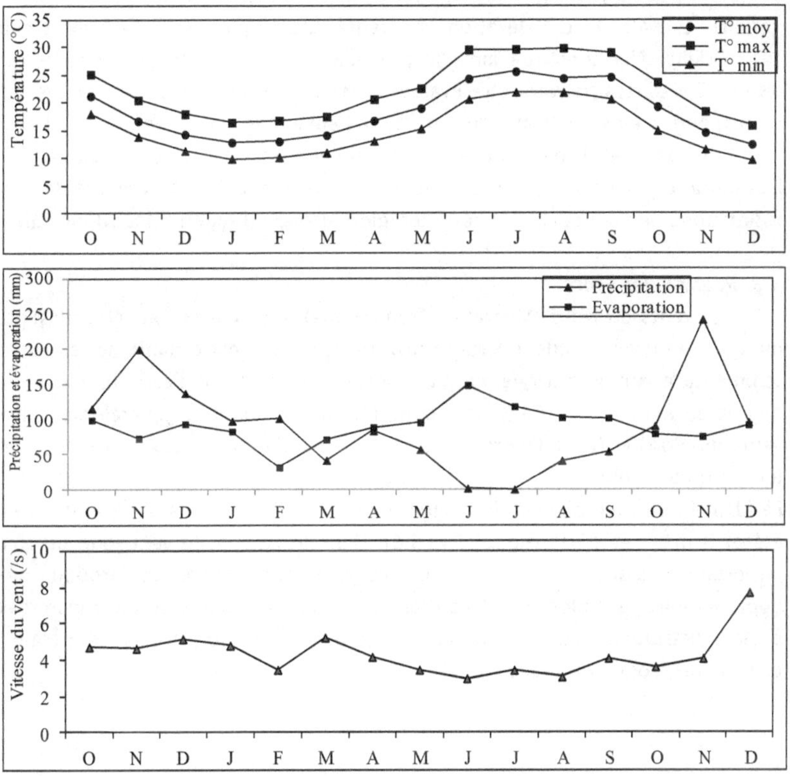

Figure I.7: Variations mensuelles des valeurs moyennes de la température de l'air, des précipitations, de l'évaporation et de la vitesse des vents dans la région d'El-Kala (octobre 97 – décembre 98).

La région de la lagune Mellah reçoit entre 600 et 900 mm par an. L'étendue lagunaire reçoit des précipitations directes de l'ordre de 5 à 8 millions m³ par an, ce qui correspond à une hauteur d'eau variant entre 0,60 et 1 m. Ces hauteurs d'eau apportent 22-36% du volume total de la lagune (Ounissi *et al.*, 2002). On comprend alors que, les conditions météorologiques influencent fortement l'hydrologie de la lagune en particulier les variations de la salinité. Selon l'année, les valeurs mensuelles extrêmes des précipitations oscillent entre 0 en été et 159-241mm en hiver (**figs. I.7** et **I.8**). Généralement, la période pluvieuse s'étale de septembre à mai avec une période sèche entre juin et août (**fig. I.9**).

L'évaporation suit une évolution inverse aux précipitations (**fig. I.9**), qui résulte de l'action conjuguée de l'ensoleillement et du vent. Celle-ci s'intensifie en période estivale avec l'élévation du degré thermique de la couche d'eau superficielle. Elle constitue ainsi le principal facteur responsable des pertes d'eau. Ces pertes peuvent être évaluées jusqu'à 90 mm/mois (**fig. I.9**), ce qui correspond à environ 9 millions m³ pour l'ensemble de la lagune. Le déficit hydrique peut être de l'ordre de 3 millions m³ (Ounissi *et al.*, 2002). L'évaporation dans la région du Mellah (1100 mm/an), est comparable aux estimations de Margat (1992) pour la région littorale d'Algérie (1 250 mm/an).

3.3. Régime des vents

Les vents du Nord (Mistral et Tramontane), ont une action refroidissante marquée en hiver, tandis le Sirocco provenant du Sud est capable de relever la température atmosphérique et par conséquent celle de l'eau de plusieurs degrés en été (Dajoz, 1983). La lagune Mellah est soumise généralement aux vents du Nord et Nord-Ouest de novembre jusqu'à mai et aux vents d'Est de juin jusqu'à octobre.

Pendant la période d'échantillonnage, l'intensité des vents a varié entre 3 en été et 8 m.s⁻¹ en hiver (**figs. I.7** et **I.8**). Dans la lagune, le vent joue un rôle important, puisqu'il engendre des courants de dérive et produit des déplacements sensibles des plans d'eaux, ce qui contribue ainsi au transfert et à la distribution des matériaux sédimentaires (particules minérales, organiques, coquilles, algues, etc.).

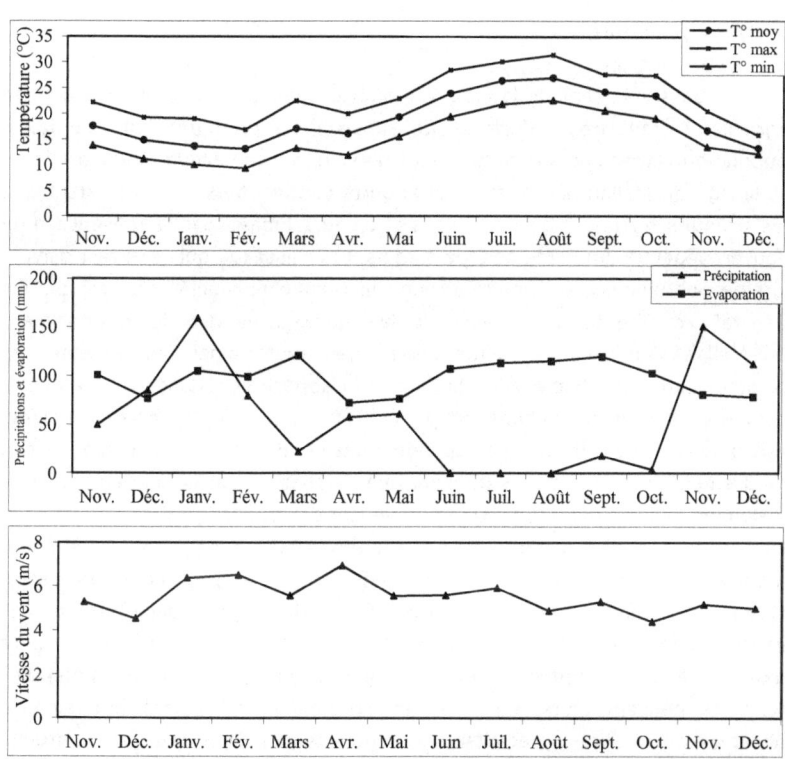

Figure I.8 : Variations mensuelles des valeurs moyennes de la température de l'air, des précipitations, de l'évaporation et de la vitesse des vents dans la région d'El-Kala (novembre 2000 – décembre 2001).

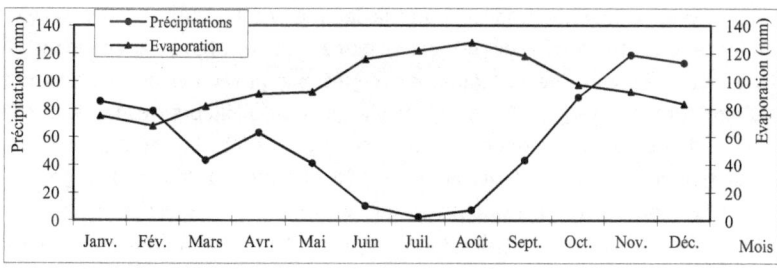

Figure I.9 : Variations des valeurs moyennes mensuelles des précipitations et de l'évaporation dans la région d'El-Kala (1990 - 2000).

4. Hydrodynamisme

4.1. Bassin versant

Le bassin versant de la lagune Mellah occupe environ 81 Km². L'activité agricole y étant très réduite et de subsistance, pratiquée par une faible population clairsemée sur ce bassin. Il n'existe aucune activité industrielle au voisinage du Mellah. De ce fait, les apports continentaux ne comportent que les produits du lessivage des sols, par ailleurs limités par la présence d'un couvert végétal homogène de type maquis. Les ruisseaux qui se jettent dans la lagune ont un débit intermittent selon le régime pluviométrique et sont en général secs l'été. De plus, une partie de l'eau recueillie dans le bassin versant du Mellah s'infiltre et alimente les nappes souterraines, elles-mêmes en communication probable avec la lagune. L'apport des ruisseaux peut être estimé à environ 20 millions m³ par an (Messerer, 1999). Les mouvements hydrologiques de cette lagune dépendent des conditions météorologiques, des mouvements d'eaux marines transitant par le chenal et aussi du débit variable (selon les saisons) des eaux douces provenant des oueds.

Les mesures réalisées par Guelorget et al., (1989) et Messerer (1999), ont montré qu'entre le plus bas niveau (en été) et le plus haut (en hiver), l'amplitude pouvait atteindre environ 80 cm. Il est possible d'estimer ces variations de niveau en notant régulièrement les valeurs atteintes sur un repère fixe (une échelle graduée fixée à une digue ou un ponton par exemple). Les résultats peuvent alors, être mis en relation avec d'autres phénomènes observés ou mesurés (précipitations, vents, heures de marée, températures, etc.).

4.2. Marées et courants

Les marées sont mises en évidence par l'alternance de mouvement d'entrées d'eaux de mer vers la lagune (le flot), et les sorties des eaux de celle-ci vers la mer (le jusant). Dans la lagune Mellah, ces marées peuvent atteindre une amplitude de 40 cm (Thomas et al., 1973). Cependant, la dynamique des eaux de la lagune est réglée par le régime des marées non seulement barométriques (Semroud, 1983) qui sont d'ailleurs très faibles, mais surtout d'origines astronomiques (Ounissi et al., 2002). Le régime de marée est de type microtidal semi-diurne. Il peut être occulté par le remplissage de la lagune en hiver et au printemps, où la marée se trouve masquée par l'évacuation d'eau excédentaire continentale. En été, le régime semi-diurne s'affirme avec deux cycles de marée durant 23 heures environ (Ounissi et al., sous presse a).

D'après Messerer (1999), le bilan hydrologique de la lagune calculé sur la base des données de trois cycles effectués au niveau du chenal, montre que les sorties annuelles moyennes sont quatre fois plus importantes que les entrées. Selon Guelorget et al. (1989), la circulation des eaux de surface du bassin s'effectue en une lente rotation périphérique dans le sens des aiguilles d'une montre (**fig. I.10 A**), en concordance avec la direction des vents dominants Nord-Ouest. Contrairement, Messerer (1999) décrit une courantologie rectiligne des eaux superficielles de la lagune (**fig. I.10 B** et **C**), du Nord au Sud pendant la pleine mer (le flot) et inversement durant la basse mer (le jusant).

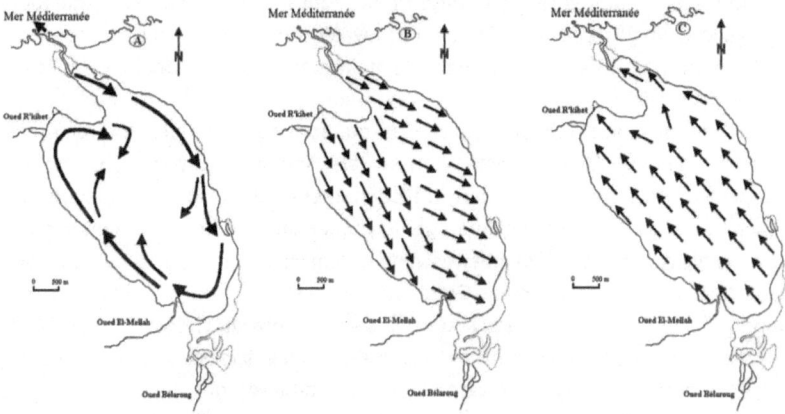

Figure I.10 : Mouvements des eaux superficielles. A: trajectoires hypothétiques (d'après Guelorget et al., 1989). B et C: mouvements rectilignes des eaux respectivement pendant le flot et le jusant (d'après Messerer, 1999).

5. Nature du fond

La granulométrie de la lagune Mellah comme dans la majorité des lagunes méditerranéennes, s'organise d'une façon concentrique ; c'est-à-dire que la taille des grains diminue régulièrement de la rive vers le centre de la lagune. Ce phénomène serait du au processus d'accumulation des particules fines dans la cuvette centrale, ainsi qu'à la courantologie des eaux, accompagnée d'une forte agitation à la périphérie, puis le courant s'affaiblit vers l'intérieur de la lagune (Guelorget et al., 1989). C'est ainsi qu'on rencontre des sables fins au niveau des rives et au fur et à mesure que l'on se dirige vers les grandes profondeurs la fraction fine a tendance à augmenter, et le centre de la lagune n'est formé que d'une vase pure très fluide. Toutefois, Draredja (1992) signale en saison printanière avant l'aménagement du chenal de communication

(1988), l'existence de cinq zones lithologiques, allant des sables purs près des rives aux vases pures au centre de l'étendue, en passant par les sables légèrement envasés, les vases sableuses et les vases légèrement ensablées. Selon cet auteur, la fraction pélitique reste également importante dans les sédiments de la zone centrale de l'étranglement de la lagune au Nord. Les tapis de l'herbier *Ruppia* sp. couvrent les sables purs du pourtour lagunaire.

6. Aménagement et exploitation

L'aménagement du chenal réalisé en 1988, a permis de l'élargir à 20 m (section mouillée) et d'approfondir son lit à 2 m, afin d'améliorer les échanges hydriques et d'augmenter la salinité de la lagune. Un système de régulation hydraulique a été prévu afin de renouveler un volume d'eau d'environ $21,5.10^6$ m³ par mois et d'autre part, de maintenir la salinité proche de celle de la mer (FAO, 1987).

Les dunes de sables à l'Ouest du chenal, qui sont sous l'influence directe des vents dominants (Nord-Ouest), doivent être stabilisées par la plantation d'espèces locales, afin de réduire les phénomènes d'érosion par le transport éolien et par conséquent le colmatage du chenal. Dix ans après l'aménagement du chenal, on assiste à un ralentissement remarquable de la circulation des eaux lors du flux et du reflux. Cette situation est due à un ensablement très important, qui réduit progressivement la section libre du chenal, et également aux courants côtiers transportant le sable dans les zones mortes du chenal. D'autre part, les crues hivernale et printanière des oueds charrient d'importantes charges de matériaux, dont une partie pouvant être acheminée vers le chenal lors du jusant.

La pêche artisanale existe dans la lagune Mellah depuis le début du siècle. L'activité de pêche des poissons, repose essentiellement sur le système de pièges à poissons (bordigues) selon la période de migration des espèces. La pêche au trémail est pratiquée également, surtout en bordure de la lagune. La production aquacole est très variable d'une année à une autre (**fig. I.11** et **I.12**), en fonction surtout de l'effort de pêche exercé et des conditions hydrologiques très variables de la lagune. La production piscicole est constituée essentiellement de mulets, loup, sole, dorade, marbré et anguille, pêchés à différentes périodes de l'année. L'exploitation de la lagune est basée essentiellement sur la pêche des poissons.

Actuellement, la récolte et la conchyliculture de bivalves sont exercées dans cet écosystème. La cueillette de la palourde (*Ruditapes decussatus*) et accessoirement celle de la coque (*Cerastoderma glaucum*), sont exercées depuis 1990. Celles-ci sont pratiquées manuellement sur les rives accessibles

(< 1,20 m). La récolte est concentrée notamment sur les rives Est et Sud, en raison de l'importance du gisement dans ces endroits.

Si la mytiliculture est déjà pratiquée depuis une quarantaine d'années et a connu des périodes de succès et des périodes d'arrêt de l'activité, l'exploitation des huîtres n'a repris qu'en novembre 1998, grâce à l'introduction de naissains de *Crassostrea gigas*.

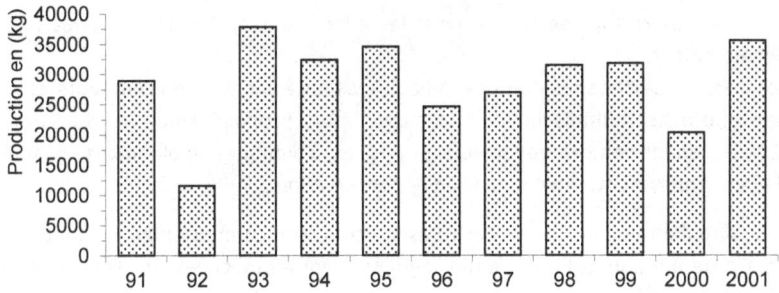

Figure I.11 : Production piscicole dans la lagune Mellah de 1991 à 2001 (Source : ONDPA).

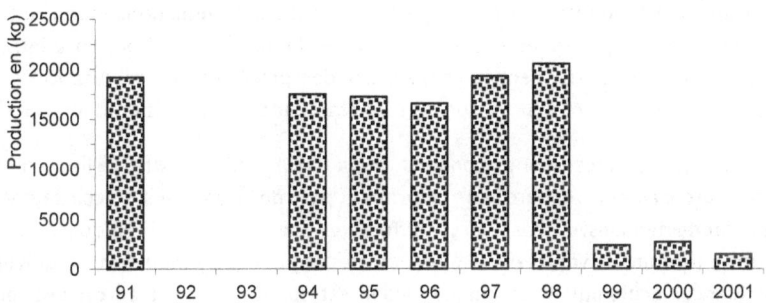

Figure I.12 : Production conchylicole dans la lagune Mellah de 1991 à 2001 (Source : ONDPA).

Cependant, il est intéressant de signaler que la production de la palourde a remarquablement baissé, passant ainsi de 20,50 tonnes en 1998 à 2,40 tonnes seulement en 1999. D'après les responsables de l'organisme exploitant (l'Office National de Développement de la Pêche et de l'Aquaculture : ONDPA), cette chute n'est pas due à la baisse du stock naturel dans la lagune, mais à un problème de commercialisation. En effet, depuis 1997, et pour des raisons de normes d'hygiènes exigées par la communauté européenne, l'exportation vers l'Espagne s'est arrêtée, ce qui a obligé l'ONDPA à réduire la pêche de ce bivalve.

7. Conclusion

Trois points essentiels peuvent être dégagés à l'issue de cette partie.

– Le problème de classification des milieux à salinité variable, constitue encore de vives spéculations entre scientifiques. Il semble qu'il s'agit plutôt, de problèmes de culture et des effets géographiques sur ces mêmes scientifiques. Il n'y a pas en effet, de culture d'estuaire pour les méditerranéens, comme il n'y a pas de culture de lagune pour les atlantiques ou les anglophones plus généralement.

Les critères de classification des milieux à salinité variable, doivent alors avoir une approche multidisciplinaire comme l'avait proposé Elliott et Mc Lusky (2002), tenant compte de facteurs physiques, chimiques, biologiques, qualité de l'environnement, réglementation et conservation.

– La singularité de la lagune Mellah est surtout, son comportement en tant que bassin de dilution, à l'inverse des lagunes méditerranéennes qui sont pour la plupart des bassins de concentration. La salinité diminue régulièrement en effet d'une année à l'autre, par suite d'abord, d'apports d'eau douce de différentes sources (écoulement, nappe, précipitations directes), et ensuite du fait du colmatage progressif du chenal réduisant les introductions marines. On estime que chaque année la salinité diminue d'une unité environ. En effet, si les lagunes méditerranéennes connaissent des problèmes de salinisation des eaux, le Mellah quant à lui évolue vers un état d'adoucissement graduel.

– Si les lagunes sont connues pour leur productivité, elles sont malheureusement aujourd'hui entachées par de nombreuses contraintes environnementales, liées aux différentes activités anthropiques. Les eutrophisations envahissent la plus part des lagunes et y induisent de graves incidences écologiques. La lagune Mellah est épargnée de ces agressions, en raison de son bassin versant réduit et très peu urbanisé. De ce point de vue, le Mellah représente un site où le regard de conservation primerait sur l'exploitation. Les conflits d'usage de ce site appartenant à la réserve du Parc National d'El-Kala (PNEK), devront disparaître si la gestion revenait au Ministère de l'Aménagement du Territoire et de l'Environnement plutôt que le Ministère de la Pêche et des Ressources Halieutiques. Il est curieux de pouvoir constater qu'une partie intégrante du PNEK, soit anarchiquement exploitée par des concessions du moins incohérentes.

CHAPITRE I : ENVIRONNEMENT PHYSICO-CHIMIQUE

1. Introduction

Plusieurs auteurs (Guelorget et Michel, 1976 ; Stora, 1976 ; Amanieu *et al.*, 1979-1980 ; Semroud, 1983), ont mentionné l'instabilité et la variabilité des eaux saumâtres. Les milieux lagunaires sont connus comme étant des écosystèmes extrêmement variables et irréguliers tant sur le plan hydrologique que biologique. Cependant, les variations des facteurs physico-chimiques de ces écosystèmes très particuliers induisent une composition faunistique et floristique spécifiques. En effet, la température, la salinité, le pH, la turbidité, la teneur des eaux en oxygène dissous, les courants qui brassent les eaux, la flore et la faune qui y habitent, varient en permanence et confèrent au domaine lagunaire sa composition biologique particulière. En raison des valeurs extrêmes atteintes par ces paramètres et leurs variations rapides, ces écosystèmes sont très sélectifs, d'où l'intérêt d'étudier l'hydrologie de la lagune Mellah, en insistant sur le suivi spatio-temporel des paramètres environnementaux. On décrit d'abord les stations échantillonnées et les méthodes utilisées, suivi d'une analyse du comportement hydrologique et chimique des eaux de la lagune.

2. Matériel et méthodes

2.1. Choix des stations

La stratégie d'échantillonnage doit être liée au thème et aux échelles d'observations tracées, afin d'établir une représentation plus ou moins fidèle de la situation réelle des peuplements (Bachelet, 1987). Le choix d'une méthodologie globale d'échantillonnage et de localisation d'un site favorable constitue une phase préliminaire. En réalité, les contraintes liées au milieu, aux techniques et surtout au but poursuivi, nécessitent un plan d'échantillonnage plus complexe faisant intervenir une stratification ou une systématisation à un niveau quelconque (Frontier, 1983). Le suivi spatio-temporel des paramètres physico-chimiques des eaux de la lagune (température, salinité, pH, oxygène dissous et transparence des eaux) a été réalisé entre novembre 97 et décembre 98 au niveau de 12 stations (**fig. II.1, tab. II.1**), réparties sur l'ensemble de l'étendue suivant un plan d'échantillonnage systématique. Une station placée au niveau du chenal (station C), à mi-distance entre la lagune et la mer (**fig. II.1**), constitue une zone stratégique à considérer en dépit d'un plan systématique. Les teneurs en sels nutritifs, en matière en suspension (M.E.S) et en carbone organique particulaire (C.O.P), ont été suivis dans 5 stations (2, 4, 12, 10 et C). Les stations sont réparties selon un axe longitudinal Nord-Sud superposées à l'axe majeur de trajectoires des courants entrant (flot) et sortant (jusant). La station (10), placée en face de l'oued R'kibet au Nord-Ouest de l'étendue externe aux gradients, est plus soumise aux actions continentales (**fig. II.1**). Généralement, l'ensemble des stations ont été échantillonnées entre 10 heures et 14 heures selon la trajectoire suivante : 1-2-3-7-8-4-5-9-6-12-11-10-C. La phase de marée n'a malheureusement pas été indiquée aux différents niveaux spatiaux échantillonnés. Il se pourrait en effet que la marée change de phase pendant la durée de l'échantillonnage.

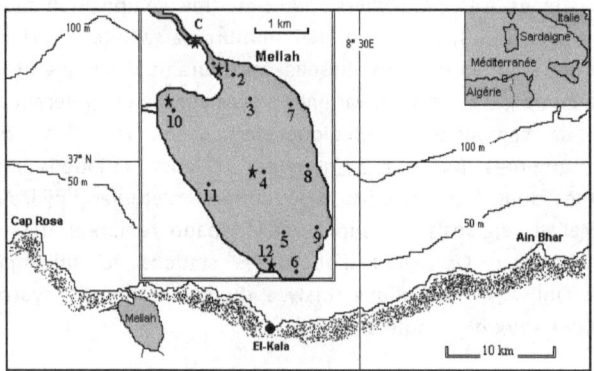

Figure II.1 : Localisation des stations étudiées. ★: Stations ayant fait l'objet d'analyses de M.E.S, de C.O.P, des sels nutritifs et de la chlorophylle en plus des relevés hydrologiques.

2.2. Méthodes de prélèvements et d'analyses
2.2.1. Température et salinité

Ces deux paramètres ont été mesurés à la surface et près du fond, grâce à un thermosalinomètre de terrain type "Kent Eil 5005", d'une précision haline et thermique respectives de 0,05 PSU et 0,10°C. Le salinomètre a été étalonné à l'aide d'une solution de Kcl à 34,90 PSU. Les valeurs de salinité sont ainsi exprimées en échelle de salinité pratique ou Pratical Salinity Unit (PSU).

2.2.2. Oxygène dissous, pH et transparence des eaux

L'oxygène dissous a été mesuré à l'aide d'un oxymètre de terrain type "Oxi 96", comprenant une sonde électrolytique d'une précision de 0,01 mg.l^{-1}. Toutefois, et pour des raisons techniques, les mesures de ce paramètre n'ont commencé qu'à partir du mois d'avril 98.

Le pH a été mesuré à l'aide d'un pH-mètre de terrain type "pH-mètre 29", d'une précision de 0,01.
La transparence des eaux a été mesurée à l'aide du disque de Secchi d'un diamètre standard de 30 cm. Celui-ci est lesté, ensuite immergé verticalement à l'aide d'une corde graduée jusqu'à sa disparition totale dans la colonne d'eau, puis on note la profondeur correspondante.

Tableau II.1 : Description des stations échantillonnées. VP : Vase pure, VS : Vase sableuse, VLS : Vase légèrement sableuse, SP : Sable pur, SLV : Sable légèrement envasé.

Stations	Profondeur (m)	Nature du fond (Observée)	Description géographique et particularités
1	2,30	VLS à coquilles	Zone d'entrée du chenal dans la lagune, donc sous l'influence directe des eaux marines.
2	2,50	VP à coquilles	Zone d'étranglement de la lagune, présence des tables à moules.
3	3,50	VP à coquilles	Juste après la zone d'étranglement de la lagune.
4	4,50	VP à coquilles	Au centre de la lagune, zone la plus profonde.
5	3,10	VS	Au Sud de la lagune, près des influences continentales.
6	1,20	SP à *Ruppia*	A l'extrême Sud de la lagune, sous influence continentale.
7	1,80	SLV à *Ruppia*	Au Nord-Est de la lagune, non loin des influences marines.
8	1,50	SP à *Ruppia*	Sur la rive Est de la lagune, à mi-distance entre le Nord et le Sud du Mellah.
9	1,20	SP à *Ruppia*	Au Sud-Est de la lagune, loin des influences marines.
10	1,80	VS à coquilles	Au Nord-Ouest de la lagune, zone abritée, en face de l'oued R'kibet.
11	1,30	SP à *Ruppia*	Au Sud-Ouest du Mellah avec une forte densité de l'herbier à *Ruppia*.
12	1,50	SLV à *Ruppia*	Au Sud-Ouest de la lagune, en face de l'oued El-Mellah.
C	1,00	SP	Station chenal placée à mi-distance entre la mer et la lagune (environ 400 m).

2.2.3. Sels nutritifs

Les échantillons d'eau destinés aux dosages des sels nutritifs ont été prélevés mensuellement en surface en immergeant une bouteille de prélèvement à environ 30 cm de la surface. Un volume de 500 ml est filtré sur une soie de 63 µm de vide de maille, puis conservé au congélateur dans un flacon en polyéthylène jusqu'à l'analyse. Les techniques de dosages utilisées sont résumées dans le **tableau II.2**.

2.2.4. Dosage de la chlorophylle a et des phéopigments

Les écologistes utilisent pour la détermination des pigments chlorophylliens, la technique spectrophotométrique (Lorenzen, 1967), simple et rapide, permettant de traiter un nombre important d'échantillons. Après prélèvement et conservation à l'abri de la lumière dans des bouteilles en verre brun, on filtre un litre d'eau afin de concentrer le matériel particulaire. Le filtrat ainsi obtenu fera l'objet du dosage de la chlorophylle *a* et ses principaux dérivés de dégradation (phéopigments). Le filtre en fibre de verre (type GF/C Whatman) utilisé est immergé dans l'acétone à 90% (à l'obscurité et au frais pendant 5 à 10 heures) assurant ainsi l'extraction des pigments. On procède par la suite à une centrifugation à 3000 t/mn (durant 10 mn), afin de clarifier les extraits. L'absorbance de l'extrait ainsi obtenu est mesurée à une longueur d'onde λ égale à 665 nm, avant et après acidification.

Tableau II.2 : Méthodes de dosage des sels nutritifs dissous.

Éléments	Méthode	Auteur	Référence
Ammonium NH_4^+	Dosage par spectromètre (λ = 630 nm)	Koroleff (1969)	Aminot & Chaussepied (1983)
Nitrate NO_3^-	Dosage par spectromètre (λ = 543 nm)	– Réduction selon Wood *et al.* (1967) – Dosage selon Bendschneider & Robinson (1952)	Aminot & Chaussepied (1983)
Phosphate PO_4^{3-}	Dosage par spectromètre (λ = 543 nm)	Murphy et Riley (1962)	Aminot & Chaussepied (1983)

2.2.5. Matière en suspension (M.E.S)

La détermination des matières en suspension dans l'eau a été réalisée suivant la méthode de pesées différentielles, après filtration sur filtre Whatman GF/C de 0,45 μm de porosité et dessiccation à 105°C (Aminot et Chaussepied, 1983). La précision de cette méthode, varie entre 0,10 et 0,15 mg. Dans notre étude, 0,50 à 1,50 litres d'eau de la lagune, ont été filtrés en fonction de la charge en seston des stations sélectionnées **(fig. I.1)**.

2.2.6. Carbone organique particulaire (C.O.P)

La matière organique est dosée suivant la méthode de Le Corre (*in* Aminot et Chaussepied, 1983), qui permet d'évaluer la quantité de matière organique particulaire sous la forme d'équivalent en carbone, avec une limite de détection de 10 μg.l⁻¹. L'analyse a concerné les mêmes stations retenues pour les mesures de la teneur en M.E.S.

3. Résultats

3.1. Caractères hydrologiques

Les mesures physico-chimiques, température, salinité, oxygène dissous, pH et transparence des eaux (12 stations lagunes et une au chenal) et les teneurs en matière en suspension, et en carbone organique particulaire (4 stations lagunes et une au chenal), ont été effectuées durant la période s'étalant de novembre 97 à décembre 98. L'étude des facteurs physico-chimiques est d'une importance majeure dans l'étude de la dynamique des milieux aquatiques.

3.1.1. Température

Les courbes de variation de la température (**fig. II.2**), présentent toujours la même allure au niveau de toutes les stations. La différence de température entre le fond et la surface est très faible dans l'ensemble des stations et dépasse rarement de peu 1°C. Cette situation témoigne donc d'une forte homogénéité de la colonne d'eau de la lagune, notamment pour les stations situées à la périphérie. Durant la période d'étude, la température minimale atteinte est de 10°C seulement, enregistrée au mois de janvier dans la station 1 (au Nord de la lagune), tandis que la température maximale est de 30,20°C, relevée en août dans les stations 7 et 11. D'une manière générale, la température des eaux de la lagune est proche de celle de l'air. Par conséquent, on décèle un certain parallélisme entre la courbe de la température moyenne des deux milieux (**fig. II.3**). En effet, la masse d'eau est sous l'influence directe de la température atmosphérique, d'où la faible inertie du milieu en particulier au printemps et en été (août). L'écart thermique annuel est de l'ordre de 20°C, indiquant une forte saisonnalité typiquement méditerranéenne.

3.1.2. Salinité

Les valeurs des salinités de surface et de fond sont toujours comparables et révèlent une homogénéité de la masse d'eau, à l'exception des stations 1, 2 et 4 où on a enregistré un écart de 5 unités en mars (**fig. II.2**). Des situations instantanées de marée pourraient engendrer ces différences. Par ailleurs, les écarts de salinité entre les différentes stations ne dépassent guère 3 unités, sauf pour la station 10 (23,50 PSU) située en face de l'oued R'kibet enregistrée en mois de mars, et la station 1 (32,50 PSU) en face du chenal enregistrée durant le même mois. Alors que les variations inter-mensuelles peuvent atteindre 9,50 PSU. Les courbes de variations de salinité des eaux de surface et celles du fond (**fig. II.2**) présentent de très faibles écarts. Néanmoins, cet écart est plus conséquent au niveau de la zone centrale la plus profonde.

28

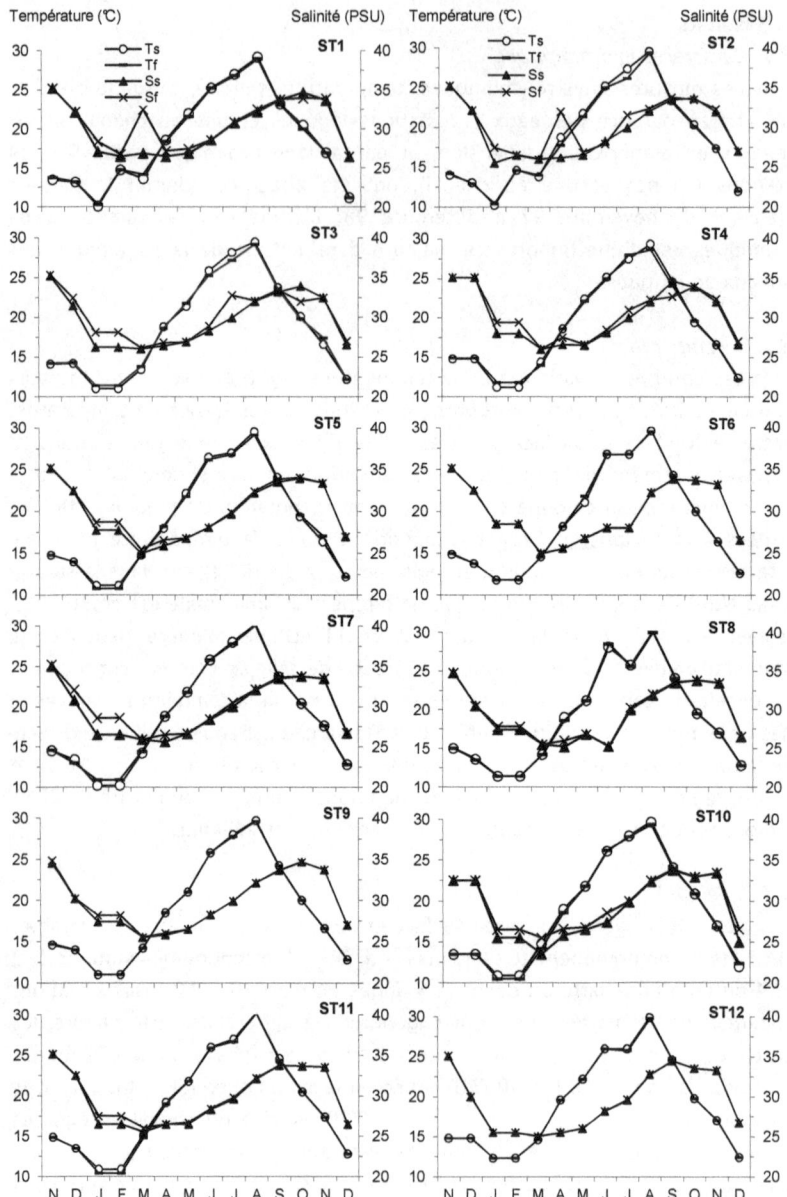

Figure II.2 : Évolution mensuelle de la température et de la salinité dans les stations prospectées dans la lagune Mellah (novembre 97 – décembre 98).

Au niveau du chenal (**fig. II.4, A**), les fluctuations halines sont directement liées au sens du courant de la marée. Certaines valeurs de salinité se rapprochent de celles de la mer contiguë, coïncidant sans doute avec les phases de flot. Le suivi d'un cycle annuel de l'allure générale des salinités moyennes à l'échelle de l'étendue d'eau (**fig. II.4, B**), permet de déceler deux grandes phases halines bien distinctes. Une phase décroissante entre novembre et mars, où les fluctuations de salinité dépendent plutôt de conditions météorologiques, c'est ainsi que la salinité diminue jusqu'à une valeur minimale de 25,50 PSU. Une phase croissante entre avril et octobre, où les influences marines s'affirment d'avantage et font donc augmenter la salinité pour atteindre son maximum de 33,80 PSU (**fig. II.3, B**).

Température (°C)

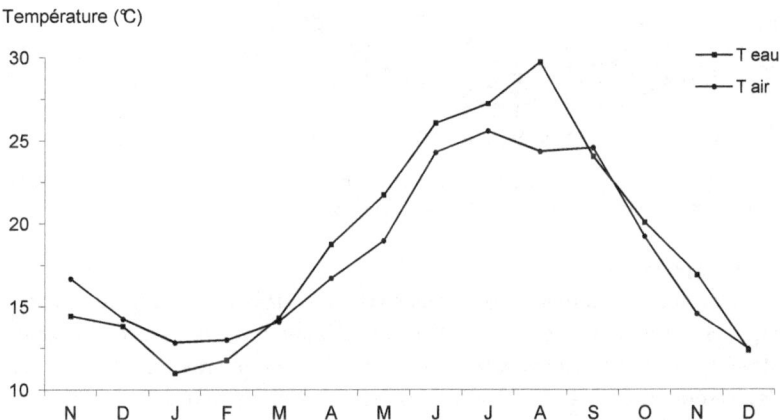

Figure II.3 : Variations mensuelles des températures moyennes de l'air et des eaux de la lagune Mellah (novembre 97 – décembre 98).

3.1.3. pH

Le pH des eaux est relativement constant et légèrement alcalin pour l'ensemble des stations prospectées (**fig. II.5**). Les valeurs extrêmes de ce paramètre se situent entre 7 aux stations 9 (en janvier) et 10 (en avril), et 8,50 enregistrée à la station 1 (en octobre). De même le pH des eaux du chenal (**fig. II.6, A**) ainsi que celui relevé à l'échelle de la lagune varient peu (**fig. II.6, B**).

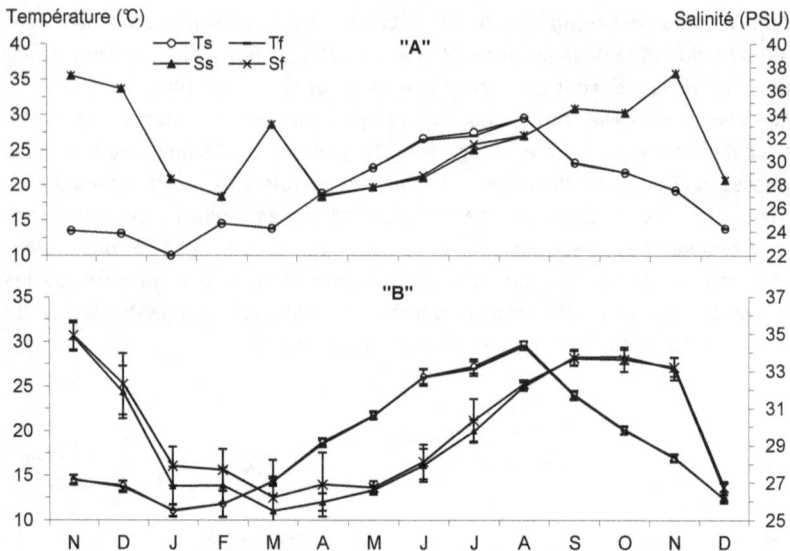

Figure II.4 : Évolution mensuelle de la température et de la salinité dans les eaux du chenal (**A**) et à l'échelle de la lagune (**B**) (novembre 97 – décembre 98).

3.1.4. Oxygène dissous

L'évolution des teneurs en oxygène dissous dans l'ensemble des stations (**fig. II.5**), présente une certaine similarité. Toutefois, au centre du Mellah (station 4), on enregistre les plus faibles valeurs. Par contre, les taux les plus élevés sont rencontrées au niveau des stations périphériques. L'amplitude de variation mensuelle de l'oxygène dissous dans la lagune, est relativement faible et ne dépasse guère 1,90 mg.l[-1]. Les valeurs extrêmes sont enregistrées en octobre (8 mg.l[-1]) à la station 9, et en juin (4,50 mg.l[-1]) à la station 4. D'autre part, on signale que les eaux du chenal sont relativement plus oxygénées (**fig. II.6, A**) en comparaison avec celles de la lagune. En effet, l'oxygénation des eaux du chenal serait liée à l'intensité hydrodynamique de la colonne d'eau, soumise aux courants de flot et de jusant d'une part, et à la proximité des eaux marines contiguës mouvantes et chargées en oxygène d'autre part.

A l'échelle de la lagune, de mai à décembre le minimum (5,72 mg.l[-1]) est enregistré en pleine période chaude (août). Dès septembre, les eaux commencent à se refroidir (**fig. II.4, B**) et reçoivent les apports continentaux, entraînant ainsi une oxygénation supplémentaire faisant augmenter les teneurs jusqu'à 7,14 mg.l[-1] (**fig. II.6, B**).

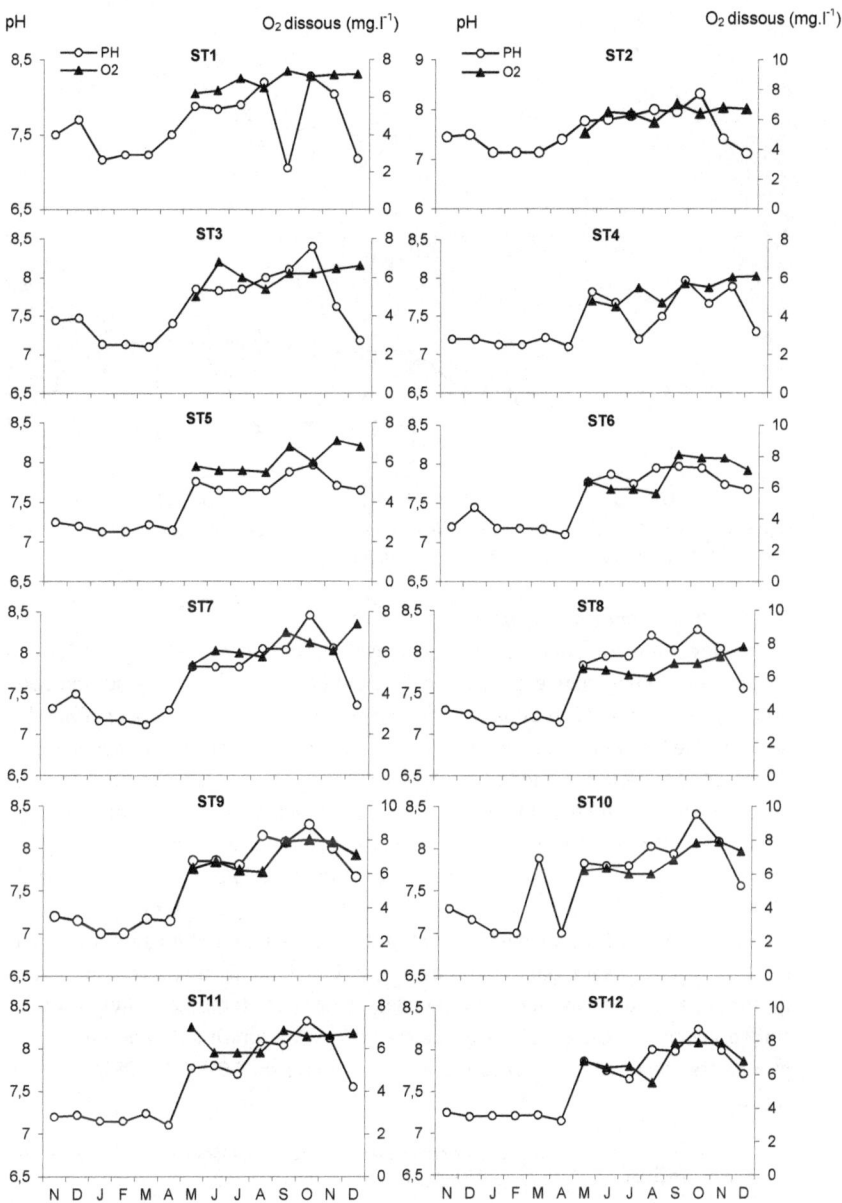

Figure II.5 : Évolution mensuelle du pH et de l'oxygène dissous dans les stations prospectées dans la lagune Mellah (novembre 97 – décembre 98).

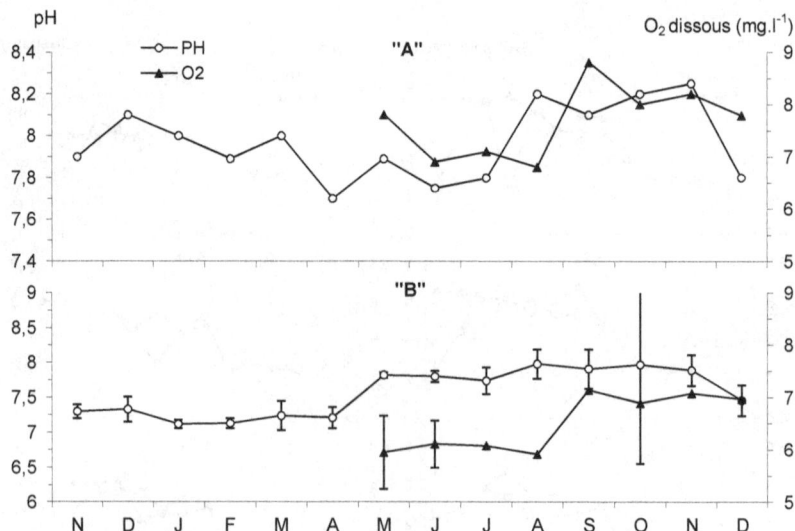

Figure II.6 : Évolution mensuelle du pH et de l'oxygène dissous dans les eaux du chenal (**A**) et à l'échelle de la lagune (**B**) (novembre 97 – décembre 98).

3.1.5. Transparence des eaux

Une eau transparente est supposée moins chargée en matière en suspension. D'une manière générale, la lumière atteint le fond sur presque l'ensemble de la surface de la lagune du fait de la faible profondeur. Dans les eaux du Mellah, le disque de Secchi reste visible pour l'ensemble des stations dont la profondeur n'excédant pas 2 m. Les extrêmes de visibilité du disque de Secchi oscillent entre 3 m pendant les fortes poussées phytoplanctoniques (août) et 4,50 m (juin et juillet 98), où on voit le fond de la lagune lorsque les eaux sont limpides par mode calme. Si l'on considère la profondeur relative de disparition de disque de Secchi [(Zv/Z)*100], on s'aperçoit que la colonne d'eau est à 66–100% transparente (**tab. II.3**). C'est en août et en septembre que les eaux apparaissent plus chargées et par conséquent moins transparentes. D'autre part, pendant la période des crues et tempêtes hivernales la transparence des eaux rechute à nouveau pour une limite qui varie entre 2,10 et 3 m (février), ce qui correspond à une visibilité de 66 à 92% de la colonne d'eau.

Tableau II.3 : Variations de la profondeur relative de disparition de disque de Secchi ((Zv/Z)*100) (exprimées en %) des eaux de la lagune Mellah (novembre 97 – décembre 98).

Mois	N	D	J	F	M	A	M	J	J	A	S	O	N	D
(Zv/Z)*100	89	84–91	78–97	66–92	84	89–91	91	100	100	67–91	67–91	93	91	87

3.2. Sels nutritifs

L'azote est un élément constitutif essentiel des cellules végétales, cet élément intervient dans l'édification des protéines, enzymes, précurseur d'acides nucléiques, acides aminés, etc. L'azote est absorbé par les végétaux essentiellement sous forme d'ammonium (NH_4^+) et de nitrates (NO_3^-). L'azote représente jusqu'à 8% de la matière organique végétale et constitue ainsi un élément limitant (Aminot et Chaussepied, 1983). L'analyse de l'ammonium et des nitrates dans les eaux, rend compte ainsi de la disponibilité de ces macro-nutriments et de la fertilité des milieux. Leur suivi étant souvent systématique dans les programmes de surveillance de la qualité générale des eaux. L'azote ammoniacal se rencontre dans le milieu naturel sous deux formes : l'ammoniaque (NH_3^+) et l'ammonium (NH_4^+), dont les proportions relatives dépendent du pH, de la température et de la salinité du milieu (Aminot et Chaussepied, 1983). L'ion ammonium, élément le plus apprécié par le phytoplancton est utilisé comme source d'azote sans fournir beaucoup d'énergie à son incorporation dans la formation de la matière organique vivante. De nombreux auteurs ont confirmé que l'ammonium est utilisé préférentiellement aux nitrates par les microphytes (Bougis, 1974 ; Héral et al., 1983 ; etc.). Les ions nitrates sont la forme oxydée de l'azote, rencontrés dans les eaux naturelles. Ils dominent dans les eaux bien oxygénées et les milieux sujets aux apports dulçaquicoles. Les nitrites sont cependant une forme transitoire passant en nitrates lorsque le milieu est riche en oxygène et se réduisent inversement en ammonium dans des conditions d'hypoxies.

Le phosphore se trouve dissous dans l'eau sous forme de phosphates (PO_4^{3-}). Habituellement, les phosphates proviennent pour une bonne part des eaux de ruissellement, qui entraînent les engrais d'origine agricoles et les sous-produits domestiques. Les sédiments sont aussi une source de largage imprévisible de phosphates. L'importance biologique du phosphore réside dans l'incorporation du radical PO_4^{3-} dans diverses molécules vitales (glycérophosphates, phosphatases, ATP, etc.). Le suivi des phosphates constitue une donnée importante pour les aménageurs de l'environnement, en tant que paramètre essentiel de la qualité des eaux. Les ions phosphates mobilisables évoluent de façon imprédictible, en raison de la forte réactivité vis-à-vis de la matière en suspension, en particulier leur adsorption par les argiles. En conséquence, la forme ionique libre dosable (PO_4^{3-}) étant également imprévisible.

3.2.1. Azote ammoniacal (N-NH₄⁺)

Le profil général de la répartition des ions NH_4^+ est similaire pour l'ensemble des stations (**fig. II.7**), et les valeurs sont faibles pour un milieu lagunaire méditerranéen qualifié souvent d'eutrophe. La valeur maximale de 15,40 µmoles.l⁻¹ est relevée en mai à la station 1 en face du chenal de communication avec la mer. Alors que la concentration minimale de cet élément est de 0,01 µmole.l⁻¹, décelée au niveau des stations 4 et 10 e, durant les mois de juillet et août et seulement dans la station 10 lors des mois de novembre et décembre. Ces deux périodes (printemps et été) d'extrêmes concentrations en ammonium correspondraient vraisemblablement ; la première à un apport exogène en relation avec les apports de ruissellements du bassin versant, induisant une augmentation de la teneur en NH_4^+. Alors que la période de faibles teneurs, coïnciderait avec une phase de grande consommation de cette forme d'azote. A l'échelle de la lagune, les variations mensuelles de l'azote ammoniacal, montrent l'existence de deux pics (**fig. II.8**) ; le premier moins important (5,20 µmoles.l⁻¹) enregistré en janvier, et le second plus conséquent (9,91 µmoles.l⁻¹) relevé en mai.

3.2.2. Nitrates (NO₃⁻)

Comme pour l'ammonium, les nitrates paraissent peu abondants, sauf en septembre où l'on note une richesse atteignant 2,60 µmoles.l⁻¹, ayant pour origine les apports continentaux. L'évolution des teneurs en NO_3^- dans la lagune (**fig. II.9**), présente une augmentation au début de l'hiver en relation avec les apports du bassin versant en eaux d'écoulements qui charrient des eaux chargées en sels nutritifs. La teneur maximale de 2,60 µmole.l⁻¹ est relevée au niveau de la station 4 au centre de la lagune pendant le mois de septembre, tandis que la plus faible valeur de 0,03 µmole.l⁻¹ est rencontrée à la station 10 (en face de l'oued R'kibet) en juin en pleine période sèche.

3.2.4. Phosphates (PO₄³⁻)

Contrairement à l'azote minéral, les phosphates (PO_4^{3-}) semblent plus abondants dans les eaux du Mellah (**fig. II.11**), en particulier entre l'hiver et le printemps où les valeurs oscillent autour de 1,50 µmole. l⁻¹. La lagune s'appauvrit en cet élément nutritif en été où les valeurs diminuent jusqu'à 0,02 µmole.l⁻¹. En mai des teneurs élevées sont enregistrées dans l'ensemble des stations prospectées.

D'une manière générale, les variations mensuelles de la teneur en PO_4^{3-} (**fig. II.12**), suivent une allure assez comparable à celles de l'azote ammoniacal, mais avec des teneurs plus importantes.

Teneurs (µmoles.l⁻¹)

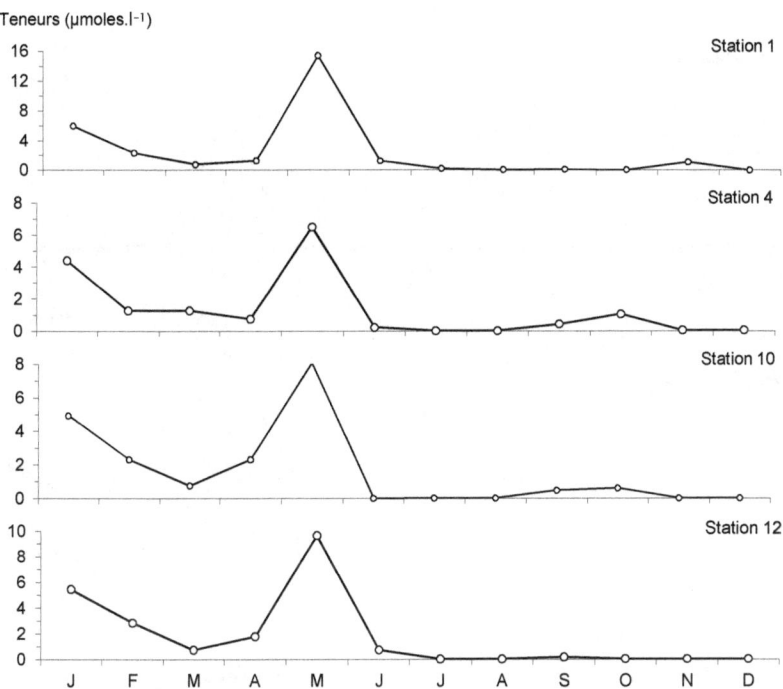

Figure II.7 : Variations mensuelles des teneurs en ammonium dans les stations échantillonnées de la lagune Mellah durant l'année 1998.

Teneurs (µmoles.l⁻¹)

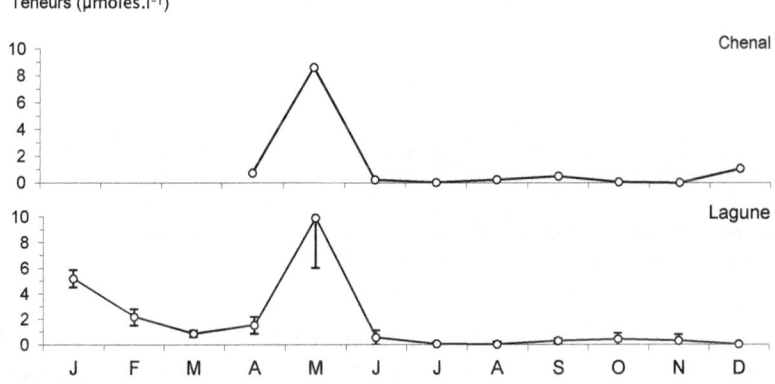

Figure II.8 : Variations mensuelles des teneurs en ammonium dans le chenal et à l'échelle de la lagune Mellah durant l'année 1998.

Teneurs (µmoles.l⁻¹)

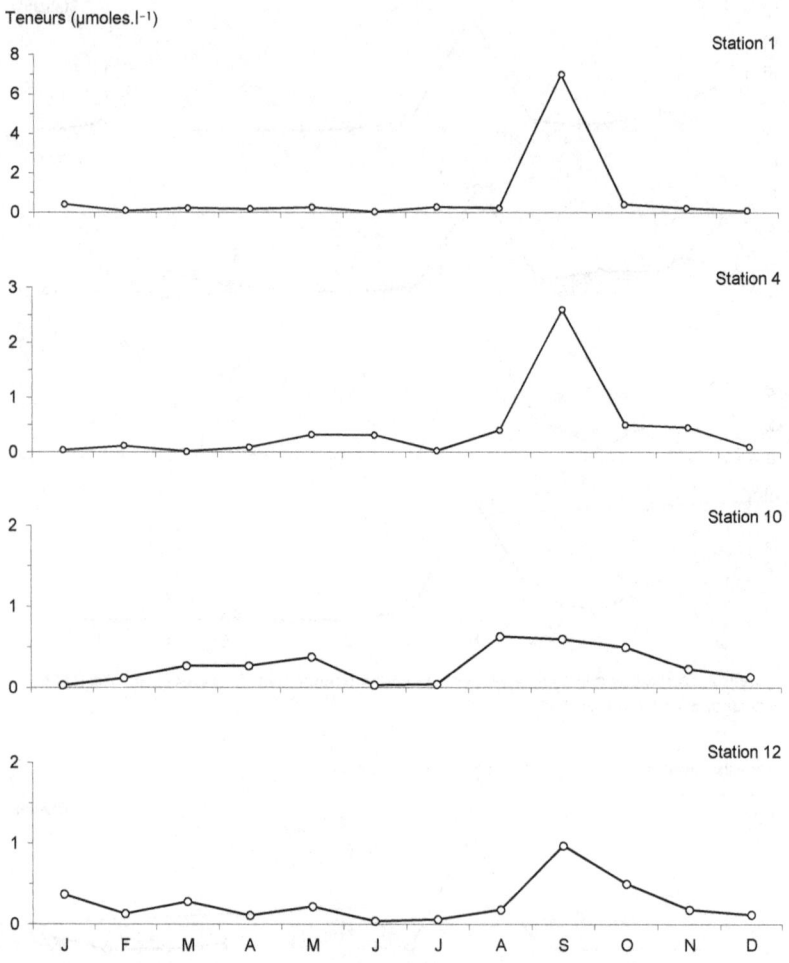

Figure II.9: Variations mensuelles des teneurs en nitrates dans les stations échantillonnées de la lagune Mellah durant l'année 1998.

A l'échelle de la lagune les nitrates sont peu abondants et varient de 0,2 à 0,4 µmole.l⁻¹. Toutefois, une augmentation notable de la teneur de ces ions (2,80 µmole.l⁻¹) est enregistrée en septembre (**fig. II.10**).

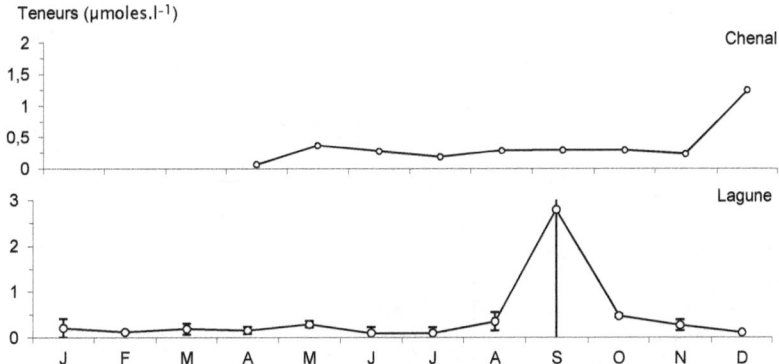

Figure II.10 : Variations mensuelles des teneurs en nitrates dans la station chenal et à l'échelle de la lagune Mellah durant l'année 1998.

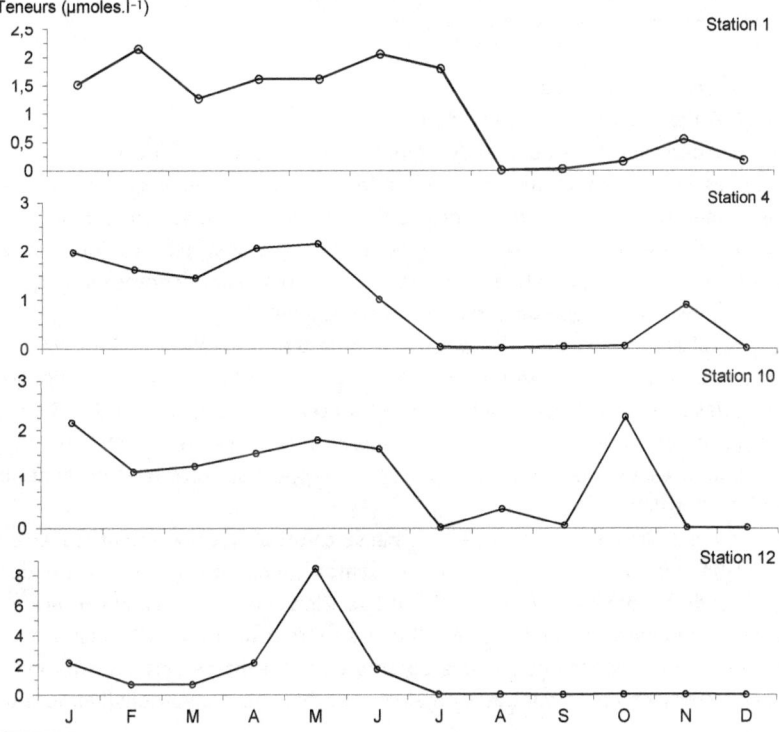

Figure II.11 : Variations mensuelles des teneurs en phosphates dans les stations échantillonnées de la lagune Mellah durant l'année 1998.

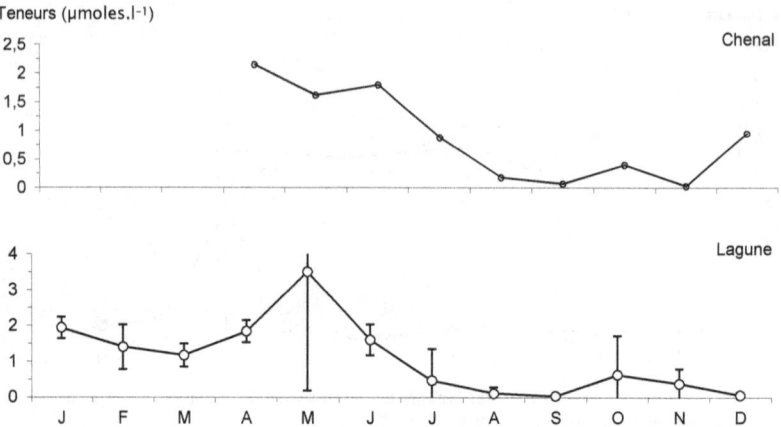

Figure II.12 : Variations mensuelles des teneurs en phosphates dans la station chenal et à l'échelle de la lagune Mellah durant l'année 1998.

3.3. Matières organiques
3.3.1. Chlorophylle a et phéopigments

La détermination quantitative globale de la fraction particulaire vivante dans les milieux aquatiques est très importante, pour étudier et comprendre les phénomènes écologiques des différents écosystèmes aquatiques. Le marqueur quantitatif par excellence de la biomasse phytoplanctonique est la chlorophylle a (Chla). Une estimation des pigments photosynthétiques (chlorophylle a et phéopigments) s'avère nécessaire.

Les résultats du dosage de la Chla, permettent de relever d'importantes variations inter-stations (**fig. II.13**). C'est ainsi qu'en février par exemple, les extrêmes sont de 1,20 µg.l⁻¹ à la station 4 au centre de la lagune et de 16 µg.l⁻¹ à la station 1 en face du chenal. Notons que le centre du Mellah, plus profond, présente des faibles biomasses par rapport au Nord (station 1) et au Sud (station 12).

La lagune montre une richesse en biomasse chlorophyllienne en particulier en hiver (février-mars) et à la fin du printemps (juin), où l'on enregistre des valeurs de l'ordre de 7-8 µg.l⁻¹ (**fig. II.14**). Globalement, la lagune recèle un stock de biomasse algale important fluctuant autour de 4 µg.l⁻¹. En mai la crue se traduit non seulement par des apports enrichissant en sels nutritifs mais également avec une diminution notable de la biomasse chlorophyllienne (**fig. II.14**).

Quant aux formes dégradées de la Chla (phéopigments), elles dominent toujours et témoignent ainsi de fortes mortalités instantanées : souvent les valeurs des phéopigments sont le double de la Chla. La Chla active n'est que de l'ordre de 20-30%, ce qui correspond à des concentrations de l'ordre de 10-12 µg.l⁻¹ (**fig. II.13**). Les phéopigments montrent une répartition spatiale assez similaire à celle de la Chla. (**fig. II.13**). Toutefois, on rencontre une différence remarquable au niveau temporelle comme on peut le constater dans la **figure II.14**.

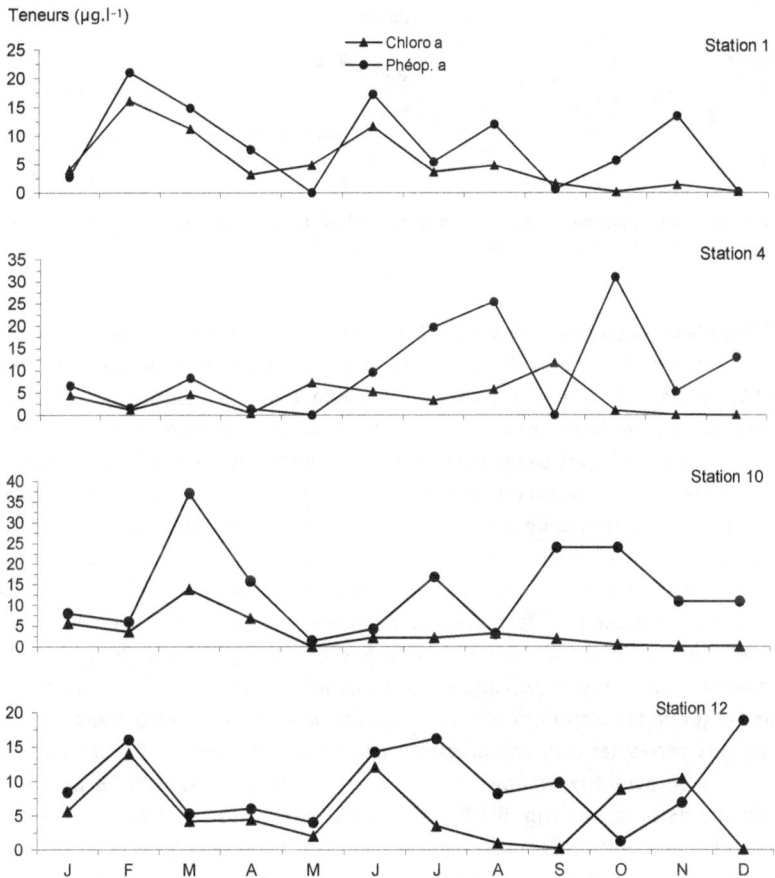

Figure II.13 : Variations mensuelles de la teneur en chlorophylle *a* et en phéopigments dans les stations échantillonnées de la lagune Mellah durant l'année 1998.

Teneurs (µg.l⁻¹)

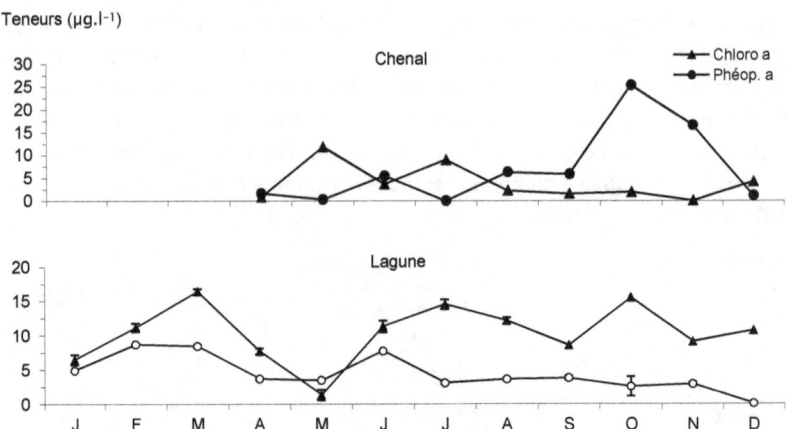

Figure II.14: Variations mensuelles de la teneur en chlorophylle *a* et en phéopigments *a* dans la station chenal et à l'échelle de la lagune Mellah durant l'année 1998.

3.3.2. Matières en suspension (M.E.S) et carbone organique particulaire (C.O.P)

Les courbes de variations de la teneur en matière en suspension (**fig. II.15**), présentent une allure assez semblable pour la majorité des stations prospectées. Les plus fortes valeurs de ce paramètre sont enregistrées en janvier dans la plupart des stations échantillonnées, en pleine période de crue. C'est ainsi que les apports pluviométriques par les ruissellements et les oueds, jouent un rôle prépondérant dans l'enrichissement en M.E.S de la colonne d'eau. Les charges maximales sont obtenues dans les stations 12 (66,50 mg.l⁻¹) et 10 (61,80 mg.l⁻¹), en période hivernale (janvier). En effet, ces deux stations se localisent en face des déversements respectifs des oueds El–Mellah et R'kibet. Il en est de même à l'échelle de la lagune (**fig. II.15**), où on enregistre une valeur maximale remarquable de 59,82 mg.l⁻¹, relevée en janvier (période de crue), contre un minimum de 4,72 mg.l⁻¹ en octobre.

Les plus fortes teneurs en carbone organiques particulaires (**fig. II.15**), sont relevées en avril aux stations 1 (2 316,01 µg.l⁻¹) et 10 (2 100,38 µg.l⁻¹). A l'échelle de la lagune (**fig. II.15**), les teneurs maximales sont de 1 237 et de 918,21 µg.l⁻¹, mesurés respectivement pendant les mois d'avril et de janvier. Toutefois, la majorité des teneurs en M.E.S et en C.O.P au niveau du chenal (**fig. II.15**), restent très comparables à celles enregistrées dans la lagune.

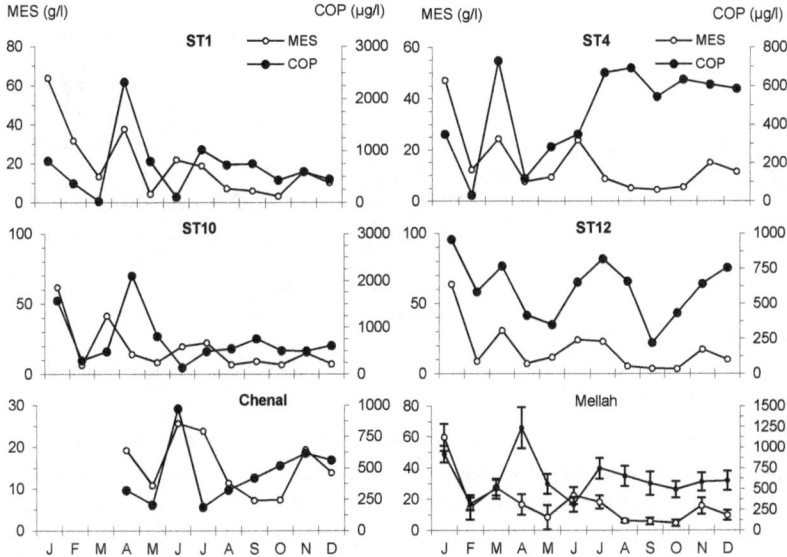

Figure II.15 : Évolution mensuelle de la teneur en matière en suspension (M.E.S) et du taux en carbone organique particulaire (C.O.P), dans les stations prospectées et à l'échelle de la lagune Mellah durant l'année 98.

4. Fonctionnement hydrologique de la lagune

Afin de mieux comprendre le fonctionnement hydrologique de la lagune Mellah, une station (C) située dans le chenal (**fig. II.1**) a fait l'objet de relevés continus de température, de salinité, de vitesse et direction du courant, à l'échelle de la demi-heure sur une période de quatre jours (22-25 août 1999). C'est ainsi que nous nous sommes intéressés au régime de marée et aux échanges hydrologiques avec le littoral adjacent en période estivale (**tab. II.4, fig. II.16**).

Tableau II.4 : Caractéristiques de la marée et des échanges advectifs hydrologiques qu'elle induit entre la lagune Mellah et son littoral adjacent lors de la période d'expériences d'été 1999. Ji : jusant 1 à 7, Fi : flot 1 à 6, Jm : valeur moyenne du jusant, Fm : valeur moyenne du flot, φ: phase de marée, $T\varphi$: durée de phase, Vm (φ) : vitesse moyenne du courant de marée, $Qp\varphi$: volume d'eau cumulé de phase, $Qd\varphi$: volume d'eau douce cumulé de phase d'origine lagunaire, $Sm\varphi$: salinité moyenne de phase.

φ	J1	F1	J2	F2	J3	F3	J4	F4	J5	F5	J6	F6	J7	Jm	Fm
$T\varphi$ (heure)	7h 30	7h	5h 30	3h 30	7h	6h	6h	3h	7h	7h	5h	3h 30	7h	5h 30	5h
$Vm\varphi$ (cm. s⁻¹)	15,25	20,65	13,60	9,64	15,85	18,08	13,10	5,25	14,92	19,30	9,72	8,75	15,23	13,95	13,61
$Qp\varphi$ (m³)	29105	43497	22194	10935	33443	35073	23329	5103	36930	43740	14179	12630	32080	27323	25163
$Qd\varphi$ (m³)	1922	162	3282	960	6390	450	5559	962	3160	360	6898	96	5130	4620	498
$Sm\varphi$ (P.S.U)	29,60	37,48	30	37,40	29,10	37,27	29,75	37,12	29,20	37,40	30,25	37,27	30	29,70	37,32

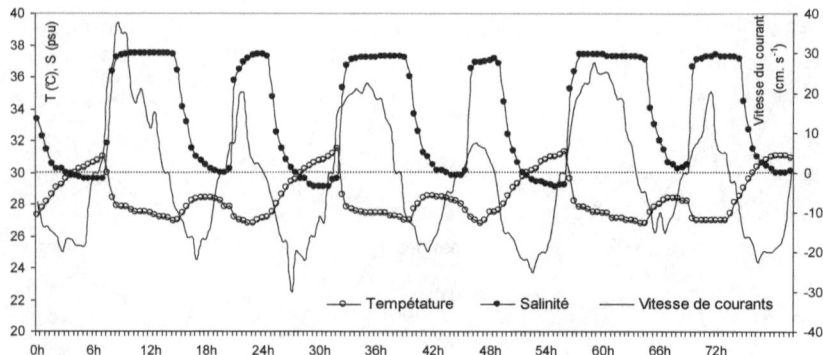

Figure II.16 : Hydrologie et régime de marée du 22 au 25 août 1999 de la lagune Mellah (valeurs négatives en jusant).

La marée montre un régime fondamentalement semi-diurne (**fig. II.16**). Cependant, l'ensemble des cycles complets (jusant-flot) successifs sont très inégaux, comportant des cycles longs de 14 heures alternant régulièrement les cycles cours de 9 heures (**tab. II.4**). Ces deux catégories de cycles longs et cours gardent sensiblement la même période. L'écoulement des courants dans les cycles courts est toujours plus faible (5,25-13,60 cm.s^{-1}) que celui des cycles longs (15-20,65 cm.s^{-1}) (**fig. II.16**). Ces mouvements rythmés d'eau, semblent être modulés par le niveau de remplissage de la lagune, et traduisent le rythme de l'équilibre hydrostatique. Quantitativement, on note que chaque forte évacuation d'eau en jusant (29 000-36 000 m^3), entraîne une diminution du niveau et crée un ''appel'' d'eau en flot presque équivalent (35 000-43 500 m^3), et inversement (**tab. II.4**). Si les débits sortants de grands jusants (demi-période de cycle long), sont légèrement inférieurs à ceux entrants de grands flots, les débits sortants de petits jusants (demi-période de cycle court) sont en revanche toujours plus élevés (14 000-23 000 m^3) que ceux de petits flots (5 000-12 600 m^3). L'équilibre hydrostatique pourrait se réaliser donc en deux cycles complets successifs.

On constate d'autre part, qu'une marée permet d'échanger en moyenne 52 500 m^3 (**fig. II.16, tab. II.4**), soit 105 000 m^3 par jour ou 3 150 000 m^3 par mois. Ce renouvellement mensuel représente 13% du volume total de la lagune (24.10^6 m^3). Ces valeurs doivent être en revanche majorées de 10 à 20% correspondant à la sous-estimation des mesures de courants dues au courantomètre utilisé. Si l'on tient compte de cette majoration, le renouvellement mensuel représenterait 15% du volume total de la lagune.

La température de jour des étales des eaux de jusant reflétant celle de la lagune atteint un maximum de 31,30°C. L'amplitude thermique jours-nuit est

de 3°C pour les eaux des étales de jusant, et seulement de 0,70°C pour les eaux de l'étale de flot, où la température n'a pas dépassé 27,50°C (**fig. II.16**).
La salinité de la lagune a fluctué en moyenne entre 29,10 et 30,25 PSU, et celle de la côte voisine (eau du flot) atteint 37,12-37,48 PSU (**tab. II.4**). La lagune garde ainsi une salinité bien inférieure à celle de la mer au cours de cette expérience. La salinité reste basse en raison du faible renouvellement d'une part, et d'apports d'eau douce (par les sources immergées et les apports continentaux accumulés le reste des saisons) d'autre part.
Les apports d'eau douce et le faible renouvellement des eaux de la lagune expliquent la diminution haline de la lagune (29,10 et 30,25). La salinité de la mer (eau du flot) atteint 37,48 PSU. On peut estimer la fraction d'eau douce présente en chaque moment dans la lagune, comme dans le chenal lors du jusant. Cette fraction est donnée par l'équation de Giovanardi et Tromellini (1992) :

$$F(\%) = 100*(S - s)/S \qquad (1)$$

F : la fraction d'eau douce, S : la salinité de l'eau de mer, s : la salinité de l'échantillon ou de l'eau du jusant.

Le **tableau II.4**, montre l'évolution des échanges en eau douce (volumes cumulés de phases : Q_d). On y constate que l'eau du jusant exporte entre 1 920 et 6 900 m³, alors que le volume qui retourne à la lagune en flot varie entre 96 et 960 m³ seulement. La lagune exporte ainsi quotidiennement 8 200 m³ d'eau douce à la mer ou 252 000 m³ par mois, ce qui représente 1% du volume total du Mellah. D'autre part, si la salinité du Mellah est maintenue constante autour de 29 PSU, on peut déduire de l'équation (1), que cet écosystème recèle un volume d'eau douce de $5,44.10^6$ m³ (soit une fraction de 22,67%). En outre, l'évaporation au mois d'août estimée à 3 mm par jour, implique par conséquent une perte des eaux du Mellah estimée à environ 788 400 m³ (ou 3,30%) par mois. Malgré cette forte évaporation à laquelle il faut ajouter le volume d'eau douce exporté à la mer, la lagune se comporte comme un bassin de dilution grâce aux apports instantanés de la nappe souterraine, aux apports continentaux antérieurs et au faible renouvellement.
L'étude hydrologique réalisée en été 1999, a montré que la lagune est soumise à une marée semi-diurne qui s'affirme en été (**fig. II.16**). Les données de Ounissi et al. (2002), fournissent un complément de résultats sur le fonctionnement hydrologique traitant le reste de l'année (**tab. II.5**). Comme le montre le **tableau II.5**, ce régime est cependant, masqué en hiver et en automne sous l'effet des exportations d'eaux excédentaires limitant l'entrée des eaux de pleine mer (**tab. II.5**). Le temps de renouvellement du Mellah n'est

ainsi que de l'ordre de 7 à 10 mois et, est plutôt assuré par les apports d'eau douce que par l'apport marin. La salinité diminue ainsi annuellement d'environ une unité, ce qui rend le Mellah un bassin de dilution, contrairement à des sites méditerranéens comparables.

Tableau II.5 : Caractéristiques saisonnières des échanges hydrologiques tidaux entre la lagune Mellah et le littoral adjacent. Les données de chaque période ont été relevées à l'échelle de la demi-heure à la station-chenal. $T\varphi j$: durée de l'écoulement lagune–mer ou jusant ; $T\varphi f$: durée de l'écoulement mer–lagune ou flot ; $Vm\varphi j$: vitesse moyenne du jusant ; $Vm\varphi f$: vitesse moyenne du flot ; $Q_p\varphi f$: volume entrant ; $Q_p\varphi j$ volume sortant; B : bilan = $(Q_p \varphi j - Q_p \varphi f)$; Rj : échange journalier = $(Q_p \varphi j + Q_p \varphi f)$. Sj : salinité de franc jusant ; Sf : salinité de franc flot. (*) : données d'après Ounissi et al.,(2002).

	Tφj (Heure)	Tφf (Heure)	Sj (P.S.U)	Sf (P.S.U)	Vmφj (cm s⁻¹)	Vmφf (cm.s⁻¹)	Qpφf (m³)	Qpφj (m³)	Bilan (m³)	Rj (m³)
2-3.10.96*	18h 30	5h 30	-	-	16,60	12	15 024	65 586	+ 50 562	80 610
2-3.11.96*	18h	6h	33,35	37,60	16,90	11,92	17 052	70 773	+ 53 721	87 825
18-19.5.97*	10h, 7h	4h, 3h	33,35	37,35	12,26	11,50	14 846	42 749	+ 27 903	57 795
22-25.8. 99	6h 30, 4h 30	6h, 4h	29,70	37,32	13,95	13,61	25 163	27 323	+ 2 160	104 972

Le **tableau II.5** présente les valeurs moyennes de vitesses de courants, des débits des phases, des volumes d'eaux échangés entre la lagune et la côte adjacente de quatre cycles circadiens et les températures, les salinités et les vitesses de courants de phase. Il semble que, l'étroitesse du chenal n'assure qu'un faible débit (0,52 et 1,22 m³.s⁻¹), variant avec le niveau de remplissage de la lagune. L'échange journalier, (évaluation sur la base de suivi à l'échelle de la demi-heure, de 3 cycles circadiens), fluctue entre 57 800 et 87 800 m³, selon les saisons. L'extrusion d'eau lagunaire du 2–3 novembre a duré 18 h tandis que le flot n'a duré que 6 h, et l'écoulement des sorties d'eaux est plus fort (10 à 27,5 cm.s⁻¹) que celui du flot (10 à 15 cm.s⁻¹) (**tab. II.5**). En effet, durant le suivi de 1998, la salinité maximale de la lagune n'a pas dépassé 32,50 PSU (station 4 en août) inférieures à celles de la mer même à la fin de la saison estivale.

La marée de mai montre, contrairement au cycle de novembre, deux périodes de pleine mer et deux périodes de basse mer de durées variables (**tab. II.5**), ce qui correspond à un régime fondamentalement semi–diurne. On constate, par ailleurs, que la somme des précipitations en mai n'a pas dépassé 0,30 mm, alors que la somme de l'évaporation s'élève jusqu'à 63,60 mm (données non présentées), ce qui laisse supposer une baisse du niveau du Mellah, permettant ainsi de plus fortes intrusions marines. La période du jusant s'allonge avec les apports continentaux, les apports de la nappe et les précipitations directes. En effet, lors des fortes précipitations de l'automne et de l'hiver, la lagune se remplit ce qui ne permet pas l'intrusion marine. Le courant de sortie peut couler ainsi plusieurs jours vers la mer.

5. Discussion et conclusion

La température est un facteur écologique qui conditionne la répartition des organismes aquatiques. En effet, elle revêt une importance capitale directement dans l'activité métabolique des organismes, ou indirectement en modifiant les facteurs écologiques du milieu et par conséquent leur répartition biogéographique.

La similarité des fluctuations thermiques enregistrées au niveau de l'ensemble des stations prospectées de la lagune a été signalée par Grimes (1994) et Refes (1994) dans ce même milieu. De telles constatations sont également observées dans d'autres lagunes et étangs méditerranéens, comme c'est le cas de la lagune de Venise (Solidoro et al., 2004), de la lagune d'Orbetello (Nuccio et al., 2003 et Lenzi et al., 2003), de l'étang de Thau (Laugier et al., 1999 et Plus et al., 2001), de la lagune de Di Sacca Goro (Mistri et al., 2001) et de l'étang de Salses-Leucate (Boutière et al., 1981). La faible différence de température entre les eaux superficielles et celles du fond, dénote la grande homogénéité thermique des eaux de la lagune, notamment lorsqu'il s'agit d'un écosystème peu profond comme c'est le cas du Mellah (Guelorget et al., 1989 ; Draredja, 1992). Ceci est typique à plusieurs autres lagunes et étangs méditerranéens peu profonds, comme l'étang de Citis en France (Baudin, 1980), la lagune d'Orbetello (Italie) et la mer Tyrrhénienne (Lenzi et al., 2003). Les variations de température font parfois apparaître une inversion thermique de l'ordre de 0,5°C, d'où la superposition des eaux chaudes profondes et froides de surface. Ce phénomène est observé seulement pendant la saison froide (novembre, janvier et mars), dans les stations dont la profondeur dépasse 1,50 m. Selon Guelorget et al. (1989) ce phénomène peut inclure aussi les mois de décembre et février, ceci est valable également pour l'estuaire de la Loire en France (Rince et al., 1985).

La faible inertie thermique des eaux de la lagune est en relation directe avec la bathymétrie. Par conséquent, les eaux de la lagune sont très sensibles aux variations extérieures du degré thermique en raison de la faible profondeur de la colonne d'eau. Cette situation est propre à plusieurs milieux lagunaires méditerranéens (Boutière et al., 1981; Semroud, 1983 ; Arfi, 1991).

Dans le Mellah comme dans la majorité des lagunes et étangs méditerranéens, les écarts thermiques annuels sont de l'ordre de 20°C (**tab. II.6**). Non seulement ces écarts influent sur la biologie lagunaire, et exercent une forme de sélection des espèces. En effet, en raison de la forte amplitude thermique, certaines populations hivernales notamment chez les peuplements phytoplanctoniques disparaissent souvent en été (Nuccio et al., 2003 ; Bianchi et al., 2003 ; Bernardi Aubry ; Acri, 2004) et zooplanctoniques (Gaudy et al., 1995 ; Haridi,

1999 ; Lam-Hoai ; Rougier, 2001). Des mortalités massives de bivalves d'élevage peuvent aussi survenir à la suite d'un réchauffement exagéré d'été (lagune Mellah, observation personnelle fin août 1999).

Tableau II.6 : Comparaison de la variabilité thermique dans différents écosystèmes lagunaires méditerranéens.

Lagunes et étangs	Valeurs extrêmes thermiques (°C)	Amplitude thermique (°C)	Références
Monastir (Tunisie)	10-30	20	Vincke (1982)
Ghar El-Melh (Tunisie)	9,70-27,40	17,70	Romdane & Chakroun (1986)
Venise (Italie)	2,2-28,7	26,50	Bianchi *et al.* (2004)
Venise	4-26	22	Solidoro *et al.* (2004)
Orbetello (Italie)	6-28	22	Lenzi *et al.* (2003)
Di Sacca Goro (Italie)	5,70-28,50	22,80	Mistri *et al.* (2001)
Thau (France)	3,20-26,50	23,3	De Casabianca *et al.* (1997)
Thau	3,20-27,10	23,90	Laugier *et al.* (1999)
Thau	5-29	24	Plus *et al.* (2003)
Mellah (Algérie)	13-26	13	Gimazane (1982)
Mellah	12,30-26,20	13,90	Semroud (1983) ; De Casabianca *et al.* (1991)
Mellah	10-30,20	20,20	Présente étude

Contrairement aux études antérieures (Semroud, 1983 ; De Casabianca *et al.*, 1991), les eaux du Mellah ne semblent pas présenter de stratifications quelque soit la saison, en raison d'un fort mélange dû à la marée d'une part, et aux vents dominants du secteur Nord-Ouest d'autre part. Cette situation est également signalée dans d'autres lagunes et étangs méditerranéens, tels que Salses-Leucate (Boutière, 1981) et Berre (Kim, 1988).

La salinité conditionne la répartition et la dynamique des espèces. Les variations halines dans le Mellah, sont sous l'influence directe des échanges avec la mer et les apports d'eaux douces. L'homogénéité verticale de la salinité (hormis la station centrale), témoigne encore du fort brassage de la colonne d'eau, qui n'est stable qu'instantanément lors des étales des courants de marée. Les faibles différences spatiales de salinité sont dues simplement à l'effet de l'âge (histoire) de la marée. La gamme de variations halines dans le Mellah diffère de celle relevée dans la majorité des lagunes et étangs méditerranéens (**tab. II.7**). En effet, l'intervalle de variations de la salinité dans la lagune Mellah est plus large par rapport à celui relevé dans la lagune de Venise (Solidoro *et al.*, 2004). Par contre, il est inférieur à celui de la lagune Di Sacca Goro (Mistri *et al.*, 2001). Dans l'étang de Thau les eaux sont plus salées (Laugier *et al.*, 1999). Alors que dans l'étang de Berre les eaux sont beaucoup moins salées par rapport à celles du Mellah (Kim, 1988), de même pour les eaux de l'étang de Citis (Baudin, 1980).

Tableau II.7: Comparaison de la variabilité haline dans différents écosystèmes lagunaires méditerranéens.

Lagunes et étangs	Valeurs extrêmes halines (PSU)	Amplitude haline (PSU)	Références
Venise (Italie)	27-32	5	Solidoro *et al.*, (2004)
Di Sacca Goro (Italie)	17-36	19	Mistri *et al.*, (2001)
Thau (France)	30,70-43	12,30	Laugier *et al.*, (1999)
Berre (France)	4,32-11,32	7	Kim (1988)
Citis (France)	5-16	11	Bqudin (1980)
Mellah (Algérie)	24-32	8	Semroud (1983) ; De Casabianca *et al.* (1991)
Mellah	18,73-33,25	14,52	Refes (1994) ; Grimes (1994)
Mellah	23,50-34,65	11,15	Présente étude

Les variations des teneurs en oxygène dissous dans les milieux aquatiques en général et dans les écosystèmes lagunaires plus particulièrement, sont souvent difficiles à interpréter, car elles sont le reflet d'une part de la balance entre les processus antagonistes de la photosynthèse et de la respiration, et d'autre part des échanges avec la mer et l'atmosphère. En effet, selon Sacchi et Testard (1971), la teneur en oxygène dissous dans ces milieux est le résultat :

* d'une dissolution directe de l'oxygène atmosphérique,
* de la photosynthèse des végétaux,
* de l'arrivée d'eau de mer saturée en oxygène,
* de la consommation respiratoire de la faune et de la flore et
* des dégradations de matières organiques qui se traduisent par une demande biologique et chimique en oxygène.

Dans l'ensemble, les eaux du Mellah sont bien oxygénées (autour de 6,50 mg.l^{-1}). Toutefois, les faibles teneurs sont enregistrées au niveau de la station 4 la plus profonde et principalement en saison estivale. Cet état serait en relation avec la nature du sédiment et sa richesse en matières organiques en décomposition (Draredja, 1992 ; Draredja et Beldi, 1999), qui pourrait conduire à une forte consommation d'oxygène dissous par les bactéries benthiques. Par contre, la valeur la plus élevée est de 8 mg.l^{-1} enregistrée à la station 9 (en octobre), située à proximité de l'embouchure de l'oued Bélaroug, s'expliquerait par l'enrichissement en oxygène provenant des eaux continentales d'une part, et par l'action hydrodynamique d'autre part, engendrée par la faible profondeur de cette zone (environ 1 m). Les fluctuations saisonnières (4,50-8 mg.l⁻¹) dans les eaux de la lagune, seraient liées essentiellement aux conditions climatiques, notamment en saison chaude et l'effet du réchauffement sur la dissolution de l'oxygène dans les eaux de la lagune.

Des valeurs moyennes comparables à nos résultats ont été déjà signalées par Draredja (1992), signale des taux d'environ 7 mg.l⁻¹ dans la partie Nord de l'étendue sous l'influence marine, alors que le centre est le moins oxygéné avec 4 mg.l⁻¹ seulement. Toutefois, Samson–Kechacha et Gaumer (1979) et Semroud (1983), situent la zone la mieux oxygénée au centre de la lagune dans les eaux de surface, coïncidant probablement avec une période froide de fortes agitations.

Dans d'autres écosystèmes lagunaires méditerranéens, les variations de la teneur en oxygène dissous sont plus importantes par rapport à celles de la lagune Mellah. En effet, Laugier *et al.* (1999) décèlent dans les eaux de l'étang de Thau des fluctuations variant entre 3,10 et 16 mg.l⁻¹, où les variations sont directement liées aux conditions climatiques locales ainsi qu'aux activités biologiques dans l'étang. De même, les eaux de la lagune de Di Sacca Goro (Mistri *et al.*, 2001), montrent des teneurs variant de 1,70 à 14,50 mg.l⁻¹. Par contre, d'autres lagunes et étangs, sont plutôt caractérisés par de basses teneurs en oxygène dissous comparées à la lagune Mellah. C'est le cas de l'étang de Citis où les eaux sont caractérisées par un faible taux en oxygène dissous, indiquant ainsi une sous–saturation du milieu (en moyenne 70%), plus marquée encore au niveau de la couche profonde (Baudin, 1980). Des situations exceptionnelles d'hypoxie peuvent être également rencontrées, comme c'est le cas dans l'étang de Thau qui connaît parfois des épuisements estivales en oxygène, où les teneurs peuvent baisser jusqu'à 1,10 mg.l⁻¹, seulement (De Casabianca *et al.*, 1997).

Sur le plan de la turbidité, on considère que les eaux de la lagune sont peu turbides, puisque la transparence des eaux est toujours supérieure à 60%. Les plus faibles visibilités de disque de Secchi sont observées en août–septembre, en relation avec la charge planctonique des eaux. Il faut souligner le caractère instantané des valeurs de turbidité des eaux, qui varie au gré de la turbulence et de la charge de la masse d'eau transportée par le courant de marée. La visibilité diminue également en hiver lors des crues et des apports continentaux. Dans la lagune de Venise, la transparence des eaux sous l'influence de l'action hydrodynamique peut remarquablement chuter à 0,5 m (Bianchi *et al.*, 2004). D'autres facteurs comme l'abondance phytoplanctonique notamment les espèces (taille moyenne entre 12 à 45 μm), peuvent influer significativement sur la turbidité des eaux (Aleya et Devaux, 1988).

Concernant la fertilité chimique, contrairement à la majorité des lagunes méditerranéennes, le Mellah paraît le moins enrichit en sels nutritifs (**tab. II.8**). Aussi le problème d'eutrophisation ne se pose pas pour la lagune. Il est vrai que pour le phosphore réactif dissous, les valeurs sont presque toujours inférieures 0,50 µmole.l⁻¹ tout au long de la saison productive, est bien vivifié par les intrusions marines. Le milieu s'enrichit relativement (0,50-3,50 µmoles.l⁻¹) lorsque la période d'écoulement s'allonge à la suite des apports hydriques continentaux. La relation inverse salinité–phosphates (r = −0,61, n = 12), souligne l'importance des facteurs externes (climatiques et tidales) dans l'évolution de la fertilité du milieu.

Tableau II.8 : Variabilités en sels nutritifs dans la lagune Mellah et dans d'autres écosystèmes lagunaires méditerranéens.

Lagunes et étangs	NID (µmoles.l⁻¹)	PRD (µmoles.l⁻¹)	Références
Venise (Italie)	2–41,50	0,30–2,90	Sfriso *et al.* (1989)
Venise	19,70–62,40	0,20–1,60	Bianchi *et al.* (2003)
Venise	8–32	0,20–0,40	Bianchi *et al.* (2004)
Venise	1,40–41,90	0,10–0,40	Bernadi–Aubry et Acri (2004)
Orbetello (Italie)	12–85,10	0,10–0,90	Lenzi *et al.* (2003)
Urbino (Italie)	0–20	0–1,45	De Casabianca *et al.* (1982)
Sacca di Goro (Italie)	7,10–37,10	3,20–21,40	Viaroli *et al.* (1993)
Biguglia (France)	0–36	0–4,13	De Casabianca *et al.* (1982)
Prévost (France)	0,99–16,98	2,10–13,20	De Casabianca *et al.* (1983)
Thau (France)	20,70– 136,10	0,10–20,90	De Casabianca *et al.* (1997)
Mellah (Algérie)	3,10–5,20	1–5	Semroud (1983) ; De Casabianca *et al.* (1990)
Mellah	0,20–10	0,50–3,50	Présente étude

De même, l'azote est peu abondant (0,20 à 10 µmoles.l⁻¹), comme on peut le constater dans le **tableau II.8**. En hiver et au printemps, la lagune exporte l'azote ammoniacal et semble importer l'azote oxydé en été et en automne avec les eaux marines qui s'intensifient en cette époque de l'année, mais les concentrations restent très inférieures aux valeurs lagunaires (Lenzi, 1992 ; Cloern, 2001 ; Dell'Anno *et al.*, 2002 ; Bernadi–Aubry et Acri, 2004 ; Bernadi–Aubry *et al.*, 2004) et littorales (Fréhi, 1995 ; Ounissi *et al.*, 1998 ; Khélifi–Touhami, 1998 ; Ounissi et Khélifi–Touhami M., 1999). Or, l'eutrophisation des lagunes méditerranéennes est un constat généralisé (Zaouali, 1977 ; De Casabianca, 1983 ; Comin, 1984 ; Sfriso *et al.*, 1988 ; Viaroli *et al.*, 1993 ; Lunden et Linden, 1993 ; De Casabianca *et al.*, 1994), comme le souligne De Casabianca *et al.* (1997) «*Currently, Mediterranean coastal lagoons are not spared the eutrophication processes which generally result fro increasing* *anthropogenic pressures such as urban; agricultural and industrial sewages. This situation is usually characterized by an increased level of nutrients (NH_{4+}, NO_3^-, PO_4^{3-}) and suspended particulate matter in the water column; by nitrogen and phosphorus enrichment of sediments; by dissolved oxygen depletion which can lead to anoxic crisis in summer and the frequent occurrence of macroalgal blooms ...».*

Les conditions chimiques du Mellah, se traduisent par une production primaire modérée par rapport aux milieux lagunaires comparables (**tab. II.9**). La biomasse moyenne n'est que de l'ordre 4 µg.l⁻¹. Ainsi en hiver et au printemps (janvier–juin) la biomasse est maximale (6 µg.l⁻¹), à la suite des apports continentaux, et diminue en été et en automne (juillet–décembre) (2,80 µg.l⁻¹), lors de l'intensification des entrées marines pauvres, particulièrement en saison estivale. Si la majorité des lagunes méditerranéennes souffrent de problèmes d'eutrophisation, la lagune Mellah tombe même dans l'oligotrophie en considération de l'épuisement du phosphore et de l'ammonium en été et en automne. La lagune fonctionnant ainsi, et par son appartenance au parc national d'El-Kala, est bien épargnée des apports anthropiques conséquents induisant une surcharge nutritive additive. Il s'agit ici d'une singularité remarquable du Mellah parmi les autres lagunes péri-méditerranéennes.

Tableau II.9: Variabilités de la biomasse chlorophyllienne dans la lagune Mellah et dans d'autres écosystèmes lagunaires méditerranéens.

Lagunes et étangs	Chlorophylle *a* (µg.l⁻¹)	Références
Venise (Italie)	8–32	Bianchi *et al.* (2004)
Venise	0–32	Solidoro *et al.*, (2004)
Venise	0,70–36,70	Bernadi Aubry et Acri (2004)
Orbetello (Italie)	0,50–66	Nuccio *et al.* (2003)
Thau (France)	0,01–14,04	De Casabianca *et al.* (1997)
Salses–Leucate (France)	3–30	Boutière *et al.* (1981)
Gialova (Grèce)	0,10–11,70	Triantafyllou *et al.* (2000)
Mellah (Algérie)	1–3	Semroud (1983)
Mellah	1–12	De Casabianca *et al.* (1991)
Mellah	0,10–8,72	Présente étude

Les plus fortes charges en M.E.S et en C.O.P, sont enregistrées en hiver et au début du printemps, avec des teneurs maximales respectives de 66,50 mg.l⁻¹ et 2 316,01 µg.l⁻¹. Cette période, correspond à la dominance du jusant évacuant les excédants hydriques (et leurs charges en matières organiques et minérales) du bassin versant.

51

Selon Bianchi *et al.* (2004), il existe une relation de proportionnalité entre le C.O.P et la teneur en chlorophylle. En effet, le C.O.P est un mélange entre la fraction planctonique et les détritus biologiques remis en suspension.

Par ailleurs, la majorité des teneurs en M.E.S et en C.O.P au niveau du chenal, restent très comparables par rapport à celles enregistrées dans la lagune. Ceci est probablement lié aux moments des relevées coïncidant vraisemblablement avec des phases d'étale. D'une manière générale, on remarque également un certain parallélisme dans les variations de la teneur en seston et celles du C.O.P, notamment pendant les périodes des floraisons phytoplanctoniques. Selon Bianchi *et al.* (2004), généralement les teneurs du C.O.P et celles de la chlorophylle ont des tendances semblables, et le rapport C.O.P/Chl*a* est souvent supérieur à 130, d'où la grande contribution des détritus biogéniques. Ces mêmes auteurs rapportent dans la lagune de Venise, des teneurs en M.E.S allant jusqu'à 135,60 mg.l^{-1}, avec une concentration en C.O.P de 1040 µg.l^{-1} pour un quotient C.O.P/Chl*a* supérieur à 300, montrant ainsi la contribution des cellules mortes et des débris organiques dans la composition de la matière sestonique.

Les quantités du C.O.P obtenues traduisent une richesse modérée de la lagune Mellah. Il est vrai que la valeur moyenne n'est que de l'ordre de 600 µg.l^{-1}, et exprime une concordance avec la biomasse chlorophyllienne (COP/Chl*a* = 100). Ce fort rapport ne suppose pas des poussées, mais plutôt un ajout du carbone d'origine zooplanctonique. Le rapport COP/Chl*a* est en effet au maximum 70 lors de période de floraison (Chardy, 1987).

En définitif, sur le plan hydrologique on retient les caractères marquants suivants :

- A l'opposé de la quasi-totalité des lagunes méditerranéennes en tant que bassins de concentration, la lagune Mellah est un bassin de dilution. Cette situation est le résultat d'un double processus ; un approvisionnement en eaux douces provenant de diverses sources (écoulement, nappe, précipitations directes), et aussi du fait d'un faible enrichissement en eaux marines, par suite du colmatage graduel du chenal limitant les entrées marines. Par conséquent, on estime une diminution annuelle de la salinité des eaux lagunaires d'environ 1 unité.

- Si la majorité des lagunes méditerranéennes connaissent des problèmes d'eutro-phisation estivale, le Mellah est bien épargné de ce type de crise, en raison de l'absence d'activités anthropogéniques dans la région induisant un enrichissement supplémentaire des eaux en nutriments.

- D'un point de vue fonctionnement hydrologique, la lagune est soumise à une marée semi-diurne qui s'affirme en été. Ce régime est cependant masqué en hiver et en automne sous l'effet des refoulements d'eaux excédentaires limitant l'entrée des eaux de la pleine mer.

CHAPITRE II : PHYTOPLANCTON

1. Introduction

En faisant une synthèse sur la taxonomie du phytoplancton méditerranéen Margalef (1994) fait deux remarques : (i) la Méditerranée peut être assimilée à une forêt amazonienne microscopique pour son exceptionnelle richesse spécifique, (ii) la taxinomie du phytoplancton est presque abandonnée au profit d'études expérimentales. En Algérie, les travaux sur le phytoplancton sont très limités et souvent ponctuels (Samson-Kechacha et Gaumer, 1979 ; Samson-Kechacha, 1981 ; Illoul, 1987 ; Fréhi, 1995 ; Retima, 1999 ; Ounissi et Frehi, 1999 ; Ounissi *et al.*, sous presse b), De nos jours, très peu de travaux ont été consacrés au phytoplancton du Mellah (Samson-Kechacha et Gaumer, 1979 ; Guelorget *et al.*, 1989 ; Samson-Kechacha et Touahria, 1992 ; Retima, 1999 ; Ounissi *et al.*, sous presse b). Dans cet ordre d'idées, le littoral de l'Est algérien dont la lagune Mellah, reste presque inexplorée à l'exception de quelques travaux suscités, limités dans le temps.

Il n'est plus à démontrer que le phytoplancton constitue l'élément clé d'indication hydrologique, biologique et halieutique. L'eutrophisation à phytoplancton étant la plus étudiée en milieux littoraux (Blanc et Leveau, 1973 ; Estrada *et al.*, 1984 ; Estrada *et al.*, 1987 ; Menesguen, 1991 ; Margalef, 1994 ; Fréhi, 1995 ; Mozetic *et al.*, 1998 ; Ounissi et Fréhi, 1999 ; Socal *et al.*, 2002 ; etc.), et lagunaires (Amanieu *et al.*, 1975 ; Kim, 1983 ; De Casabianca *et al.*, 1994 ; Vaquer, 1994 ; Tolomio et Lenzi, 1996 ; Bianchi *et al.*, 2003 ; Nuccio *et al.*, 2003).

L'eutrophisation s'exprime non seulement par les efflorescences phyto-planctoniques (phénomènes naturels qui participent aux transferts d'énergie et de matière dans les écosystèmes marins), mais aussi par l'apparition d'espèces toxiques, et par des anoxies fragilisant les espèces en particulier et altérant la qualité du milieu. Bien que l'eutrophisation soit un phénomène naturel, elle constitue par conséquent de véritables menaces pour l'environnement et les peuplements exploités. On comprend alors que le Mellah doit être suivi régulièrement sur le plan biologique et environnemental, en relation avec le phytoplancton et les développements anormaux occasionnels qu'il engendre sur la qualité et sur la production des eaux. La surveillance concerne nécessairement les efflorescences, les espèces toxiques, l'eutrophisation et les conditions d'oxygénation. Il est vrai que le produit conchylicole du Mellah (moules, huîtres, palourdes, coques, etc.) sujet à l'exportation vers l'étranger

(Europe), donc un consommateur exigeant (norme CE), doit faire l'objet d'une surveillance rigoureuse.

D'un point de vue écologique, les crises dystrophiques ou l'eutrophisation du littoral se manifestant dans les lagunes, retentissent sur toutes les caractéristiques de l'environnement : productivité ; déséquilibre, impasses de flux d'énergie, hypoxie, fragilité de la faune exploitée (Menesguen, 1991 ; Guillaud et Aminot, 1991).

Ce chapitre consacré au phytoplancton, donne un complément d'informations sur la structure et le fonctionnement écologique du Mellah. Nous nous sommes intéressés particulièrement à la composition taxonomique des peuplements, la diversité et la richesse spécifique, la distribution et l'abondance, ainsi qu'aux échanges avec le littoral contigu.

2. Matériel et méthodes

2.1. Choix des stations

La stratégie d'échantillonnage adoptée repose sur un choix raisonné, selon l'axe médian principal de transport advectif horizontal de l'eau marine par le courant de flot, et de l'eau de la lagune lors du jusant. De tels courants, créent des turbulences empêchant ainsi tout phénomène de stratification de la colonne d'eau, dont la profondeur ne dépasse pas 5,20 m. Le microphytoplancton (taille $\geq$ 20 µm), a été étudié dans trois stations (fig. II.17) ; la première ''station A'' est située au milieu du chenal (1 m de profondeur), à environ 400 m de la mer. La largeur de la section mouillée du chenal à ce niveau est d'environ 8 m, avec un fond de sable grossier. A l'intérieur de la lagune, le nombre de stations a été fixé à deux : la ''station B'' à l'embouchure du chenal (2,50 m de profondeur) ; point de contact entre les eaux marines et les eaux de la lagune, avec un fond de sable envasé, et la ''station C'' au centre de l'étendue, la zone la plus profonde (4,80 m) et la plus proche des influences continentales, caractérisée par un fond de vase pure. La période d'étude s'étale de novembre 2000 à décembre 2001, à raison d'un prélèvement par mois. Les prélèvements du phytoplancton ont été réalisés durant l'année 1998, en même temps que le benthos, le zooplancton, et les relevés hydrologiques. Ces échantillons de phytoplancton ont été malheureusement perdus. Pour ces raisons, nous avons tenté de corriger quelque peu cette erreur, par des prélèvements au cours de l'année 2000-2001. Il ne s'agit pas ici d'un rattrapage, car les situations écologiques sont historiques, et les données phytoplanctoniques de 2000-2001 différeraient fort probablement de celles de 1998.

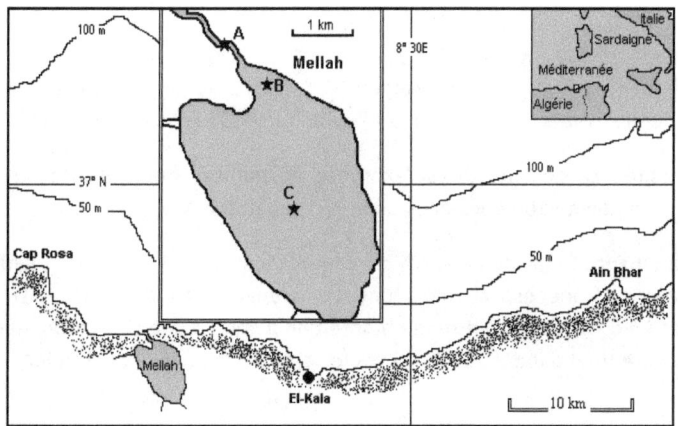

Figure II.17 : Localisation des stations d'échantillonnage du phytoplancton dans la lagune Mellah.

2.2. Échantillonnage et analyse du phytoplancton

L'échantillonnage du phytoplancton a été effectué dans les eaux de surface, où un volume de 100 litres d'eau est filtré sur un tissu de 20 µm. L'objectif est de se limiter aux tailles supérieures à 20 µm, en raison de la dominance des formes microphytoplanctoniques, notamment dans les milieux eutrophes (Raimbault *et al.*, 1988), cas de la majorité des écosystèmes lagunaires et littoraux. Le contenu du filtrat est conservé dans une solution de formol à 4%. Les échantillons ont été analysés sur deux fractions représentant chacune 5 à 10% du volume total, selon la densité. Les numérations sont effectuées dans une cuve spécialement confectionnée, et rapportées au nombre de cellule par litre (ou ind.l^{-1}). La plupart des taxons rencontrés sont identifiés jusqu'à l'espèce. Selon les espèces, la détermination s'est effectuée sous microscope à des grossissements allant jusqu'à GX100. Il convient aussi de rappeler que, plusieurs dizaines d'espèces nano-planctoniques (5 à 20 µm), n'ont pas été déterminées en raison d'absence de moyens d'observations adéquats. Seules les formes supérieures à 20 µm, ont été correctement déterminées. Selon Rétima (1999), l'ordre de tailles le plus fréquent dans le Mellah se situe entre 20 et 40 µm.

De nombreux ouvrages ont été utilisés pour l'identification des taxons et espèces microphytoplanctoniques de la lagune, parmi eux on cite : Hendey (1964) ; Sournia (1967, 1968, 1978, 1984 et 1986) ; André (1970) ; Ricard

(1976 et 1987) ; Ricard et Bourelly, 1982 ; Jacques (1977 et 1978) ; Tregouboff et Rose (1978) ; Tufaïl (1981) ; Bourelly (1981, 1985 et 1988) ; Ricard et Bourelly (1982) ; Rumeau et Coste (1988) ; Larsen et Moestrup (1989) ; Hallegraeiff *et al.* (1991) ; Larsen et Sournia (1991) ; Thomsen (1992) ; Chretiennot-Dinet *et al.* (1993) ; Hallegraeiff (1993) ; Skov *et al.* (1995).

- Densité : La densité (d) est exprimée en nombre de cellules ou individus micro-phytoplanctoniques dans un litre d'eau (ind.l^{-1}).

- Dominance : La dominance ou abondance relative, exprime l'influence exercée par une espèce dans une communauté. La dominance (D en %), correspond au rapport entre le nombre d'individus d'une espèce donnée (n) et le nombre total d'individus de toutes les espèces (N) dans l'échantillon :

$$D = (n/N)X100$$

- Fréquence : La fréquence centésimale (F%), est le nombre de relevés dans lesquels l'espèce (i) est rencontrée par rapport au nombre total des relevés, appelés aussi fréquence d'occurrence ou fréquence d'apparition de l'espèce dans l'échantillonnage. Elle est donnée par la formule :

$$F\% = (r_i/R)X100$$

r_i : nombre de relevés où l'espèce (i) est présente, R : nombre total des relevés.

Ce rapport définit trois catégories d'espèces :

- 0 < F < 25% : espèce rare,
- 25 < F < 50% : espèce commune ou accessoire,
- 50 < F <100% : espèce constante.

- Indice de Shannon : L'indice de diversité utilisé est celui de Shannon (H'), exprimé par la formule suivante :

$$H' = - \sum_{i=1}^{S} P_i \log_2 P_i$$

S : nombre d'espèces du peuplement, p_i : abondance relative de l'espèce i, ($p_i = N_i/N$), N_i : effectif de l'espèce i, N : effectif total du peuplement.

La diversité donnée par l'indice de Shannon, renseigne sur la structure des peuplements. Elle fournit une image sur l'insertion des individus au sein des différentes espèces, pouvant traduire ainsi un aspect fonctionnel des peuplements. L'indice de Shannon a été calculé uniquement pour les espèces contribuant pour 0,1% et plus. D'après Daget (1976), on peut être amené à négliger les espèces rares si elles ont une incidence négligeable et ne change en rien au sens des variations observées. Par ailleurs, l'indice de diversité d'un peuplement, ne reflète qu'une situation instantanée de la collection et non du milieu. Ce dernier étant fortement complexe, pour l'appréhender avec des indices mathématiques simplistes et généralistes que se soient. A la prudence dans l'interprétation de l'indice de diversité, s'ajoute la fugacité du phytoplancton n'intégrant la variabilité qu'à l'échelle de la journée ou même de la marée affectant la lagune.

– *Equitabilité :* L'équitabilité (E) mesure le rapport de l'indice de diversité et la diversité maximale attendue de la collection, autrement dit c'est l'écart à la valeur théorique quand toutes les espèces ayant la même fréquence de faire partie de l'échantillon.

$$E = H'/H'_{max}$$

H' : diversité réelle, H'$_{max}$: diversité maximale, avec H'$_{max}$ = log$_2$ S.

La diversité spécifique maximale, correspond à la diversité d'un échantillon où les espèces présentes auraient toutes la même abondance relative. D'un autre point de vue, le degré de maturité d'un écosystème, peut être apprécié au moyen de l'étude de sa structure. La distribution des individus au sein des espèces dans un peuplement permet de juger de la complexité de la structure et pouvant être exprimée sous une forme mathématique.

3. Conditions physico-chimiques
3.1. Température et salinité
La température varie en 2001 entre 12,60 et 29,40°C pour l'ensemble des stations étudiées (**fig. II.18**), soit une amplitude thermique annuelle de 16,80°C. Les conditions thermiques diffèrent quelque peu par rapport à l'année 1998, où la température a baissé en hiver jusqu'à 10°C.
Comme pour la température, la salinité varie également avec les conditions météorologiques (**fig. II.18**), variant ainsi entre 26 et 35,15 dans la lagune et 26,30-37,40 PSU dans le chenal. Si les faibles salinités d'hiver sont dues aux apports directs et indirects d'eau pluviale, les fortes salinités traduisent quant à elles, l'influence marine qui s'accentue progressivement du printemps jusqu'à la fin de l'automne (**fig. II.18**). Les salinités typiquement marines rencontrées en été et en automne, traduisent une image instantanée due à l'effet de marée. Il est important de souligner le fort écart halin annuel s'élevant jusqu'à 11 unités de salinité. Ces écarts thermo-halins, agissent sur les peuplements planctoniques côtiers échangés biquotidiennement à la cadence de la marée microtidale semi-diurne.

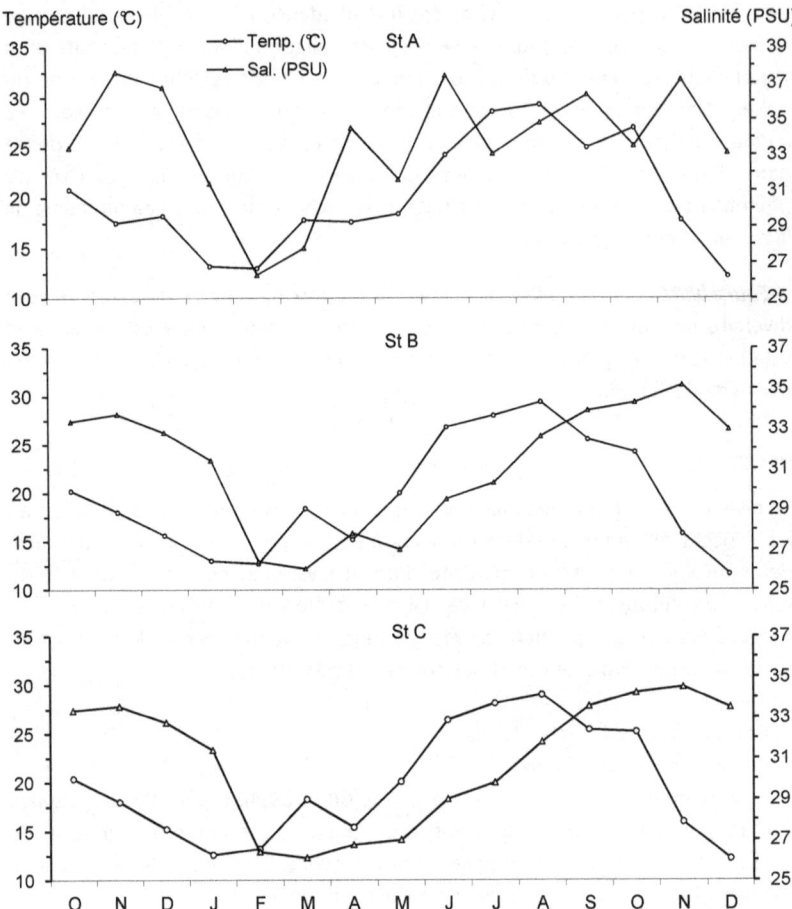

Figure II.18 : Évolution mensuelle de la température et de la salinité dans les stations prospectées de la lagune Mellah (octobre 2000 – décembre 2001).

3.2. pH et transparence des eaux

Le pH des eaux superficielles de la lagune Mellah (**fig. II.19**), est relativement constant et légèrement alcalin pour l'ensemble des stations prospectées. Les valeurs extrêmes de ce paramètre, se situent dans un faible intervalle de variations entre 8– 8,31. Dune manière générale, le pH des eaux du chenal présente des valeurs plus élevées par rapport à celui des eaux lagunaires.

Les faibles transparences des eaux ont été enregistrées en janvier et en mai dans la station C (profondeur 4,80 m), où la limite de visibilité du disque de Secchi est de 2,50 et 2,80 m respectivement. En dehors de ces deux périodes, le disque de Secchi reste visible quelle que soit la station et la période. Cette faible turbidité dans une eau pourtant toujours mouvante suivant les courants de marée, traduirait la faible charge sestonique du milieu pélagique.

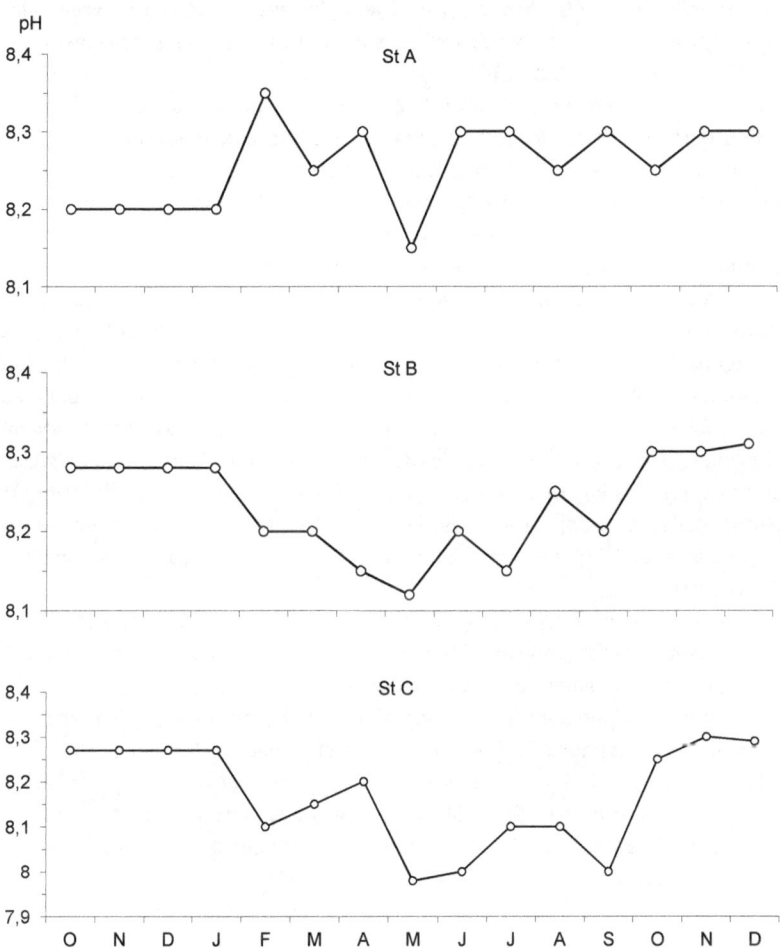

Figure II.19 : Évolution mensuelle du pH dans les stations prospectées de la lagune Mellah (octobre 2000 – décembre 2001).

4. Peuplements phytoplanctoniques

4.1. Composition et distribution taxonomique

Au total, 359 espèces microphytoplanctoniques ont été identifiées et classées selon Chrétiennot-Dinet *et al.* (1993) (**tab. II.10**). La plupart des espèces recensées appartiennent aux Diatomées d'affinité benthique quelle que soit la station et la période de prélèvement.

Le phytoplancton est constitué principalement de Diatomées (202 taxons) et de Dinophycées (106 taxons). Les Cyanophycées, les Chlorophycées, les Zygophycées et les Dictyochophycées, sont représentées respectivement par 33, 11, 4 et 3 taxons (**tab. II.10**).

Parmi les Diatomées, on dénombre 142 Pennales et 60 Centrales. Il semble que l'importance de cette richesse spécifique soit liée aux mouvements ou aux turbulences des eaux, en perpétuel déplacement à travers les courants alternatifs de flot et de jusant, dans un régime de marée semi-diurne. La plupart des populations des Diatomées récoltées appartiennent aux contingents d'affinité benthique et tychoplanctonique.

Parmi les Dinophycées, on compte 77 Péridiniales, 17 Dinophysales, 7 Prorocentrales, 4 Gymnodiniales et 1 Protaspidales, toutes semblent parvenir à la lagune avec les intrusions des masses d'eaux marines, lors du flot biquotidien. Alors que les Cyanophycées sont représentées par 23 Hormogonales et 10 Chroococcales, ces derniers s'avèrent parvenir principalement à la lagune lors des fortes crues par le biais des oueds. Les Chlorophycées sont représentées par 7 Chloroccocales, 2 Ulothricales, 1 Oedogoniales et 1 Sphaeropleales. Les Zygophycées sont représentées par 3 Desmidiales et 1 Zygnemales. Enfin, Les Dictyochophycées comprennent 4 Dictyochales.

En terme de richesse spécifique, les Diatomées (201 espèces) offrent 56% du peuplement microphytoplantonique, contre 30% pour les Dinophycées (106 espèces) et 9% seulement pour les Cyanophycées (32 espèces).

Il faut signaler également la présence d'un certain nombre d'espèces marines et lagunaires reconnues comme potentiellement toxiques (Larsen et Moestrop, 1989 ; Hallgraeiff, 1993 ; Skove *et al.*, 1995 ; Truquet *et al.*, 1996), (**tab. II.11**). A la fin de l'été et au début de l'automne, nous notons une efflorescence remarquable de la Diatomée *Synedra acus* à l'intérieur de la lagune, avec des densités exceptionnelles comprises entre $2,92.10^6$ et $3,77.10^6$ ind.l^{-1}.

Tableau II.10 : Liste taxonomique du microphytoplancton récolté dans la lagune Mellah (novembre 2000 - décembre 2001), (D : douce, M : marine, L : lagunaire, T : toxique).

CHLOROPHYCEAE (Wille Sensu Silva, 1982)
CHLOROCOCCALES
Hydrodictyacées
Pediastrum boryanum (Turpin) Menegh. (D)
P. clathratum (Schröt.) Lemmermann (D)
P. duplex Meyen (D)
P. sp.
Scenedesmacées
Scenedesmus accuminatus (Lagerh.) Chodat (D)
S. opoliensis P. Right (D)
S. tropicus Crown (D)

OEDOGONIALES
Oedogonium sp.

ULOTHRICALES
Hormidinium sp.
Ulothrix zonata (Web. & Morh) Kützing (D)

SPHAEROPLEALES
Sphaeropleacées
Schroederia setigera Lemmermann (D)

CYANOPHYCEAE (Schaffner, 1909)
CHROOCOCCALES (Wettstein, 1924)
Chroococcacées (Nägeli, 1849)
Chroccocus turgidis (Kützing) Nägeli (D)
Gloecapsa alpina (Nägeli) Em. Brand. (D)
G. minuta (Kütz.) Hollerb. (D)
Gomphosphaeria aponina Kützing (D)
Merismopedia elegans Braunn (D)
M. geminata Lagerh (D)
M. glauca (Ehrenberg) Nägeli (D)
M. punctata Meyen (D)
M. tenuissima Lemmermann (D)
Synechocystis diplococcus Pringsheim (D)

HORMOGONALES (Atkinson, 1905)
Nostocacées (Eichler, 1896)
Anabaena macrospora Klebs (D)
A. spiroides Klebs (D)
Aphanizomenon flos-aquae (Lemmermann) Ralfs (D)
Calothrix braunii Bornet & Flahaut
Gloeotrichia echinulata (J.E. Smith) Richter
Nodularia sp.
Nostoc parmelioides Kützing (D)
Oscillatoriacées (Engel, 1898)
Crinalium endophyticum Crown (D)
Lyngbya epiphytica var. *aquae-dulcis* Gardner (D)
L. luridum Gomont (D)
L. martensiana Menegh. (D)
L. rivulariarum Gomont (D)
L. sp.
Oscillatoria anguinis (Bory) Gomont (D)
O. bonnemaisonii Crouan (M)

O. bonnemaisonii var. *intermedia* Crouan (M)
O. platensis Nordst. (D)
O. sp.
O. subsalsa Oersted (D)
O. terebriformis Agardh (D)
Pseudoanabaena sp.
Scytonématacées (Kützing, 1843)
Tolypothrix distorta Kützing (D)
T. lanata Wartm. (D)

DIATOMOPHYCEAE (Rabenhorst, 1864)
CENTRALES (Schütt, 1896)
Biddulphiaceae (Kützing, 1844)
Biddulphia aurita (Lyngb.) Brébisson & Godey (M)
B. mobiliensis Bailey (M)
B. obtusa (Kützing) Ralfs *in* Pritchard (M)
B. pulchella Gray (M)
B. tridens (Ehrenberg) Ehrenberg (M)
B. spp.
Cerataulina pelagica (Cleve) Hendey
Terpsinoe americana (Bailey) Ralfs (M)
Trigonium formosum Brightwell (M)
T. sp.
Chaetoceracées H.L (Smith, 1872)
Chaetoceros affinis Lauder (M)
C. atlanticus Cleve (M)
C. brevis Chütt (M)
C. compressus Lauder (M)
C. constrictus Gran (M)
C. curvisetus Cleve
C. decipiens Cleve (M)
C. diadema (Ehrenberg) Gran (M)
C. lauderi Raifs (M)
C. radicans Schütt (M)
C. teres Cleve (M)
C. socialis Lauder (M)
C. whigami Brightwell (M)
C. sp.
Coscinodiscacées (Kützing, 1844)
Coscinodiscus centralis Ehrenberg (M)
C. centralis var. *pacifica* Gran & Angst (M)
C. excentricus Ehrenberg (M)
C. gigas Ehrenberg (M)
C. jonicianus (Greville) Ostenfeld (M)
C. karstenii Van (M)
C. nodulifer A. Schmidt (M)
C. occulo-iridis Ehrenberg (M)
C. perforatus Ehrenberg (M)
C. radiatus Ehrenberg (M)
C. thorii Pavillard (M)
C. sp.
Eupodiscacées (Kützing, 1849)

Triceratium pelagicum Schröder (M)
T. pentacrimus forma *quadratum* Hustedt (M)
T. sp.
Heliopeltacées (H.L. Smith, 1872)
Aulacodiscus kittonii forma *africana* (Cottam) Ratray (M)
Leptocylindracées (Lebour, 1930)
Leptocylindrus danicus Cleve (M)
Lithosdemiacées (Peragallo H.& M. Peragallo,1897-1908)
Bellerochea horologicalis Von Stosch (M)
B. malleus (Brightwell) (Van Heurck) (M)
Melosiracées (Kützing, 1844)
Cyclotella chaetoceras (Kützing) Brebisson (M)
Druridgea geminata Donkin (M)
Melosira lineata (Dillwyn) Agardh (M)
M. moniliformis (D.F. Müller) Agardh (M)
M. nummuloides Agardh (M)
M. spp.
Paralia sulcata (Ehrenberg) Cleve (L)
Stephanopyxis palmeriana (Greville) Grunow (M)
Rhizosoleniacées (Petit, 1888)
Rhizosolenia alata Brightwell (M)
R. delicatula Cleve (M)
R. stolterfothii H. Peragallo (M)
R. sp.
Thalassiosiracées (Lebour emend Hasle, 1973)
Cymatodiscus planetophorus (Meister) Hendey (M)
Lauderia borealis Gran (M)
L. sp.
Planktoniella sol (wallisch) Schütt (M)
Skeletonema costatum Greville (M)

PENNALES (Schütt)
Achnanthacées (Kützing, 1844)
Achnanthes brevipes Agardh (L)
A. coactata Brébisson (M)
A. inflata *Kützing* (M)
A.longipes Agardh (M)
A. spp.
Campyloneis grevillei Wm. Smith (M)
Cocconeis scutellum Ehrenberg (M)
C. placentula Ehrenberg (M)
C. sp.
Auriculacées (Hendy, 1964)
Campylodiscus clypeus Ehrenberg (M)
C. decorus var. *pinnatus* Peragallo (M)
C. ecclesianus Greville (M)
C. echeneis Ehrenberg (M)
C. noricus var. *hibernica* (Ehrenberg) Grun. (D)
C. sp.
Stenopterobia intermedia (Lewis) Van Heurck (D)
Surirella fastuosa Ehrenberg (M)
S. fluminensis Grunow (M)
S. ovata Kützing (D)
S. striatula Turpin (M)
S. sp.

Thalassiophysa hyalina (Greville) Paddock & Sims (M)
Cymbellacées (Kützing, 1844)
Amphora arenaria Donkin (M)
A.arenaria var. *donkinii* Rab. (M)
A. bigiba var. *interrupta* Grunow (M)
A. cingulata Cleve (M)
A. communata Grunow (M)
A. contracta Grunow (M)
A. costata Smith (M)
A. exigua Gregory (M)
A. macilenta Gregory (M)
A. ocellata Donkin (M)
A. ostrearia Cleve (M)
A. ovalis Kützing (M)
A. robusta Gregory (M)
A. salina Sm. (M)
A. spp.
A. truncata Gregory (M)
Entomoneidacées (Reimer *in* Patrick & Reimer, 1975)
Entomoneis alata (Ehrenberg) Ehrenberg (M)
E. gigantea (Grunow) Poulin (M)
Epithemiacées (Brébisson & Kützing)
Epithemia sorex (Kützing) Kützing (D)
E. zebra (Ehrenberg) Kützing (M)
Rhopalodia gibberula (Ehrenberg) Müller (M)
R. musculus (Kützing) Müller (M)
Fragilariacées (Dumortier, 1823)
Ardissonia formosa Grunow (M)
Asterionella gracillima (Hantsch) Heiberg (D)
A. japonica Cleve (M)
Climacosphenia monoligera Ehrenberg (M)
Fragilaria crotonensis Kitton (M)
Grammatophora angulosa (Ehrenberg) Grunow (M)
G. marina (Lyngbye) Kützing (M)
Licmophora abbreviata Agardh (M)
L. dalmatica Kützing (M)
L. dalmatica var. *tenella* Kützing (M)
L. flabellata (Greville) Agardh (M)
L. flabellata var. *splendida* Sm. (M)
L. gracilis (Ehrenberg) Grunow (M)
L. gracilis var. *anglica* Kützing (M)
L. gracilis var. *elongata* Kützing (M)
L. lyngbei Kützing (M)
L. spp.
Podocystis adriatica Kützing (M)
Rhabdonema adriaticum Kützing (M)
Striatella unipunctata (Lyngbye) Agardh (M)
Synedra acus Kützing (D)
S. fulgens Grunow (M)
S. sp. (L)
S. ulna (Nitzsch) Ehrenberg (M)
Tabellaria fenestrata (Lyngbye) Kützing (M)
Thalassionema frauenfeldii Grunow (M)
T. longissima Clave & Grunow (M)

T. nitzschioides Grunow (M)
Naviculacées (Kützing, 1844)
Anomoeneis serians (Brébisson) Cleve (M)
Caloneis fossilis Cleve-Euler (M)
Cymatoneis alata (Gregory.)
C. circumvallata (Cleve) (M)
C. sp.
Diploneis bombus (Ehrenberg) Cleve (M)
D. crabo Ehrenberg (L)
D. elliptica (Kützing) Cleve (M)
D. fusca Gregory (M)
D. lineata (Donkin) Cleve (M)
D. ovalis Var. *oblongella* (Nägeli) Mills (L)
D. sp.
Donkinia recta (Donkin) Grunom (M)
Frustulia rhomboïdes Ehrenberg (M)
Gyrosigma attenuatum (W. Smith) Cleve
G. sp.
Lyrella clavata (Peragallo) Karayeva (M)
L. lyra (Ehrenberg) Karayeva (M)
L. lyra var. *recta* Greville (M)
L. sp.
Mastogloia angulata Lewis (M)
M. fimbriata (Brightwell) Cleve (M)
M. grana Ricard (M)
M. hustedtii Meister (M)
M. splendidula Hustedt (M)
M. sp.
Navicula agneta Hustedt (M)
N. arenaria Donkin (M)
N. concellata Donkin (L)
N. cuspidata Kützing (M)
N. delognei Van Heurck (M)
N. faaensis Ricard (M)
N. humerosa Brébisson ex. Wm. Smith (M)
N. mutica Kützing (M)
N. menaiana Hendey (M)
N. monilifera Cleve (M)
N. pygmaea (Ehrenberg) Kützing (M)
N. peregrina (Ehrenberg) Kützing (M)
N. spp.
Plagiotropis cancerta (Lewis) Cleve (M)
P. lepedoptera (Gregory) Kützing (M)
P. sp.
Pleurosigma directum Gregory (M)
P. formosum Peragallo (L)
P. itium Ricard (M)
P. sp.
Pinnularia acrosphaeria Brébisson (D)
P. sp.
Scoliopleura sp.
Stauroneis biblos Cleve (M)
S. membranaea (Cleve)
Trachyneis aspera (Ehrenberg) Ehrenberg (M)

Nitzschiacées (Grunow, 1860)
Bacillaria paradoxa Gmelin (M)
Cymatonitzschia sp.
Hantzschia amphioxys (Ehrengerg) Grunow (M)
Nitzschia acicularis Wm. Smith (D)
N. bilobata Wm. Smith (M)
N. closterium (Ehrenberg) Wm. Smith (M)
N. fluminensis Grunow (M)
N. longissima Ralfs
N. lorenziana var. *subtilis* Grunow
N. navicularis (Brébisson) Grunow (D)
N. panduriformis Gregory (M)
N. reversa W. Smith
N. sigma var. *sigma* (Kützing) W. Smith (M)
N. seriata (Cleve) (M)
N. spp.
N. subpacifica
N. turgida
N. ventricosa Kitton (M)

DICTYOCHOPHYCEAE (Silva, 1980)
DICTYOCHALES (Hæckel, 1894)
Dictyochidées (Lemmermann, 1901)
Dictyocha fibula var. *major* Ehrenberg (M)
D. fibula var. *oculeata* Lemmermann (M)
D. octonaria Ehrenberg (M)
DINIOPHYCEAE (West et Fritsch, 1927)
DINOPHYSALES (Lindemann, 1928)
Dinophysacées (Stein, 1883)
Dinophysis acuminata Claparede & Lachmann (M) (T)
D. acuta Ehrenberg (M) (T)
D. caudata Kent-Saville (M) (T)
D. exigua Kofoid & Skogsberg (M)
D. norvegica Claparede & Lachmann (M) (T)
D. ovum Schütt (M)
D. parvulum (Schütt) Jörgensen (M)
D. pavillardi Balech (M)
D. rapa (Stein) Abe & Balech (M)
D. rotundata Claparede & Lachmann (M) (T)
D. sacculus Stein (M) (T)
D. tripos Gouret (M) (T)
D. sp.
Ornithocercus magnificus (Stein) (M)
O. heteroporus Live (M)
Sinophysis sp.
Oxyphysacées (Sournia, 1984)
Oxyphysis sp.
GYMNODINIALES (Lemmermann, 1970)
Gymnodiniacées (Lankester, 1885)
Gymnodinium gracile Kofoid & Swezy (M)
G. sp.
G. splendens (Lebour) (L)
Gyrodinium sp.

PERIDINIALES (Haeckel, 1894)
Ceratiacées (Kofoid, 1907)

Ceratium azoricum Cleve (M)
C. belone Cleve (M)
C. buceros forma *tenue* (Ost. & Schmidt) Schiller (M)
C. candelabrum (Ehrenberg) Stein (M)
C. carriense Gourret (M)
C. carriense var. *volan* (M)
C. contortum (Gourret) Cleve (M)
C. declinatum (Karsten) Jörgensen (M)
C. extensum (Gourret) Cleve (M)
C. falcatum (Kofoid) Jörgensen (M)
C. furca (Ehrenberg) Claparede & Lachmann (M)
C. fusus (Ehrenberg) Dujardin (M)
C. hexacanthum Gourret (M)
C. hexacanthum Kofoid & Schiller (M)
C. horridum (Cleve) Gran. (M)
C. inflatum (kofoid) Jörgensen (M)
C. lineatum (Ehrenberg) Cleve (M)
C. mocroceros (Ehrenberg) Vanhöffen (M)
C. massiliense (Gourret) Jörgensen (M)
C. pentagonum Gourret (M)
C. pentagonum var. *tenerum* Jörgensen (M)
C. ranipes Cleve (M)
C. setacum Jörgensen (M)
C. symetricum Pavillard (M)
C. symetricum var. *coarctatum* Graham& Bonikovsky (M)
C. trichoceros (Ehrenberg) Kofoid (M)
C. tripos var. *declinatum*
C. tripos var. *atlanticum* (Ostenfeld) Paulsen (M)
Ceratocorythacées (Lindemann, 1928)
Ceratocorys armata (Schütt) Kofoid (M)
C. gorreti Paulsen (M)
C. horrida Stein (M)
Goniodomatacées (Lindemann, 1928)
Goniodoma polyedricum Louch (M)
Gonyaulacacées (Lindemann, 1928)
Alexandrium tamarense (Lebour) Balech &Tangen (M)
Gonyaulax diacantha
G. diegensis Live (M)
G. digitale (Pouchet) Kofoid (M)
G. monacantha Pavillard (M)
G. polyedra Stein (M)
G. polygramma Stein (m)
G. spinifera (Clap. & Lach.) Diesing (M)
G. sp.
Ostreopsidacées (Lendemann, 1928)
Ostreopsis siamensis J. Schmidt (M)
Oxytoxacées (Lindemann, 1928)
Amphidiniopsis sp.
Corythodinium frenguelli
Oxytoxum longiceps Schiller (M)
O. milneri Murr. & Whitt.
O. sceptrum
O. scolopax Stein (M)
O. sp.

O. tesselatum (Stein) Schütt (M)
Protoperidiniacées (Ehrenberg, 1828)
Diplopsalis lenticula Stein (M)
Protoperidinium bipes (Paulsen) Balech (M)
P. claudicans Live (M)
P. conicum (Gran) Ostenfeld & Schmidt (M)
P. depressum (Bailey) Balech (M)
P. diabolus (Cleve) Balech (M)
P. divergens Ehrenberg (M)
P. excentricum Paulsen (M)
P. globulus Stein (M)
P. granii (Ostenfeld) Balech (M)
P. hirobis Abe (M)
P. leonis Pavillard (M)
P. minimum Pavillard (M)
P. ovatum Pouchet (M)
P. ovum Schiller (M)
P. pellucidum (Bergh) Schütt (M)
P. punctulatum (Paulsen) Balech (M)
P. steini Jörgensen (M)
P. subinerme (Paulsen) LoeblichIII
P. sp.
P. tenuissimum Kofoid (M)
P. trochoidum (Stein) Lemmermann (M)
P. tuba (Schiller) Balech (M)
Podolampadacées (Lindemann, 1928)
Podolampas bipes Stein (M)
P. palmipes Stein (M)
P. spinefer Okamura (M)
Pyrophacacées (Lindemann, 1928)
Pyrophacus horologium Schiller (M)
PROROCENTRALES (Lemmermann, 1910)
Prorocentracées (Stein, 1883)
Prorocentrum balticum (Lohmann) Loeblich (M)
P. compressum (Bailey) Abe
P. gracile Ostenfeld (m)
P. lima (Ehrenberg) Dodge (M) (T)
P. micans Ehrenberg (L)
P. minimum Schiller (M) (T)
P. scutellum Schiller (M)
PROTASPIDALES (A.R. Loeblich III, 1970)
Protaspidacées (Skuja, 1939)
Protaspis glans Skuja (M)
ZYGOPHYCEAE
(D'après la classification de Chadefaud–Feldman *in* Dussart, 1966)
DESMIDIALES (Menegh)
Closteriacées
Closterium aciculare T. West (D)
C. chrenbergii var. *chrenbergii* Menegh (D)
Staurastrum sebaldi var. *ornatum* Nordst (D)
ZYGNEMALES
Zygnematacées
Zygnema stellinum (Vauch) Czurda (D)

Tableau II.11: Types de toxicité chez le phytoplancton toxique (Steindinger, 1983 ; Taylor, 1984 a et b et 1985 ; Lassus, 1988), prélevé dans la lagune Mellah (novembre 2000 - décembre 2001). DSP : Diarrheic Shellfish Poison, NSP : Neurotoxic Shellfish Poison, PSP : Paralytic Shellfish Poison, ASP : Amnesic Shellfish Poison, CTX : Ciguatoxine, MTX : Maitoxine, STX : Scaritoxine.

Espèces toxiques	DSP	NSP	PSP	ASP	Mortalité des poissons	CTX MTX STX	Substance toxique
Alexandrium tamarense			*		*		*
Dinophysis accuminata	*						
D. acuta	*		*				*
D. caudata	*						*
D. norvegica	*		*				*
D. rotundata	*						*
D. sacculus	*						
D. tripos				*			
Gonyaulax polyedra							*
Gymnodinium splendens					*	*	*
Ostreopsis siamensis							*
Prorocentrum balticum					*		*
P. lima (= *P. marina*)						*	*
P. minimum	*	*	*		*		*
Dictyocha fibula var. *aculeata*							*

4.2. Distribution spatio-temporelle

L'analyse de la composition taxonomique du microphytoplancton est consignée dans les **tableaux II.1, II.2** et **II.3 en annexes**.

La contribution des différents groupes phytoplanctoniques dans les trois stations est assez semblable durant la période d'étude (**fig. II.20**), avec une quasi-dominance des Diatomées (94-99%). L'homogénéité thermo-haline de la masse d'eau lagunaire et les conditions chimiques, expliquent à la fois l'importance des Diatomées et leur répartition de façon comparable dans les différentes zones de la lagune.

► *Station chenal (station A)*

Au total, 300 espèces ont été récoltées dans la station chenal (**tab. A-1, annexes**). Elles sont réparties principalement en trois classes ; les Diatomophycées (170 taxons), les Dinophycées (89 taxons) et les Cyanophycées (30 taxons). Les autres taxons restant sont faiblement représentés au sein du peuplement (**tab. A-4, annexes**).

La richesse spécifique totale comprend 63 espèces constantes (**tab. II.12**), 50 espèces accessoires et 187 espèces rares (**tab. A-4, annexes**). D'autre part, bien que riches en espèces les Diatomées ne présentent que 44 espèces constantes.

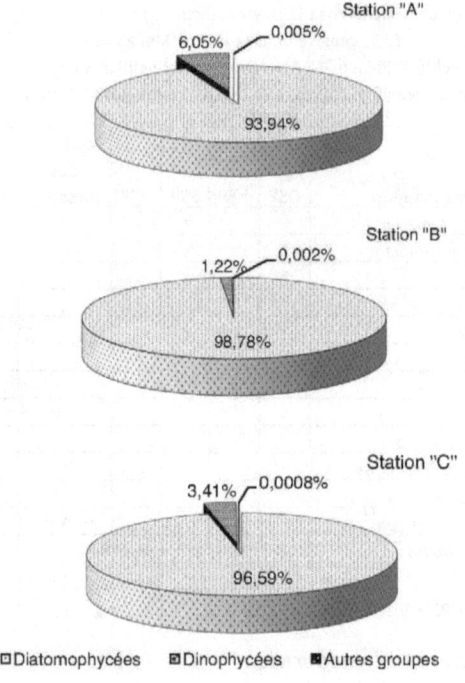

Figure II.20 : Composition numérique (abondances relatives moyennes) des différents groupes phyto-planctoniques récoltés dans la lagune (novembre 2000 – décembre 2001).

La variation de la composition taxonomique pour l'ensemble des prélèvements de la station chenal, révèle d'importantes fluctuations de la richesse spécifique qui oscillent entre 48 et 126 taxons (**tab. A-5, annexes**). Les récoltes sont considérées ainsi comme très riches.

► *Station Nord lagune (station B)*
Au total, 177 espèces ont été récoltées dans la station B (**tab. A-2, annexes**). Elles appartiennent essentiellement aux Diatomées (118 taxons) et aux Dinophycées (43 taxons) (**tab. A-6, annexes**). La flore microalgale est composée d'espèces constantes (34 taxons), accessoires (35 taxons) et rares (108 taxons). Dans cette station, le groupe des Diatomées dominent également avec environ 67% du stock floristique (**tab. A-6, annexes**).
Si le peuplement parait riche, il comprend cependant de nombreuses espèces rares souvent plus de 50% appartenant aux Diatomées (**tab. A-6 annexes**).

Tableau II.12 :   Liste des espèces constantes (+ : F>50%), recensées dans les stations échantillonnées de la lagune Mellah (novembre 2000 – décembre 2001). (++ : F>75%).

Espèces	Station A	Station B	Station C
Cyanophycées :			
Merismopedia punctata	++		
Oscilatoria bonnemaisonii	++	+	+
Diatomophycées (Centrales) :			
Bellerochea horologicalis	++		
Biddulphia aurita	++		
B. obtusa	+		
B.pulchella	+		
B. spp.	+		+
Chaetoceros constrictus		+	
C. diadema			+
C.lauderi		+	
Coscinodiscus centralis			+
C. joniscianus			+
C. sp.	+		+
Melosira moniliformis	+		
Paralia sulcata	++	++	++
Trideratium pentacrimus forma *aquadratum*	+		
Diatomophycées (Pennales) :			
Achnanthes brevipes	++	++	++
Amphora costata	++		
A. ostrearia	++		
A.ovalis	+		
A. spp.	++		
A. truncate	+		
Bacillaria paradoxa	+	++	+
Campylodiscus echeneis	+		
Climacosphenia monoligera	+		
Diploneis crabo	++	++	++
D. ovalis var. *oblongella*	++	++	++
Gyrosigma sp.			+
Hanzschia amphioxys	++		
Licmophora flabellata	++	+	+
L. gracilis	++	+	
L. lyra	+	+	
Mastogloia angulata	+	+	+
M. fimbriata	+		
M. splendidula	++		
Navicula concellata	++	++	++
N. humerosa	++		
Nitzschia bilobata	+		
N. closterium	++		
N. longissima	++	+	
N. reversa	++		

68

Tableau II.12 (Suite)

Espèces	Station A	Station B	Station C
N. spp.	++	++	+
Plagiotropis lepedoptera	++	+	
Pleurosigma formosum	++	++	++
Striatella unipunctata	++	++	+
Synedra fulgens	+		
S. sp.	++	++	++
Thalassionema nitzschioides	+	+	
Thalassiophysa hyalina	+	+	
Dinophycées :			
Dinophysis ovum	+	+	
D. sacculus	+	+	+
D. sp		+	+
Gymnodinium splendens (= *G. sanguinum*)	+	++	++
Amphidiniopsis sp.	+		
Ceratium furca	+		
Protoperidinium trochoidum	+		
P. sp.	++	++	+
Prorocentrum compressum (= *Exuviella compressa*)	+	+	
P. lima (= *Exuviella marina*)	++		
P. micans	++	++	++
Protaspis glans	+		

La flore de base (espèces constantes) est limitée à une trentaine d'espèces (**tab. II.12** ; **tab. A-2, annexes**). Cependant, le nombre d'espèces ne montre pas d'importantes fluctuations temporelles (**tab. A-5, annexes**), la richesse spécifique oscille entre 29 et 67 taxons.

▶ *Station centrale (station C)*

A la station C, on décompte 185 espèces (**tab. A-3, annexes**), réparties essentiellement en trois classes : les Diatomées (111 taxons), les Dinophycées (53 taxons) et les Cyanophycées (13 taxons) (**tab. A-8, annexes**).

La microflore est composée de 114 espèces rares et une trentaine régulièrement présentes (**tab. II.12** ; **tab. A-3 annexes**).

Plus généralement, il y a des espèces typiquement lagunaires, dont leur dynamique saisonnière parait indépendante de l'effet des marées ou des apports continentaux. La salinité ne parait donc pas contraindre le développement du peuplement lagunaire formé par les espèces : *Paralia sulcata, Achnantes brevipes, Diploneis crobo, D. ovalis* var. *oblongella, Navicula concellata, Pleurosigma formosum, Synedra* sp., *Gymnodinium splendens, Prorocentrum micans*, dont la fréquence est supérieure à 75% (**tab. II.12**).

Le nombre d'espèces a varié au cours de l'année entre 19 et 66 taxons par prélèvement, hormis l'échantillon d'avril qui représente une valeur maximale de 83 taxons (**tab. A-9, annexes**). L'été parait plus riche, par suite des apports supplémentaires des espèces rares et accidentelles parvenant avec les flots marins qui prédominent pendant la période d'étiage.

Comme on peut le constater, les variations temporelles sont généralement bien plus importantes par rapport aux variations spatiales. Pendant la période d'étude, la communauté phytoplanctonique de la lagune Mellah est représentée presque exclusivement de Diatomées et de Dinoflagellés, alors que les autres groupes sont considérés comme insignifiants (**fig. II.21**). D'une manière générale, les Diatomées dominent avec la baisse du degré thermique des eaux (janvier–mars et septembre–novembre), alors que pendant le reste du cycle ce sont surtout les Dinophycées qui priment, parallèlement au réchauffement des eaux, phase qui coïncide également avec la période des vivifications marines.

Les variations saisonnières des abondances, sont décelables dans la **figure II.22**. C'est ainsi que dans l'ensemble des stations échantillonnées et à l'échelle de la lagune, les plus fortes densités phytoplanctoniques sont observées en pleine période estivale jusqu'au début de l'automne (**fig. II.22 et II.23**).

▪ *Période hiver – printemps (période froide)*
Pendant cette période généralement les eaux sont plus ou moins froides entre 12,50 et 20°C (**fig. II.13**). Durant cette phase, on relève des faibles valeurs des densités variant entre 69 et 4 536 ind.l^{-1}, c'est une phase qui se prolonge jusqu'à la fin du mois de mai (**fig. II.23**).

D'un point de vue variations saisonnières de la composition du peuplement, on peut remarquer que les espèces d'hiver (**fig. II.24**), reviennent essentiellement aux Dinophycées *Dinophysis sacculus* (1 916 ind.l^{-1}), *Prorocentrum micans* (11 300 ind.l^{-1}) et *P. scutellum* (1 125 ind.l^{-1}) et la Diatomée *Chaetoceros constrictus* (1 428 ind.l^{-1}), qui sont présentes en revanche en grand nombre à la station B (15 553 ind.l^{-1}). De même, à la station C (24 949 ind.l^{-1}) les Diatomées connaissent un assez fort développement à partir de *Chaetoceros constrictus* (13 328 ind.l^{-1}), *C. diadema* (4 760 ind.l^{-1}), *C. socialis* (2 720 ind.l^{-1}), *C. radicans* (2 040 ind.l^{-1}), et les Dinophycées *Alexandrium tamarense* (6 426 ind.l^{-1}), *Dinophysis sacculus* (1 020 ind.l^{-1}) et *Prorocentrum micans* (935 ind.l^{-1}).

▪ *Période début été – début automne (période chaude)*
Dans la lagune Mellah, le réchauffement intense des eaux débute effectivement en mois de juin (20°C) et se prolonge jusqu'à la mi–automne (25°C), en passant

par un maximum au mois d'août (29,50°C) (**fig. II.13**). Parallèlement, l'abondance phytoplanctonique s'intensifie, où l'on assiste à des blooms de quelques taxons, dont le plus spectaculaire est celui de la Diatomée *Synedra acus* : 2,92.10⁶ ind.l⁻¹ ¹ à la station B et 3,77.10⁶ ind.l⁻¹ à la station C en septembre. D'autres espèces abondent durant cette période du cycle mais d'une manière moins intense.

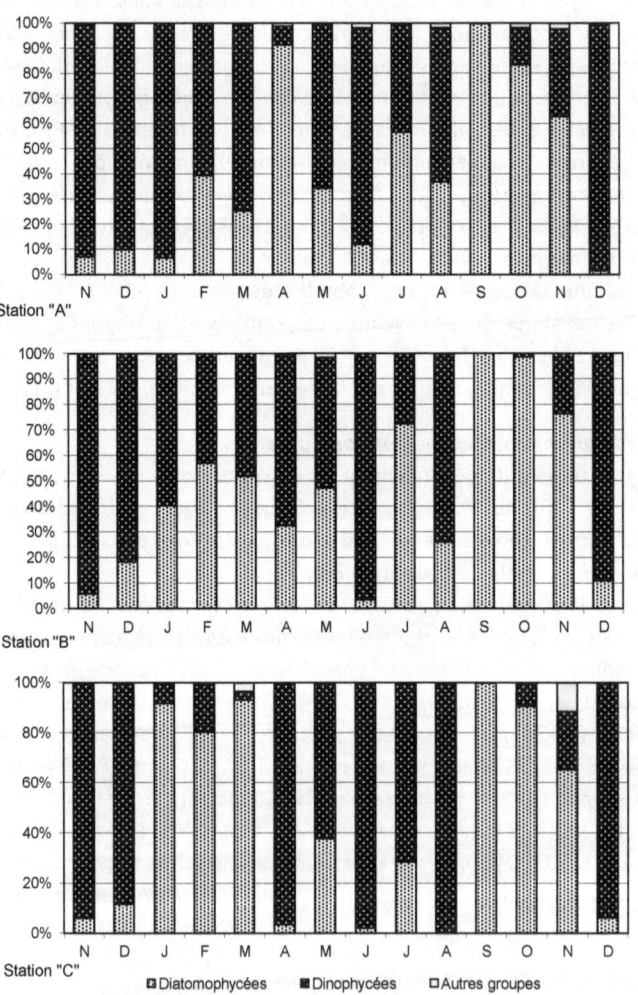

Figure II.21 : Composition du phytoplancton (dominance en %) prélevés dans la lagune Mellah (novembre 2000 – décembre 2001).

Ind.l⁻¹

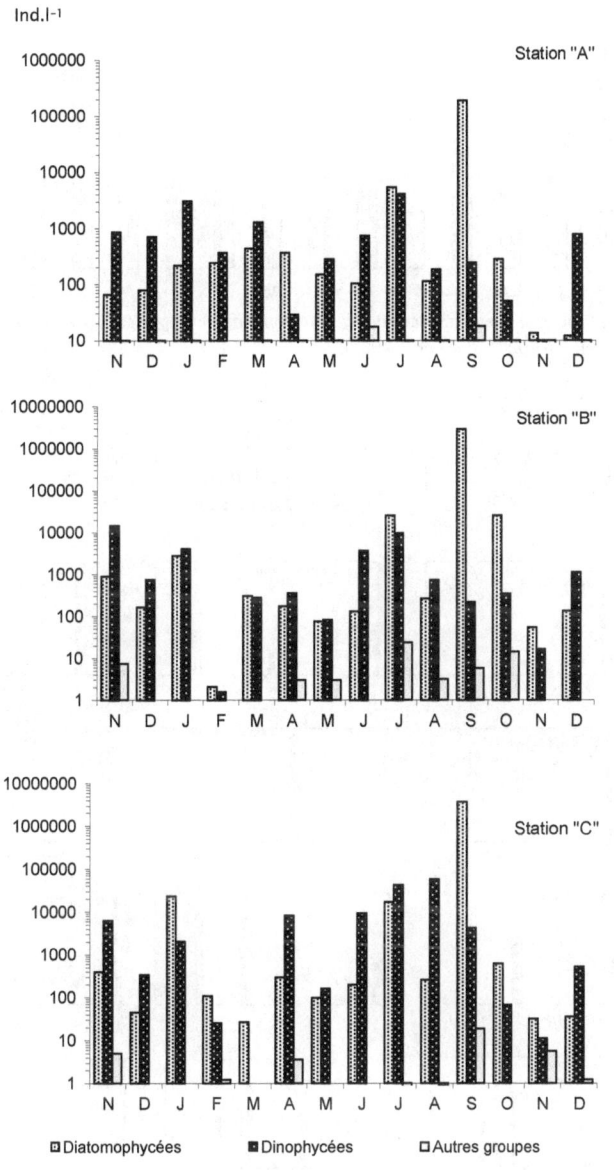

Figure II.22 : Variations de la densité (échelle logarithmique) des différents groupes phyto-planctoniques récoltés dans la lagune Mellah (novembre 2000 – décembre 2001).

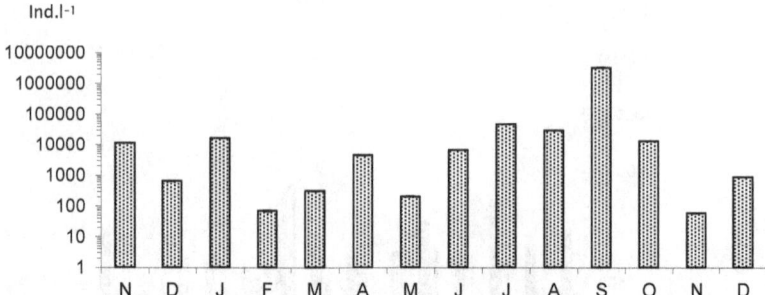

Ind.l⁻¹

Figure II.23 : Densité moyenne (échelle logarithmique) du phytoplancton récolté dans la lagune Mellah (novembre 2000 – décembre 2001).

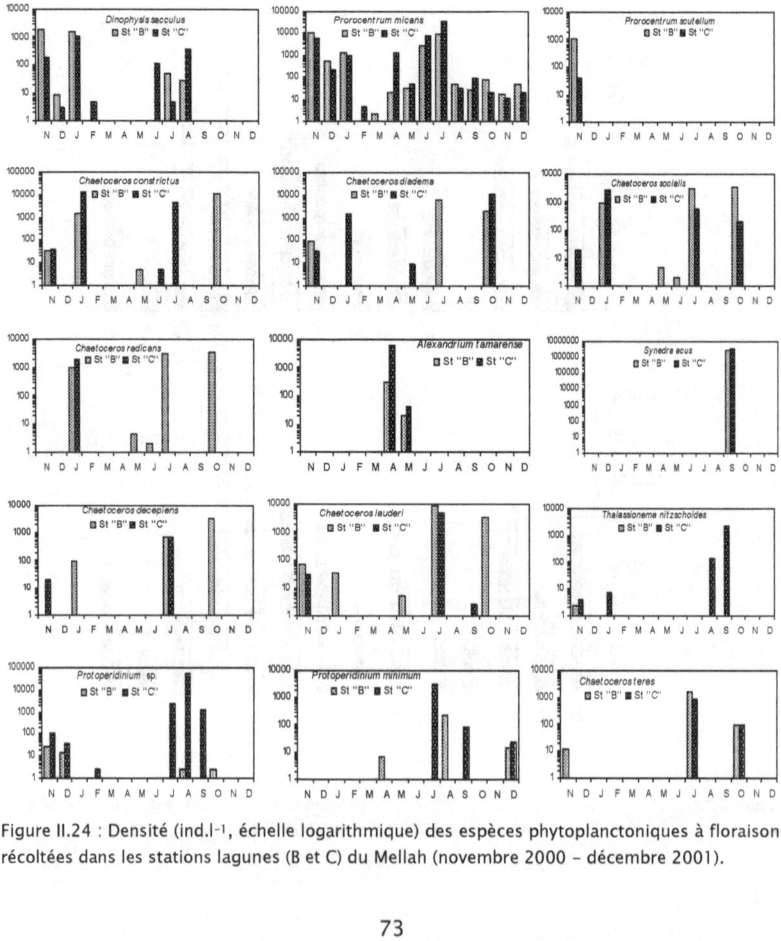

Figure II.24 : Densité (ind.l⁻¹, échelle logarithmique) des espèces phytoplanctoniques à floraison, récoltées dans les stations lagunes (B et C) du Mellah (novembre 2000 – décembre 2001).

73

Le contingent d'été (**fig. II.24**) est composé essentiellement de Dinophycées : *Protoperidinium* sp. (2 218 et 56 610 ind.l^{-1}), *Prorocentrum micans* (7 395 et 36 462 ind.l^{-1}), *P. minimum* (3 242 ind.l^{-1}) dans la station C. En plus des Dinophycées, beaucoup d'espèces de Diatomées néritiques sont introduites dans la lagune avec la marée. Parmi ces taxons, on cite les Diatomées *Chaetoceros constrictus* (4 560 ind.l^{-1}), *C. diadema* (4 872 ind.l^{-1}), *C. lauderi* (4 768 ind.l^{-1}), *Thalassionema nitzschoides* (2 200 ind.l^{-1}). Dans la station B durant cette période chaude, on rencontre les Diatomées *Chaetoceros constrictus* (10 578 ind.l^{-1}), *C. decipiens* (3 228 ind.l^{-1}), *C. diadema* (6 336 ind.l^{-1}), *C. lauderi* (9 184 et 3 654 ind.l^{-1}), *C. socialis* (3 168 et 3 498 ind.l^{-1}), *C. teres* (1 552 ind.l^{-1}), ainsi que le Dinophycée *Prorocentum micans* (2 669 et 9 504 ind.l^{-1}).

4.3. Structure des peuplements

▶ *Station A*

La **figure II.25a** montre que, lors de la période novembre 2000 à avril 2001, on assiste à une communauté microphytoplanctonique caractérisée par des valeurs de diversité et de régularité peu élevées, variant entre 1,68 et 2,67 bits.ind.$^{-1}$. C'est un peuplement peu structuré comme le confirme aussi les faibles valeurs de l'équitabilité de l'ordre de 0,3 – 0,5 (**fig. II.25a, tab. A–22 (A) annexes**).

Entre mai et octobre, lorsque les pénétrations marines envahissent la lagune, celle-ci est soumise à un apport marin faisant augmenter la diversité et tendent à restructurer le peuplement à l'avantage des formes de Dinophycées. L'indice de diversité peut ainsi atteindre des valeurs records de 4 bits.ind.$^{-1}$.

Alors que les pullulations ont pour effet de déstructurer la communauté et de monopoliser l'espace et la matière, d'où les faibles valeurs de l'indice de Shannon pour les mois de juin et septembre (**fig. II.25a, tab. A–22 (A) annexes**). Cette situation écologique est confirmée par la nette dominance de quelques espèces seulement telles que : *Synedra acus* (99% du stock floristique, en septembre) et *Protaspis glans* (82% du stock floristique en décembre 2001), (**tab. A–12, annexes**).

▶ *Station B*

Dans la station B l'indice de diversité a beaucoup fluctué, mais les valeurs restent de l'ordre de 2–2,5 bits.ind.$^{-1}$ (**figure II.25b, tab. II.22 (B) annexes**), soulignant ainsi un peuplement plus ou moins structuré. Des destructions de l'organisation du peuplement surgissent lors de crues sévères d'hiver, et ne persistent que le Dinophycée *Dinophysis sacculus* (1 500 ind.l^{-1}) et la Diatomée *Chaetoceros constrictus* (1 428 ind.l^{-1}). On peut assister également à une désorganisation en saison estivale causée surtout par la Diatomée *Synedra acus* (jusqu'à 3.10^6 ind.l-1), en relation avec les changements hydrologiques avantageant les pénétrations marines enrichissant ainsi la lagune en éléments nutritifs et causant également des remous des sels nutritifs sédimentaires, grâce à l'action hydrodynamique des courants de marée.

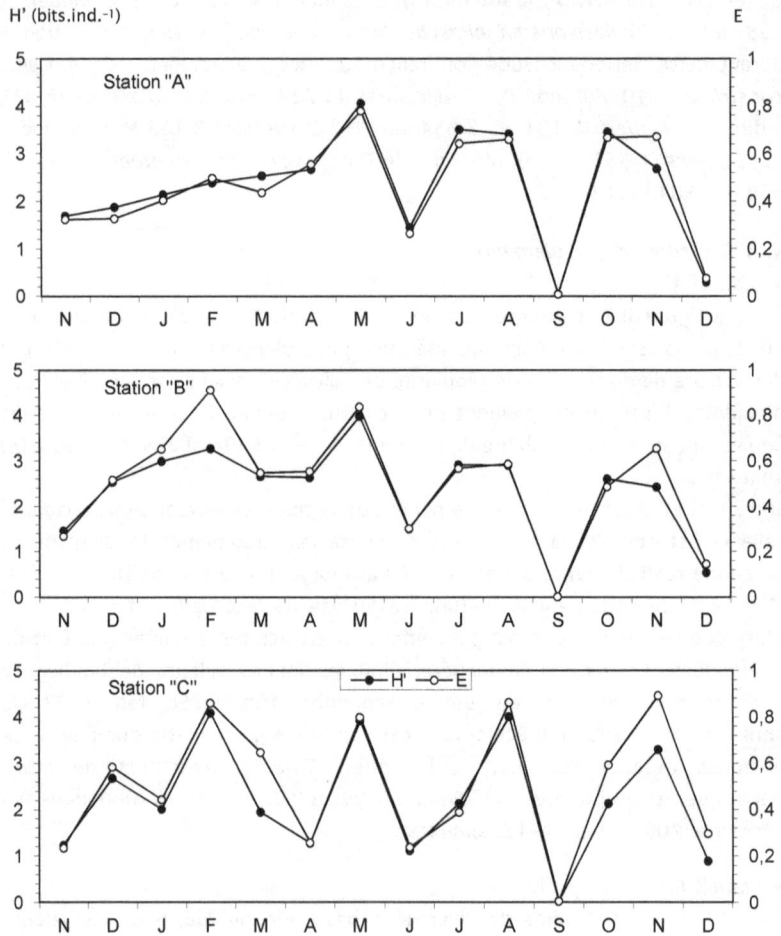

Figure II.25 : Évolution mensuelle de l'indice de diversité (H' en bits/ind.) et de la régularité (E) dans les stations A, B et C (novembre 2000 – décembre 2001).

► *Station C*

Comme pour les stations précédentes, les valeurs de l'indice de diversité dans la station C (**fig. II.25c, tab.** A-22 (C) **annexes**), montrent d'importantes variations temporelles. En effet, durant les mois de novembre 2000, avril, juin, août, septembre et décembre 2001, les masses d'eau sont enrichies par des populations microphytoplanctoniques déséquilibrées, avec une exploitation nutritive non équitable entre les espèces. Cet état est ainsi confirmé par des valeurs faibles des indices de diversité (<1,27 bits.ind.$^{-1}$) et de régularité (<0,29) (**fig. II.20c**). C'est une situation qui est induite par la dominance de quelques espèces de Dinophycées seulement comme : *Alexandrium tamarense, Gymnodinium splendens, Protoperidinium* sp., *Prorocentrum micans* et *P. scutellum*, et de Diatomées : *Coscinodiscus* sp. et *Synedra* sp. (**tab.** A-19, **annexes**). Par ailleurs, dans les prélèvements du mois de février, mai et novembre 2001, on délimite une troisième évolution attestant alors un peuplement bien structuré.

5. Discussion et conclusion générale

L'étude des peuplements microphytoplanctoniques de la lagune Mellah, nous a permis de recenser 359 taxons dont, la plupart appartient au contingent marin. Les espèces typiquement lagunaires (F > 75%) sont très peu nombreuses (une dizaine), mais constituent l'essentiel du stock phytoplanctonique. Un grand nombre d'espèces appartient aux Diatomées qui dominent le peuplement. Cette dominance caractérise non seulement la majorité des lagunes méditerranéennes (Kim et Travers, 1984 ; Beker, 1986 ; Tolomio *et al.*, 1999 ; Bernardi Aubry et Acri, 2004), mais également le phytoplancton côtier marin (Travers et Travers, 1975 ; Travers et Kim, 1985 ; Illoul, 1987 ; Fréhi, 1995 ; Estrada, 2005).

Sur le plan qualitatif, Retima (1999) recense en période froide (novembre 96–avril 97) 200 espèces dont les Diatomées représentent 52% de la flore. Cependant dans une étude limitée au mois d'octobre, Guelorget *et al.*, 1989 ne rapportent que 14 espèces. La période froide a été également étudiée par Samson-Kechacha et Touahria, (1992) où les auteurs dénombrent 185 taxons (45% Diatomées 40% Dinoflagellés). Dans l'ensemble de ces études menées dans la lagune Mellah, les Diatomées dominent toujours en richesse et en abondance.

Si l'on examine la composition dimensionnelle du peuplement, on s'apercevra que les espèces les plus fréquentes (F = 100%) comme les Diatomées *Paralia sulcata, Diploneis ovalis* var. *oblongella, Pleurosigma formosum, Synedra* sp. et la Dinophycée *Prorocentrum micans*, ont des tailles importantes parmi le micro-phytoplancton de la lagune (50-250 µm). Cette composition reflète les conditions trophiques et chimiques du Mellah. En fait, en milieu oligotrophe dominent surtout les espèces de faible taille (Jacques et Treguert, 1986 ; Illoul, 1987 ; Estrada, 2005), en milieu enrichi les espèces à forte taille l'emportent (Ounissi et Fréhi, 1998 ; Estrada, 2005).

Il est intéressant de souligner également qu'à l'inverse des milieux littoraux pollués où les espèces non siliceuses (Dinophycées) dominent (Béthoux *et al.*, 2002 ; Turley, 1999), le Mellah abrite plutôt un peuplement dominé par les espèces qui exigent de silicium (Diatomées). Cette différence traduit la bonne qualité des eaux du Mellah et une meilleure répartition du peuplement.

Cet inventaire bien que limité dans le temps et dans l'espace, comprend une richesse spécifique très importante et concorde ainsi avec les constatations de Margalef (1994), assimilant la Méditerranée pour une grande «forêt d'Amazonie océanique» à forte richesse phytoplanctonique. Aussi la richesse spécifique du Mellah dépasse distinctement celle des milieux saumâtres méditerranéens Nord-occidental (Kim et Travers, 1984 ; Tolomio *et al.*, 1999 ; Bianchi *et al.*, 2003 ; Bernardi Aubry et Acri, 2004 ; Bernardi Aubry *et al.*, 2004) **(tab. II.13)**.

Tableau II. 13 : Phytoplancton lagunaire du bassin occidental méditerranéen.

Milieu et salinité (PSU)	Richesse spécifique	Diatomées	Dinoflagellés	Autres groupes	Espèces fréquentes	Période d'étude	Référence
Berre (France) 3-15	186	111	4	71	Chlorella vulgaris Oscillatoria rubescens Fragilaria crotonensis Cyclotella melosiroides	77-78	Kim & Travers (1984)
Venise (Italie) 26-36	261	187	58	17	Skeletonemacostatum Dictyocha speculum Cylindrotheca closterium	88-89	Tolomio et al. (1999)
Venise 22,60-36,20	–	(52-74)%	52%	1%	Nitzschia frustulum Cylindrtheca closterium Thalassiosira sp. Chaetoceros compressus	97-99	Bianchi et al. (2003)
Venise 29,70-37,30	–	38%	4%	58%	Asterionellopsis glacialis (flot) Cerataulina pelagica (flot) Cocconeis scutellum (jusant) Navicula cryptocephala (jusant)	01-02	Bernardi Aubry & Acri (2004)
Adriatique (Italie) 5,10-38,20	–	(61-72)%	(2-16)%	–	Skeletonema costatum Pseudonitzschia delicatissima Chaetoceros socialis Thalassionema spp.	90-99	Bernardi Aubry et al. (2004)
Mellah (Algérie) 26-34	358	202	106	32	Paralia sulcata, Synedra sp. Diploneis ovalis Pleurosigma formosum Prorocentrum micans,	00-01	Présente étude

Il est intéressant de signaler également la présence mais d'une manière sporadique de quelques espèces caractéristiques des milieux eutrophes (Lakkis *et al.*, 1985), parmi elles on cite : *Chaetoceros curvisetus, Licmophora abreviata, Nitzschia seriata, Striatella unipunctata, Thalassionema frauenfeldii, T. nitzschoides,* le genre *Coscinodiscus, Ceratium furca, Dinophysis caudata, Prorocentrum micans.*

D'autre part, une quinzaine d'espèces considérées comme potentiellement toxiques, déjà signalées par Retima (1999) dans la lagune, sont également rencontrées. Une surveillance de ces microalgues nuisibles surtout vis-à-vis les espèces suspensivores exploitées dans la lagune, serait souhaitable. En effet, la production de bivalves filtreurs (*Mytilus galloprovincialis, Crassostrea gigas, Ruditapes decassatus, Cerastoderma glaucum*), existe déjà dans la lagune depuis plusieurs dizaines d'années.

Le suivi de l'évolution spatio-temporelle du phytoplancton dans la lagune Mellah, a permis de remarquer l'alternance de dominance des Diatomées et des Dinoflagellés. Les Diatomées abondent surtout en période froide, alors que les Dinoflagellés se développent mieux en saison chaude parallèlement au réchauffement des eaux de la lagune, phase qui coïncide également avec la période des vivifications marines. Cette hypothèse de succession entre ces deux classes, a été déjà signalée par Aubert (1978) *in* Legal (1988) en milieu marin, où il explique l'enchaînement des actions et des rétro-actions entre ces deux groupes phytoplanctoniques. Selon cet auteur, c'est un phénomène qui est induit par des médiateurs chimiques libérés dans le milieu, représentant un facteur déterminant dans la succession entre les peuplements phytoplanctoniques, soit en favorisant la prolifération des Diatomées, soit l'inhibition des Dinoflagellés, ou inversement.

Si Aubert (1978), conclue à un contrôle biologique de la succession temporaire Diatomées – Dinophycées en milieu marin, il semble que la cadence de ces classes dans le Mellah soit plutôt liée aux facteurs physiques gouvernant la lagune. Les apports hydriques d'hiver et les apports marins d'été avantagent l'une ou l'autre classe.

Les peuplements microphytoplanctoniques de la lagune Mellah, montrent une diversité qui peut atteindre 4,08 bits.ind.$^{-1}$ et une régularité de 0,89, montrant ainsi une communauté microphytoplanctonique structurée pendant une période de l'année seulement. Toutefois, la majorité du cycle est caractérisé par un peuplement instable. Dans ce cas, il ne se développent que les espèces opportunistes, bien adaptées aux facteurs défavorables (surtout thermiques et probablement optique) du milieu (Mozetic *et al.*, 1998 ; Bianchi *et al.*, 2003). Toutefois, les valeurs maximales de diversité (H') dans le Mellah, sont nettement supérieures à celles enregistrées dans d'autres lagunes méditerranéennes. En effet, dans la lagune de Venise Bernardi Aubry *et al.* (2004) signalent une valeur maximale de H' qui frôle à peine 3 bits.ind.$^{-1}$, alors que dans l'étang de Berre cet indice se situe autour de 2 bits.ind.$^{-1}$ seulement (Beker, 1986).

Enfin, il faut signaler que les flots notamment en périodes d'étiage charrient à la lagune un certain nombre d'espèces eupélagiques (appartenant surtout aux genres: *Chaetoceros, Rhizoselenia, Cerataulina, Thalassionema, Ceratium*), qui gardent parfois une présence significative dans la lagune. Ce phénomène de transport et d'enrichissement par des espèces du littoral adjacent a été déjà signalé par Acri *et al.* (2004) dans la lagune de Venise. Signalons également la présence de plusieurs espèces appartenant au contingent benthique (Melosiracées, Achnanthacées, Cymbellacées (*Amphora*), Fragilariacées (*Licmophora*), Naviculacées), qui sont souvent remises en suspension et arrivent même jusqu'à la couche superficielle sous l'effet des différentes actions hydrodynamiques (courants périodiques, tempêtes chroniques et exceptionnelles, etc.).

CHAPITRE III : ZOOPLANCTON

1. **Introduction**

Le zooplancton est un indicateur de la richesse trophique des écosystèmes aquatiques (Dimov, 1985 ; Diallo et Diouf, 1987). La lagune Mellah a suscité beaucoup d'intérêts scientifiques (Gimazane, 1982 ; Cataudella, 1982 ; FAO, 1982 ; Semroud, 1983 ; Guelorget et al., 1989 ; De Casabianca et al., 1990 ; Samson-Kechacha & Touahria, 1992 ; Refes, 1994). Ces études n'ont cependant pas considéré l'importance que constituent les peuplements zooplanctoniques dans cet environnement bien particulier. En outre, les récentes études du plancton des estuaires, lagunes et milieux côtiers ouverts à la mer se sont intéressées aux transports, dispersions, échanges et aux aires de concentrations de plancton selon l'advection tidales, et la circulation des masses d'eaux (Mathivat-Lallier & Cazaux, 1990 ; Lagadeuc, 1992 ; Dewarumez et al., 1993 ; Marcano & Cazaux, 1994 ; Thiebaut et al., 1994). Cette problématique se pose aussi bien pour le succès larvaire (méroplancton) des espèces autochtones de mollusques exploitées dans le Mellah (palourde Ruditapes decussatus et coque Cerastoderma glaucum), l'ichtyoplancton (alevins de poissons et larves de Décapodes) d'origine marine parvenant dans la lagune lors des advections de pleine mer, que pour le devenir des biomasses phytoplanctoniques. Les échanges mer-lagune en zooplancton ont été étudiés par Haridi (1999) à l'échelle de la phase de marée pour une période limitée dans le temps (décembre 96 - mai 97). Cependant, jusqu'à présent aucune étude sur le zooplancton s'étalant sur un cycle n'a été effectuée dans la lagune Mellah, d'où l'intérêt de cette investigation. Dans ce chapitre nous nous sommes intéressés à la composition et à la répartition spatio-temporelle des peuplements zooplanctoniques durant un cycle (1998).

L'objectif d'aborder ce chapitre est de décrire les peuplements zoo-planctoniques encore mal connus dans cet écosystème assez particulier, car et comme il est connu le compartiment zooplanctonique occupe une position clés dans les réseaux trophiques aquatiques. Donc, notre but fondamental est de préciser les variations spécifiques et leurs abondances sous l'effet des caractéristiques hydrologiques de la lagune, ainsi que les échanges zoo-planctoniques entre la lagune et le littoral adjacent. Les lagunes sont par ailleurs reconnues pour être des milieux eutrophes, ceci est assuré en amont et dans une large mesure par l'importance du zooplancton. Il est connu aussi que l'envahissement des lagunes par les espèces marines lors des périodes de vivifications marines, accentué au printemps et en été, est motivé par l'abondance de la nourriture qu'offrent ces milieux à travers le plancton. A l'inverse, on connaît depuis longtemps que les pêcheries littorales adjacentes et même démersales, sont très productives en raison des extrusions d'aliments d'origine lagunaire (Amanieu et Lasserre, 1981). Le rôle que joue ce compartiment pélagique n'est pas ainsi à démontrer, ce qui justifie et motive à plus fortes raisons notre intérêt pour ce sujet. Cette étude s'inscrit alors, dans une problématique générale visant l'évaluation écologique de la lagune Mellah à travers un descripteur pertinent comme le zooplancton.

2. Matériel et méthodes

L'échantillonnage du zooplancton a concerné la lagune et le chenal. Dans la lagune, les prélèvements du zooplancton ont été effectués de janvier à décembre 1998 au niveau de deux stations lagunaires (B et C), et afin de mieux comprendre les échanges mer–lagune, une station chenal (A) a été retenue (**fig. II.26**).

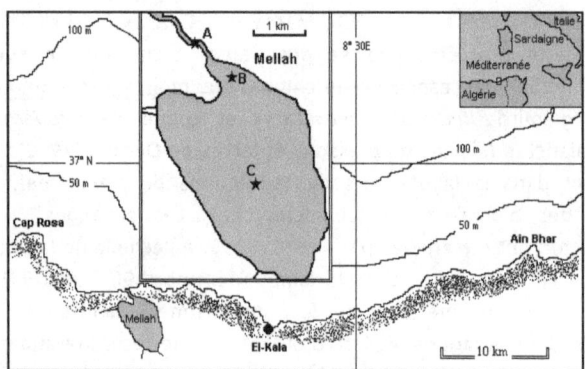

Figure II.26 : Localisation des stations d'échantillonnage du zooplancton dans la lagune Mellah.

En raison des difficultés de terrain, le zooplancton du chenal (station A) a été récolté mensuellement et seulement en sept occasions (d'avril à juillet 98 et d'octobre à décembre 98). Les pêches du zooplancton ont été réalisées selon le trajet C–B–A. Les prélèvements mensuels ont été réalisés à proximité de la surface avec un filet à plancton conique japonais (0,0706 m² de surface d'ouverture et 61 µm de vide de maille). Ce type de filet devrait avantager quelque peu la prise de petites formes de plancton. L'ensemble des échantillons a été conservé dans une solution d'eau de mer formolée à 4%. Pour chaque échantillon, deux fractions représentant 1 à 100% du volume total, ont été observés (identification et comptage) dans une cuve de Dolffus. En raison de l'importance particulière qualitative et quantitative, les récoltes de la station chenal, ont été entièrement observées.

3. Composition taxonomique

Au total, les récoltes du zooplancton durant un cycle annuel, nous ont permis d'identifier 34 taxons zooplanctoniques (**tab. II.14**) appartenant en grande partie aux crustacés Copépodes (16 espèces).

Tableau II.14 : Liste des espèces zooplanctoniques identifiées dans les stations A (chenal) et B, C (lagunes), durant l'année 1998. (+) : espèces marines.

PROTOZOAIRES	• *Copépodes*
	• Calanoïdes
• Tintinnides	*Acartia clausi* (Giesbrecht) (+)
Cyttarocylis cassis (Haeckel)	*Acartia discaudata mediterranea* (Steuer)
Cyttarocylis plagiostoma (Dady)	*Acartia latisetosa* (Krichagin)
Favella marcozowski (Daday)	*Acartia grani (Sars) (+)*
Helicostomella subulata (Ehrenberg)	*Centropages kröyeri* (Giesbrecht)
Petalorika ampulle (Fol)	*Centropages typicus* (Kröyer)
ZOOFLAGELLÉS	*Paracalanus indicus* (Wolfenden)
• **Foraminifères**	*Temora stylifera* (Dana) (+)
• **Radiolaires**	• **Cyclopoïdes**
Sticholonche zanclea (Hertwig)	*Oithona nana* (Giesbrecht)
Stylotrochus huxleyi (Haeckel)	*Oithona ovalis* (Herbst) (+)
	Oithona plumifera (Baird) (+)
	Oncaea venusta (Philippi) (+)
CNIDAIRES	
• **Hydroméduses**	• **Harpacticoïdes**
Eucodonium brownei (Hartland)	*Euterpina acutifrons* (Dana)
Obelia sp.	*Harpacticus littoralis* (Sars)
Podocoryne carnea (Sars)	*Microsetella norvegica* (Bœck)
	Microsetella rosea (Dana) (+)
ANNÉLIDES (larves)	
Polydora spp.	**Péracarides**
Pontodora pelagica (Greeff)	• **Amphipodes**
Sabellaria spp.	
	Eucarides
MOLLUSQUES	• **Décapodes** (larves)
(Larves de Gastéropodes et Lamellibranches)	*Eryphia spinifrons* (Herbst)
ARTHROPODES	**TUNICIERS**
• **Branchiopodes**	• **Appendiculaires**
• **Cladocères**	*Oikopleura* spp. (+)
Evadne tergestina (Claus) (+)	
	VERTEBRÉS (œufs et larves de poissons)
• **Ostracodes**	*Engraulis encrasicolus* (Linnaeus)
Leptocythere pellucida (Baird)	Larves de Raies
	Larves d'Éguilles

La plupart de la faune copépodienne appartient au contingent néritique. Les Protozoaires Tintinides sont représentés par de nombreuses espèces dont plusieurs formes n'ont pas été identifiées, en raison du manque de documentation et de guides spécialisés concernant ces Ciliés souvent de très petites tailles. De même, les larves d'Annélides Polychètes sont très riches en espèces, mais leur reconnaissance aux stades trochophore, métatrochophore, et parfois même en stades plus évolués (les nectochètes) est très difficile même pour des spécialistes de ces formes méroplanctoniques. On a identifié également trois formes méro–planctoniques (œufs et larves) de poissons (**tab. II.14**). On a aussi récolté des formes nectobenthiques et phytophiles (Amphipodes) et méiobenthiques (Copépodes Harpacticoïdes). D'autres groupes sont présents dans les prélèvements mais de façon intermittente.

4. Abondance des peuplements zooplanctoniques

Le zooplancton total est constitué du méroplancton et d'holoplancton (**fig. II.27**). Durant la période d'étude, le zooplancton a beaucoup fluctué passant de 70 ind.m^{-3} (station C en décembre) à 81 714 ind.m^{-3} (station B en avril).

D'une manière générale et hormis la saison hivernale, les effectifs les plus élevés sont rencontrés à la station B. En effet, à partir d'avril, le Nord de la lagune (station B), l'emporte avec des abondances variant entre 2 041 et 81 714 ind.m^{-3}, par rapport au centre de la lagune (station C). Ces différences de distributions sont imputables au régime des courants de marée.

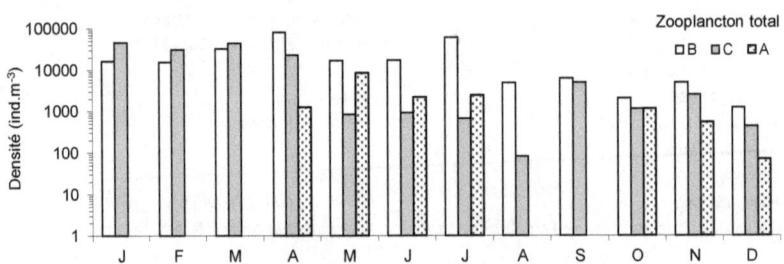

Figure II.27 : Variations mensuelles de la densité (ind.m^{-3}, échelle logarithmique) du zooplancton total dans les stations A, B et C, durant l'année 1998.

De plus, les espèces marines diminuent consécutivement aux faibles pénétrations marines. A l'inverse et à l'issue de l'intensification des flots à partir du mois d'avril (Messerer, 1999), l'eau marine à tendance à gagner l'ensemble de l'étendue, mais les étales de courants de flot créent une zone d'accumulation de plancton, d'où la supériorité des effectifs en ce point d'ombilic (station B). S'ajoute à cela le développement en explosion démographique des Tintinnides, ces protozoaires, abondent plutôt en juillet avec une densité qui s'élève jusqu'à 10 013 ind.m^{-3}.

Le méroplancton est notamment fréquent entre avril et juillet (21,60–99,46%) avec une prépondérance à la station B. Suite à cela, les larves de Polychètes développent des populations très denses atteignant 75 387 ind.m^{-3}, soit 92,25% du peuplement total relevées en début de la saison printanière. Ces larves ont une distribution spatiale assez comparable à celle des Tintinnides. De même, les Gastéropodes apparaissent en forts effectifs particulièrement à la station B (jusqu'à 1 369 ind.m^{-3}), cependant en septembre, ces mollusques forment une densité importante à la station C (1 720 ind.m^{-3}).

Le recrutement des Copépodes est continu presque toute l'année et l'essentiel de ce recrutement est assuré par *Acartia latisetosa, Centropages kröyeri, Oithona nana,* présentant de forts effectifs et qui sont comparables dans les deux stations (B et C). Il s'agit en fait de populations d'affinité lagunaire colonisant le Mellah le long de l'année.

Les autres groupes zooplanctoniques comme les Cladocères, les Ostracodes et les Méduses ne forment que de très faibles effectifs dans l'espace et dans le temps.

Le nectobenthos est représenté exclusivement par les Copépodes méiobenthiques (Harpacticoïdes), par ailleurs minoritaire (en général < 26 ind.m^{-3}), il se montre sporadiquement avec une densité exceptionnelle de 220 ind.m^{-3}, relevée en avril à la station chenal.

En outre, du fait de leurs différences écologiques et biologiques, les composants holoplanctoniques et méroplanctoniques sont traités séparément dans des paragraphes correspondants.

4.1. Composants holoplanctoniques

L'holoplancton est formé par les Copépodes, les Tintinnides et le zooplancton divers (Cladocères, Ostracodes et Méduses). Cette catégorie de zooplancton abonde surtout en hiver, et se manifeste alors par des explosions démographiques assez importantes. Le maximum de densité est observé en mars (53 8563 ind.m^{-3}) à la station C (**fig. II.28**). Cette forte abondance est ainsi élevée grâce surtout à la fraction des jeunes Copépodes (stades nauplii et copépodites).

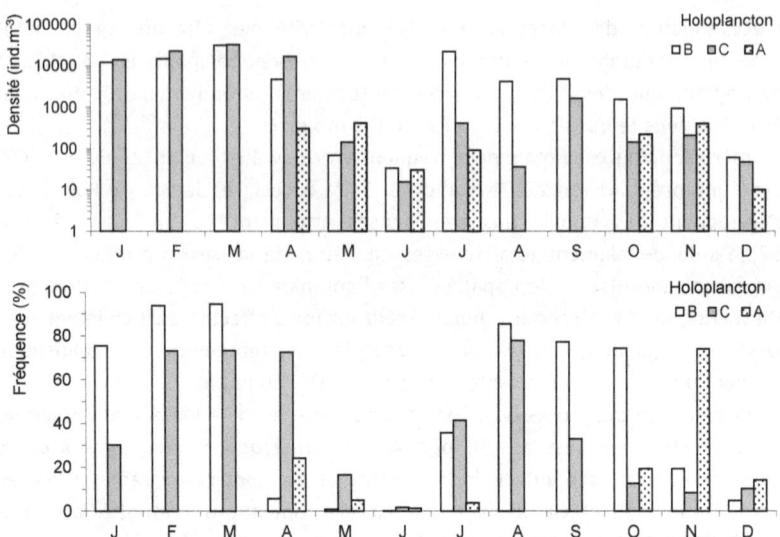

Figure II.28 : Variations mensuelles de la densité (ind.m⁻³, échelle logarithmique) de l'holoplancton et de sa dominance correspondante (fréquence %), dans les stations A, B et C, durant l'année 1998.

► *Copépodes*

Dans la lagune Mellah, les Copépodes sont toujours abondants (**fig. II.29**). Ils constituent une fraction très importante en hiver variant entre 31 et 94%. *Acartia latisetosa* est l'espèce dominante au sein des Copépodes de la lagune Mellah, elle présente des effectifs élevés atteignant 5 494 ind.m⁻³ relevés en février à la station C (**fig. II.30**). Ce Calanoïde est rencontré dans les eaux du Mellah durant toute l'année hormis les mois de novembre et de décembre. *Centropages kröyeri,* l'autre Copépode d'affinité lagunaire, s'observe surtout de janvier à mars avec un maximum à la station C (1 116 ind.m⁻³) en janvier. Ce Copépode disparaît d'avril à juin, puis réapparaît mais en très faibles densités le reste de l'année (**fig. II.31**). Cette cinétique d'abondance peut être en rapport en grande partie avec son cycle biologique. En effet, à la station C (461 ind.m⁻³) l'espèce supporte de fortes variabilités des conditions du milieu lagunaire, notamment en période de crue (février), où la salinité est descendue jusqu'à 25 PSU.

Oithona nana est un Copépode qui est présent presque toute l'année, néanmoins les effectifs restent faibles et peu variables, notamment dans la station C (**fig. II.32**). Le maximum s'observe durant le mois de janvier (681 ind.m⁻³) où la salinité n'est pas encore trop basse (29,40). Donc, c'est un

Copépode qui est peu abondant à répartition essentiellement hivernale et printanière (164 ind.m⁻³).

Les plus jeunes stades de Copépodes (nauplii) abondent en fin hiver (mars) pour les deux stations lagunaires (**fig. II.33**). Cependant, durant le mois de mars les densités dans les deux stations précitées sont assez comparables avec respectivement 16 261 et 15 893 ind.m⁻³. On assiste à un second pic en juillet à la station B, mais d'une moindre importance (8 259 ind.m⁻³).

Les jeunes stades de Copépodes (copépodites) sont également abondants et développent parfois de forts effectifs avec un maximum au mois de mars (16 096 ind.m⁻³) à la station C, et (14 462 ind.m⁻³) à la station B (**fig. II.34**). Les jeunes Copépodes se répartissent indifféremment dans les points de prélèvement, et se concentrent d'avantage au niveau de la station B, considérée comme zone d'accumulation planctonique. Leur effectif varie fortement en fonction des saisons avec un pic de densité maximale en pleine période hivernal.

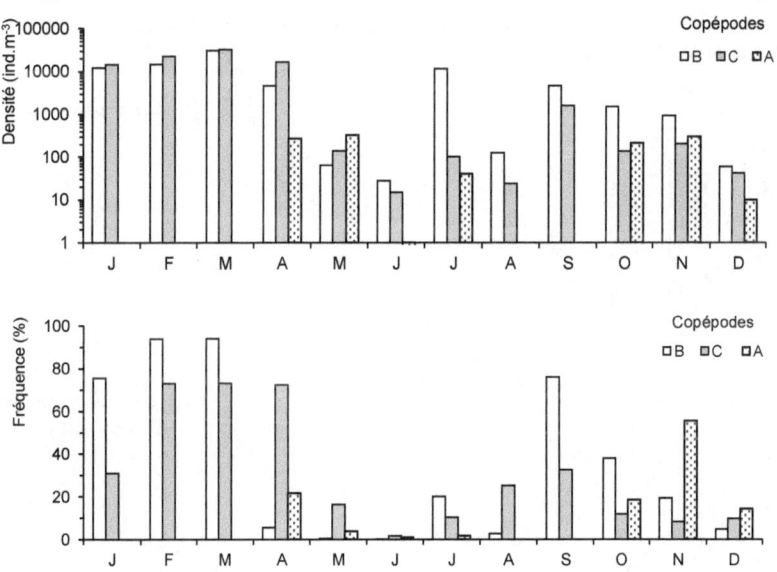

Figure II.29 : Variations mensuelles de la densité (ind.m⁻³, échelle logarithmique) des Copépodes et leur dominance correspondante (fréquence relative %) dans les stations A, B et C, durant l'année 1998.

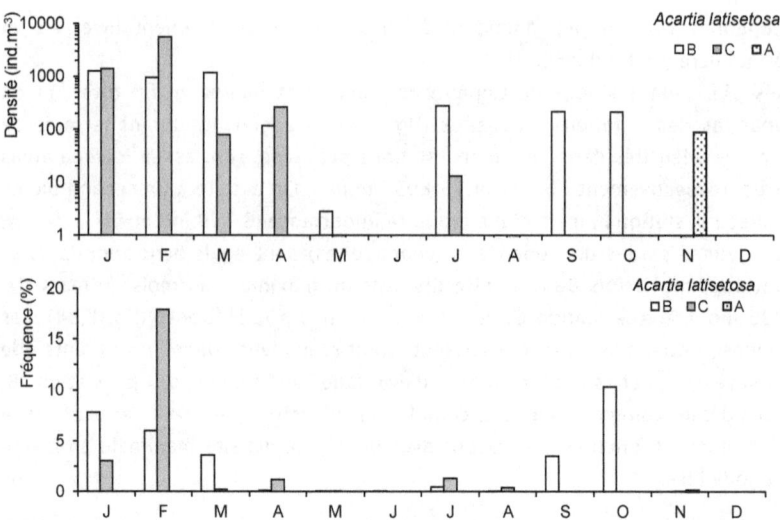

Figure II.30 : Variations mensuelles de la densité (ind.m⁻³, échelle logarithmique) du copépode *Acartia latisetosa* et de sa dominance correspondante (fréquence relative %) dans les stations A, B et C, durant l'année 1998.

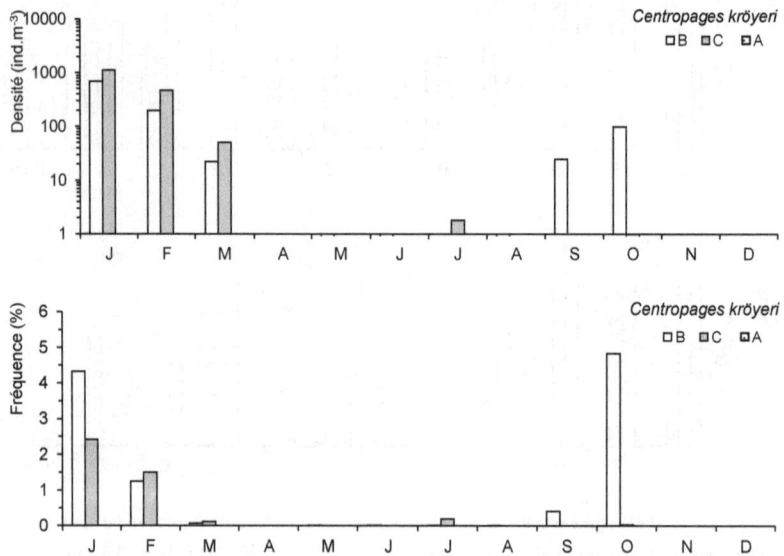

Figure II.31 : Variations mensuelles de la densité (ind.m⁻³, échelle logarithmique) du Copépode de *Centropages kroyeri*, et sa dominance correspondante (fréquence relative %) dans les stations A, B et C, durant l'année 1998.

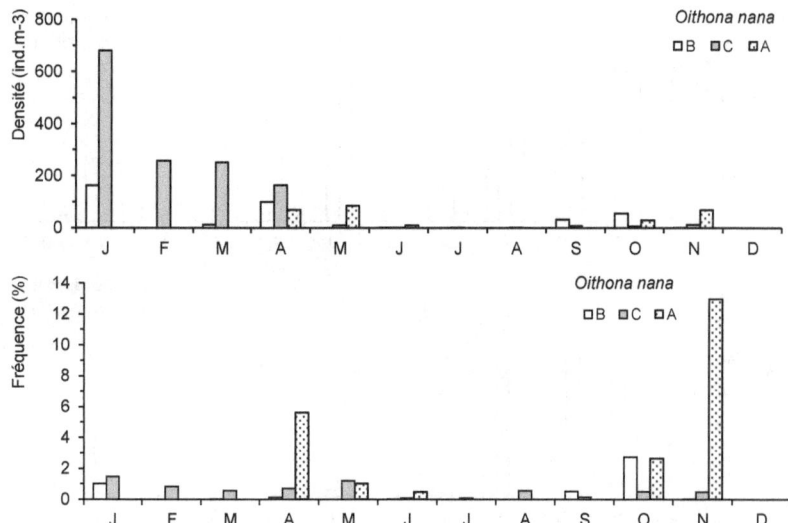

Figure II.32 : Variations mensuelles de la densité (ind.m⁻³) du Copépode de *Oithona nana*, et sa dominance correspondante (fréquence relative %) dans les stations A, B et C, durant l'année 1998.

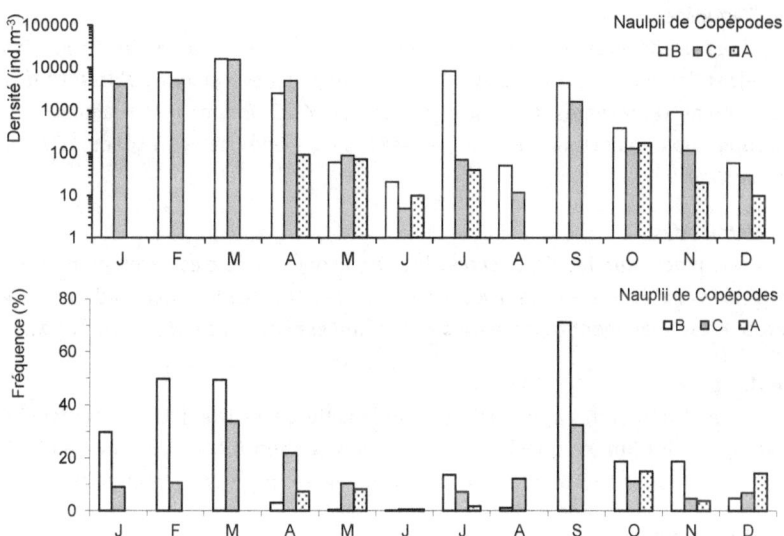

Figure II.33 : Variations mensuelles de la densité (ind.m⁻³, échelle logarithmique) des nauplii de Copépodes et leurs dominances correspondantes (fréquence relative %) dans les stations A, B et C, durant l'année 1998.

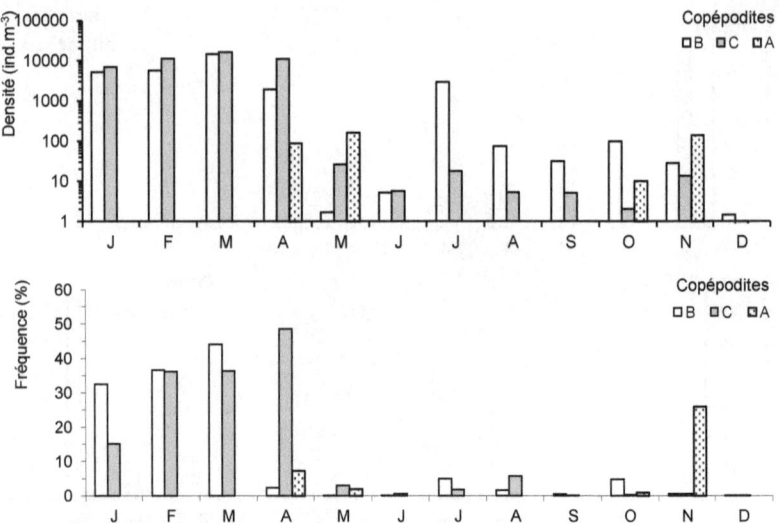

Figure II.34 : Variations mensuelles de la densité (ind.m⁻³, échelle logarithmique) des copépodites et leurs dominances correspondantes (fréquence relative %) dans les stations A, B et C, durant l'année 1998.

▶ *Cladocères*

Les Cladocères apparaissent d'une manière très sporadique (trois fois pendant l'année en automne et en hiver). Signalons également qu'ils sont très faiblement représentés dans les récoltes (< 4,25 ind.m⁻³). Par ailleurs, ce groupe holo–planctonique est présent avec une seule espèce *Evadne tergestina*.

▶ *Ostracodes*

Comme pour les Cladocères, les Ostracodes sont très rares et ne sont observés qu'en décembre avec une densité très faible (0,23 ind.m⁻³). Ce groupe est également représenté par l'unique espèce *Leptocythere pellucida*.

▶ *Amphipodes*

Les Amphipodes apparaissent d'une manière très irrégulière, leur densité est également limitée quelque soit la station (station B : 4,24 ind.m⁻³ en mai, station C : 1,23 et 1,18 ind.m⁻³ respectivement en mai et en septembre).

▶ *Hydroméduses*

Ils constituent une très faible proportion au sein du zooplancton total et apparaissent d'une façon discontinue, avec un maximum enregistré en mars (40 ind.m⁻³) soit 0,47% seulement du zooplancton total.

► *Tintinnides*

Ces Protozoaires ciliés se rencontrent surtout à la station B, où ils forment numériquement une fraction importante du zooplancton jusqu'à 82,70% en juillet. Ces ciliés oligotriches apparaissent donc notamment en été et se font toujours rares dans les récoltes durant le reste de l'année. Ils sont constitués principalement par les espèces : *Favella markuzowski, Cytarocylis plagiostoma, Cytarocylis cassis, Petalorika ampulle, Helicostomella subulata.*

4.2. Composants méroplanctoniques

Ce plancton temporaire constitue en générale une fraction importante du zooplancton des zones littorales. Il est composé essentiellement par les larves de Gastéropodes, les larves d'Annélides Polychètes, les larves de Décapodes, les nauplii de Cirripèdes et de l'ichtyoplancton (œufs et larves de poissons). Cependant, le méroplancton (**fig. II.35**) se recrute abondamment au printemps (77 068 ind.m^{-3}, station B) et en été (38 816 ind.m^{-3}, station B), avec un pic moins important en hiver (31 885 ind.m^{-3}, station C). Alors que, l'holoplancton abonde surtout en hiver (30 994 et 32 415 ind.m^{-3}, en B et C) et en été (21 548 ind.m^{-3}, station B).

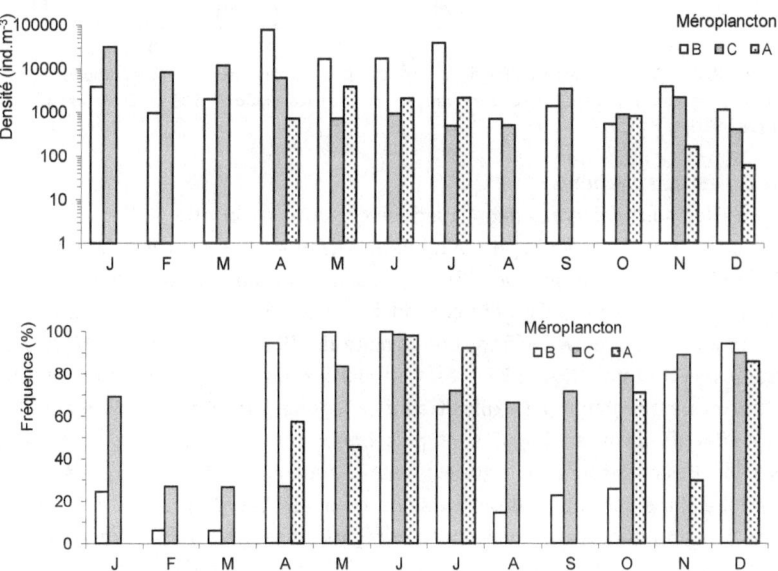

Figure II.35 : Variations mensuelles de la densité (ind.m^{-3}, échelle logarithmique) du méroplancton et sa dominance correspondante (fréquence relative %) dans les stations A, B et C, durant l'année 1998.

► *Larves de Gastéropodes*

Leur présence est permanente, avec de fortes densités en septembre à la station C : 1 719 ind.m^{-3}, soit 35,14% de l'ensemble de la communauté zoo-planctonique (**fig. II.36**) durant cette période de transition thermique. Dans la station B, le maximum de densité est atteint en avril (1 369 ind.m^{-3}).

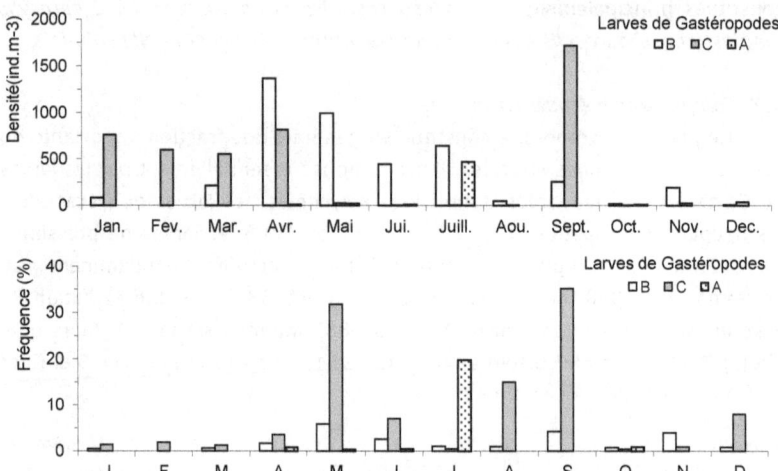

Figure II.36 : Variations mensuelles de la densité (ind.m^{-3}) des larves de Gastéropodes et leur dominance correspondante (fréquence relative %) dans les stations A, B et C, durant l'année 1998.

► *Larves de Polychètes*

Elles sont présentes dans la lagune en toute saison (**fig. II.37**). Les faibles densités sont enregistrées en octobre à la station B, avec une valeur de 440 ind.m^{-3}. En août, l'abondance chute notablement pour atteindre une valeur de 48 ind.m^{-3} seulement. On note cependant, un maximum rencontré à la station B durant le mois d'avril offrant une densité de 75 387 ind.m^{-3} soit 92,25% du zooplancton total (**fig. II.37**), ce qui montre que ces organismes ont un caractère démographique explosif dans la lagune. Par ailleurs, d'avril à juillet, les effectifs de la station C sont plus importants par rapport à ceux de la station B, en raison d'un transport marin supplémentaire accentué en cette période d'intensification des intrusions marines. Ces différences peuvent ne pas être imputables aux répartitions agrégatives naturelles et n'expriment pas forcément des différences écologiques signifiantes. En effet, il est vrai que la masse d'eaux est sensiblement homogène en salinité comme en température, comme il a été déjà signalé dans le premier chapitre consacré à l'environnement physico-chimique.

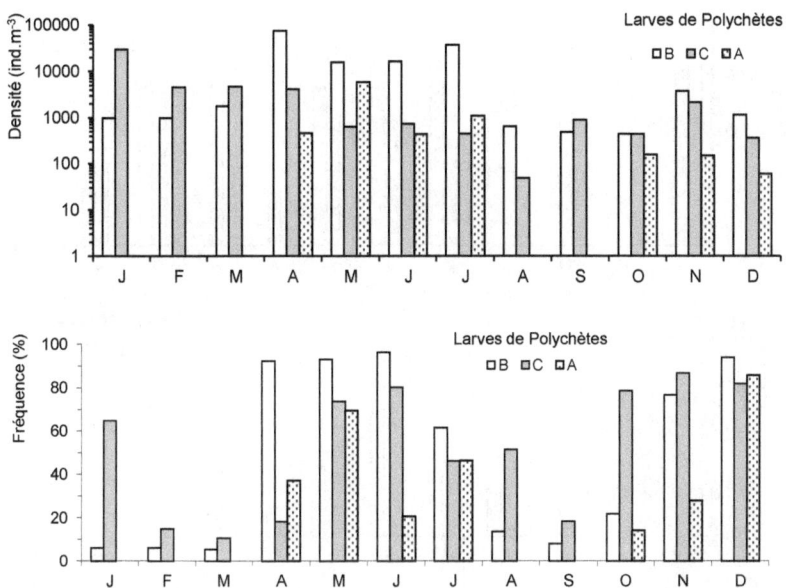

Figure II.37 : Variations mensuelles de la densité (ind.m⁻³, échelle logarithmique) des Polychètes et leur dominance correspondante (fréquence relative %) dans les stations A, B et C, durant l'année 1998.

▶ *Larves de Décapodes*

Ils sont représentés en grande partie par les larves du crabe Xantidé *Eryphia spinifrons*, avec des effectifs faibles par rapports aux autres taxons. La densité maximale est observée à la station C (464,60 ind.m⁻³) durant le mois de mars. La station B présente des valeurs numériques très semblables à celles de la station C. Ces crustacés méroplanctoniques sont rarement récoltés dans le chenal.

▶ *Nauplii de Cirripèdes*

Ce sont des organismes à affinité plutôt littorale. Les nauplii de Cirripèdes sont observés tout au long de l'année, sauf en hiver au niveau de la station B (**fig. II.38**). Contrairement à la station C, où on décèle pendant la même période des densités plus élevées (3 132 à 6 148 ind.m⁻³). A la station chenal, le maximum est dénombré en mai (2 105 ind.m⁻³), avec une absence quasi-totale en été et en automne, si on exclue le mois d'octobre.

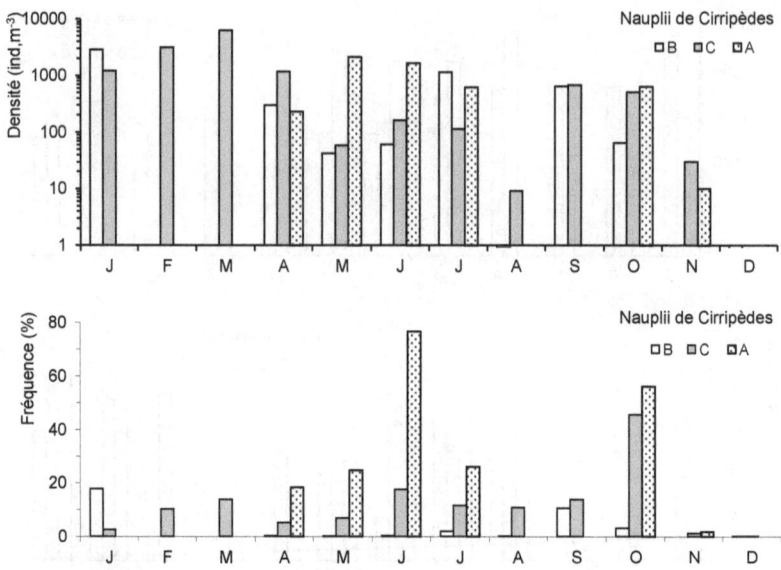

Figure II.38 : Variations mensuelles de la densité (ind.m⁻³, échelle logarithmique) des larves de Cirripèdes et de leur dominance correspondante (fréquence relative %) dans les stations A, B et C, durant l'année 1998.

► *Ichtyoplancton*

Les œufs et les larves de poissons représentant l'ichtyoplancton ont des valeurs numériques très faibles (<35 ind.m⁻³). En plus, Ils ne sont rencontrés que dans trois échantillons à la station C, aux mois de mars, septembre et novembre. Le minimum est enregistré au mois de septembre (0,25 ind.m⁻³). Avec les œufs d'Anchois européen, on a décelé la présence des alevins de la Raie et de l'Éguille.

4.3. Nectobenthos

Le nectobenthos apparaît très irrégulièrement, son abondance est également faible quelque soit la station (**fig. II.39**). La densité maximale (220 ind.m⁻³), est relevée en mai à la station chenal. Une absence quasi-totale de cette catégorie de zooplancton est enregistrée en période hivernale. Sa contribution au sein du zooplancton reste faible et ne dépasse guère 7% excepté en avril à la station chenal, où la fréquence relative atteint 17%.

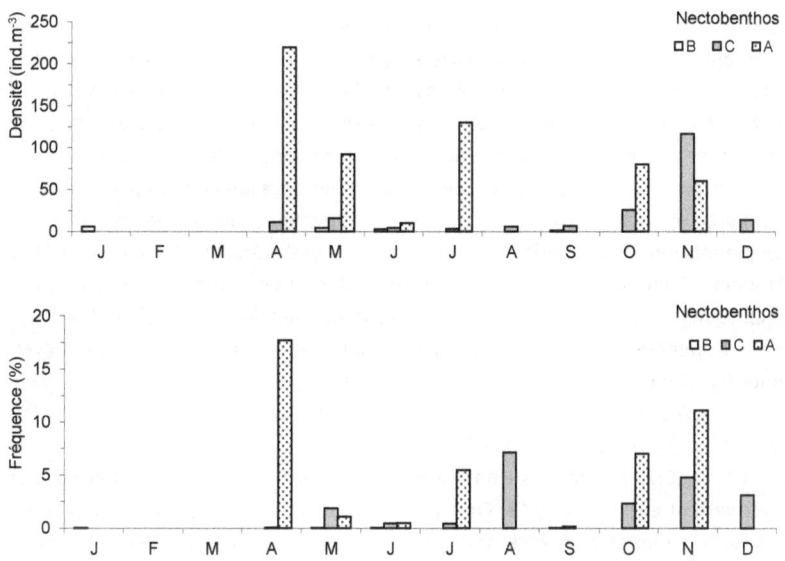

Figure II.39 : Variations mensuelles de la densité (ind.m⁻³) du nectobenthos et sa dominance correspondante (fréquence relative en %) dans les stations A, B et C, durant l'année 1998.

6. Discussion et conclusion

La composition spécifique du zooplancton du Mellah (34 taxons) est moins riche en comparaison avec celle évoquée par Lam Hoai *et al.* (1984), dans la lagune Nord méditerranéenne de Sarrazine, où on recense jusqu'à 48 taxons. En raison de la forte homogénéité horizontale des eaux de la lagune pour une période donnée, on note l'absence d'une différence majeure de la composition qualitative entre le centre (station C) et le Nord de la lagune (station B). Le gradient classique de la richesse spécifique lié à la position par rapport à la mer, est fortement masqué ici par l'homogénéisation des eaux notamment en hiver.

Le zooplancton total du Mellah fluctue beaucoup, présentant ainsi de fortes densités hivernales atteignant 81 714 ind.m⁻³ et 46 148 ind.m⁻³. Notons un second pic au niveau de la station B (60 371 ind.m⁻³) en période estivale, coïncidant probablement avec un apport marin (essaim de la côte voisine) intensifié en cette période d'étiage. En effet, en hiver l'évacuation de l'eau excédentaire avec les peuplements dans le Mellah, tend à concentrer le plancton au Nord de la lagune avant de l'acheminer à travers le chenal vers le littoral voisin. Il se produit ainsi une sorte d'aire de concentration planctonique dans cette partie de la lagune pendant la période de crue.

Le zooplancton total est composé souvent de méroplancton avec des pourcentages qui dépassent parfois les 99%. La forte présence de cette catégorie de zooplancton est liée essentiellement aux émissions larvaires, qui parfois d'une manière spectaculaire masquent le cortège holoplanctonique. Par conséquent, dans la majorité de nos échantillons, l'abondance élevée du zooplancton est fréquemment liée au contingent méroplanctonique. A titre de comparaison, Lam Hoai *et al.*, (1983), rapportent une faible moyenne de zooplancton total de l'ordre de 1 600 ind.m^{-3}, prélevée dans la lagune de Thau (France). D'autre part, dans le bassin d'Arcachon soumis aux influences atlantiques Castel et Courties (1979) notent une densité de 12 157 ind.m^{-3}.

Les Copépodes est le groupe dominant dans le compartiment holoplanctonique (Lacroix et Legendre, 1964 ; Perez-Siejas *et al.*, 1987 ; Nscimento-Vieira et Do-Sant-Anna, 1989 ; Jansa et Fernandez De Puelles, 1990 ; Pagano et Sainst-Jean, 1991).

Dans la lagune Mellah, les Copépodes constituent une fraction supérieure en hiver variant entre 31 et 94%. On trouve dans des milieux saumâtres similaires, des valeurs numériques hivernales très semblables à celles du Mellah. En effet, Lam Hoai et Gril (1991) en comptent 85% dans l'étang de Thau, de même Castel et Courties (1979) en signalent jusqu'à 71% dans le bassin d'Arcachon. Si les densités totales des Copépodes sont largement comparables dans l'ensemble de la lagune, cependant et à l'échelle spécifique, on constate des distributions différentielles. L'homogénéité hydrologique du Mellah s'accompagnerait d'une certaine répartition assez similaire des populations de Copépodes d'affinité lagunaire. Par ailleurs, notons que les densités rencontrées dans la lagune Mellah atteignant 32 382 ind.m^{-3}, sont distinctement inférieures en comparaison avec la faune copépodienne de l'estuaire d'Oum Er-rbia (Maroc), où on en dénombre en été jusqu'à 58 680 ind.m^{-3} (El-Khalki, 2000).

Il est très intéressant de remarquer l'absence d'*Acartia clausi*, à l'intérieur de la lagune Mellah et se limite uniquement à la station B proche des intrusions marines. Son apparition en hiver serait liée à son cycle biologique dans la zone néritique contiguë, comme l'avait déjà constaté Haridi (1999). Aboutissant à cette même remarque, la sensibilité de *A. clausi* aux faibles salinités hivernales (25,50 PSU), ne lui permet pas de se maintenir longtemps dans le Mellah. Elle devrait subir alors des fortes mortalités à l'intérieur de la lagune, comme l'atteste sa disparition à la station centrale. Toutefois, Ouldessaib (1997), signale dans la lagune de Oualidia (Maroc), la présence d'un pic estival d'*A. clausi*, suivi de plusieurs pics secondaires qui s'étalent sur toute la période de prélèvement notamment au printemps et en automne conformément aux augmentations des salinités. Selon Chiahou (1997) ayant travaillé sur l'estuaire de Bou Regreg (Maroc), le maximum de densité de cette même espèce est enregistré en mois de mai. Cependant, et comme l'avait déjà signalé El-Khalki (2000), ainsi que d'autres auteurs (Conover, 1956 ; Jeffries, 1962 et 1967 ; Landry, 1978 ; Durbin et Durbin, 1981 ; Arfi *et al.*, 1987 ; Pagano et Saint-Jean, 1989). *A. clausi* colonise beaucoup de régions côtières estuariennes et lagunaires. D'autre part, Petran (1985), rapporte que ce même Copépode qui dominait dans la lagune de Sinoë (en Roumanie) autrefois, a quasiment disparu en 1981, à la suite d'une chute remarquable de la salinité du milieu.

Contrairement à *A. clausi*, sa congénère *A. latisetosa* semble bien s'adapter à la vie dans la lagune Mellah, notamment en période hivernale (jusqu'à 5 494 ind.m^{-3}). Elle se concentre beaucoup plus au centre de la lagune, grâce à ces compétences adaptatives dans ce type d'écosystème. Malgré les conditions hydrologiques contraignantes durant la période de crue, *A. latisetosa* se maintient parfaitement et arrive même à se multiplier. Donc, ce calanoïde manifeste un opportunisme remarquable dans la lagune. De plus, et comme l'avait également signalé Haridi (1999), la présence de cette espèce durant presque tout le cycle et sa dominance hivernale, est probablement un indice de son aptitude de se reproduire pendant toute l'année.

Centropages kroyeri semble adaptée à coloniser les eaux de la lagune également, comme l'atteste sa pullulation en pleine période hivernale. Alors que son abondance décroît rapidement à l'approche de la saison estivale.

A l'image des autres Copépodes, *Oithona nana* n'abonde qu'en saison hivernale. C'est une espèce qui est présente toute l'année, mais avec des effectifs généralement faibles (< 681 ind.m^{-3}).

Les Tintinides sont des formes ciliées qui se développent surtout en été. Toutefois, ces protozoaires sont très fréquents toute l'année dans le proche littoral d'Annaba (Ounissi et Fréhi, 1999). Les périodes d'apparition de *Favella serata*, *Eutintinus fraknoi* et *Helicostomella subulatta* sont très comparables aux données de ces auteurs. Par ailleurs, signalons que ces ciliés sont souvent qualifiés d'indicateurs d'eaux littorales eutrophes (Estrada *et al.*, 1987 ; Cattani et Corni, 1992).

Le nectobenthos formé par les Copépodes méiobenthiques est représenté par la majorité des Copépodes Harpacticoïdes et Nématodes (Raibaut, 1967 ; Castel, 1980). En milieu lagunaire, les processus benthiques l'emportent très largement sur ceux de la colonne d'eau, l'énergie étant alors en grande partie monopolisée (jusqu'à 66%) par les formes nectobenthiques et benthiques (Thimel, 1988 ; Ounissi, 1991).

Les jeunes stades des Copépodes composés de nauplii et de copépodites, sont présents dans la lagune le long de l'année avec des densités souvent élevées. C'est ainsi que ces forts effectifs contrebalancent nettement le rapport holoplancton–méroplancton. Par conséquent, nous pensons que la reproduction de cette fraction zooplanctonique se poursuit durant toute l'année avec un taux plus élevé en saison froide.

D'une façon générale, le méroplancton est constamment bien représenté en milieux lagunaires (Ferrari et al., 1982 ; Lam Haoi et Amanieu, 1989). En effet, Lam Hoai (1985) enregistre une abondance relative de 53,51% dans les eaux de l'étang de Thau. De même Castel et Courties (1979), signalent des proportions de 71% dans le bassin d'Arcachon. Cette dominance est due en grande partie au stock d'affinité lagunaire que renferme cette fraction du zooplancton temporaire.

Dans la lagune Mellah, le méroplancton est notamment fréquent entre avril et juillet. De ce fait, c'est surtout à cette phase du cycle que les larves de Polychètes développent des populations très denses atteignant des effectifs records. En effet, dans l'étang de Thau le méroplancton est formé essentiellement par les larves des Polychètes Spionidés et des Crustacés Cirripèdes (Lam Hoai, 1987). D'autre part, Sei et al. (1996) ayant travaillé dans la lagune de Sacca de Goro, enregistrent des densités des larves de Polychètes allant de 106 500 à 206 000 ind.m^{-3}. Alors que dans la lagune de Sarrazine, Lam Hoai et al. (1984 b) attribuent une fréquence moyenne de 14,23% aux seules larves du genre Polydora.

Les Nauplii de Cirripèdes sont des organismes habituellement d'affinité littorale, pourtant leur densité dans la lagune Mellah est parfois conséquente (jusqu'à 6 148 ind.m^{-3}). Dans la lagune de Sacca de Goro, Sei et al. (1996) décèlent des densités supérieures (31 800 ind.m^{-3}) de ces jeunes stades de Crustacés.

Les larves de Décapodes sont représentées essentiellement par le crabe Eryphia spinifrons. En fait, les Décapodes sont plutôt des Crustacés à activité nocturnes rythmée par un cycle circadien très marqué (Ounissi, 2002). Par ailleurs, Sei et al. (1996) dans une lagune Nord Adriatique, mentionnent des densités de ces larves de l'ordre de 1000 ind.m^{-3}.

L'ichtyoplancton formé par les œufs et les larves de poissons, est rare dans la lagune. Il est constitué des œufs de l'anchois d'Europe Engraulis encrasicolus et du loup Dicentrarchus labrax. On a constaté aussi la présence d'alevins de raie et d'éguille. L'ensemble de ces formes planctoniques immigrantes sont d'origine marine, et leur devenir dans la lagune est voué à une forte dissémination voire mortalité. Les absences hivernales de ce méroplancton sont à relier avec le régime hydrologique de la lagune, caractérisé ainsi par des exportations de longue durée pendant les fortes crues, ce qui limite leur intrusion lors de la phase du flot nettement dominée par le jusant durant la saison humide.

Lors de la compagne d'été 99, le suivi du zooplancton à l'échelle de la demi-heure au niveau de la station chenal, nous a permis d'identifier 60 taxons, où les Copépodes représentent 50% environ de la richesse spécifique globale (28 espèces).

TROISIÈME PARTIE : SYSTÈME BENTHIQUE

CHAPITRE I : SÉDIMENTS

1. Introduction

L'étude du sédiment est considérée actuellement par de nombreux scientifiques comme une base à toute étude bionomique. Les relations étroites qui existent entre la répartition de la macrofaune benthique des substrats meubles, et la texture des sédiments, mettent en évidence l'intérêt d'étudier parallèlement la répartition zonale des sédiments, et celle de la faune. Cependant, il est admis par de nombreux auteurs que les études sédimentologiques et celles de la physico-chimie constituent la base de toute investigation dans les milieux aquatiques. C'est ainsi que les relations existant entre la répartition des peuplements benthiques et les substrats meubles mettent en évidence l'intérêt d'étudier la texture des sédiments. En effet, la nature du substrat est un élément fondamental pour la distribution des invertébrés benthiques. La dépendance de la faune benthique vis-à-vis du substrat est d'ordre mécanique et physico-chimique, d'où l'intérêt de la présente investigation dans un écosystème très particulier et à double intérêt ; écologique en raison de son appartenance au parc national d'El-Kala et économique pour son exploitation halieutique.

J'ai donc envisagé cette étude, plus du point de vue de l'écologiste que de celui du sédimentologiste.

2. Matériel et méthodes

2.1. Choix des stations et prélèvement

Dans ce chapitre, on s'intéresse à l'analyse granulométrique des sédiments, composés uniquement de matériaux meubles, allant des sables purs aux vases pures très fluides. Notre objectif est de définir la taille et la répartition des particules formant le substrat, aux différents endroits de la lagune.

L'échantillonnage des sédiments a été effectué au début du printemps (mars) à bord d'un chaland, de force motrice 80 CV, où 33 stations ont été échantillonnées systématiquement de telle manière à couvrir l'ensemble de l'étendue (**fig. III.1**). Le prélèvement du sédiment est assuré grâce à l'utilisation d'une benne Van Veen. Pour des raisons de maniabilité et d'efficacité, il est indispensable d'utiliser ce type de benne dans des fonds à sédiments mous et peu profonds (< 10 m). La mise à l'eau de la benne s'effectue verticalement en raison de son propre poids (environ 15 kg), tout en maintenant ces deux mâchoires ouvertes jusqu'au fond grâce à un dispositif de blocage. La fermeture se fait après le relâchement de ce dernier, et la traction du câble à la remontée. On récupère ainsi une portion suffisante (1000 - 500 g) pour l'ensemble des analyses sédimentaires envisagées (granulométrie, teneurs en pélites, en matières organiques sédimentaires et en carbonates totaux).

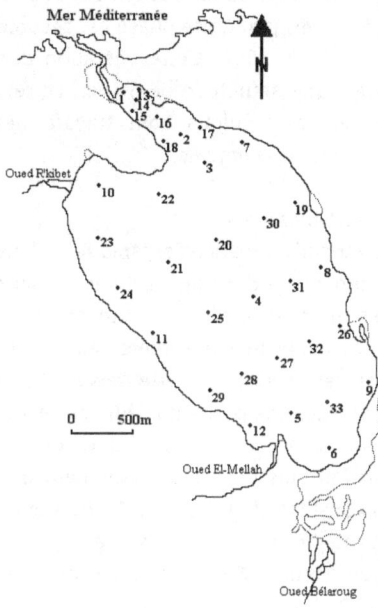

Figure III.1 : Localisation des stations d'échantillonnage des sédiments dans la lagune Mellah.

2.2. Analyses sédimentaires

2.2.1. Évaluation des pélites

Avant qu'on effectue l'analyse granulométrique, on procède d'abord à l'évaluation du taux de pélites que renferme le sédiment dans chaque station. La méthode consiste à sécher le sédiment dans une étuve à 100°C pendant 24 heures jusqu'à déshydratation complète. Ensuite, l'échantillon est pesé (P_1) grâce à une balance de type Sartorius d'une précision de 0,01 g, puis laver sur un tamis de 40 µm, jusqu'à l'obtention d'une eau limpide, afin d'éliminer toute la fraction fine. La fraction restante est reséchée, puis repesée (P_2) dans les mêmes conditions que précédemment. La différence de poids (P_1–P_2) est rapportée en pourcentage et représente ainsi le taux de pélites dans l'échantillon considéré.

2.2.2. Analyse granulométrique

Un des avantages de la granulométrie est de pouvoir classer les sédiments les uns par rapport aux autres et de donner des bases numériques à une classification. L'analyse granulométrique des différents sédiments est effectuée sur la fraction grossière (> 40 µm). Cette dernière est tamisée à l'aide d'une série de tamis superposés par ordre de diamètres de mailles décroissants : 2000, 1600, 1400, 1250, 1000, 710, 500, 355, 280, 250, 180, 140, 125, 90, 80, 63, 50 et 40 µm. Cette phase est assurée grâce à un vibreur automatique de type Retch VS 1000. Cette opération dure 15 minutes en vibration continue, avec une amplitude de 50 Hz. Le refus de chaque tamis est récupéré, puis pesé. Les résultats sont transformés en pourcentages pondéraux puis en pourcentages cumulés.

2.2.3. Autres analyses sédimentaires

♦ **Détermination de la teneur en matière organique sédimentaire (M.O.S)** : Les teneurs de la matière organique dans les sédiments sont estimées grâce à la technique de combustion, c'est à dire la perte au feu. Cette méthode est justifiée en raison de la faible teneur sédimentaire en minéraux phylliteux, seuls pouvant entraîner des erreurs sur cette mesure (Guelorget *et al.*, 1982). Juste après l'échantillonnage, une partie du sédiment est mise dans un sac en plastique numéroté puis conservée à -5°C. Une fois à au laboratoire, on procède à la décongélation puis le séchage dans l'étuve à 80°C, pendant 24 heures, jusqu'à poids constant. Ensuite, 5 g (P_1) de sédiment sont incinérés à 600°C dans un four à moufle durant deux heures ; puis repeser (P_2) sur une balance sensible de type Mettler H80 d'une précision de 0,1 mg. La différence entre les deux poids (P_1-P_2), représente la quantité de matière organique contenue dans le sédiment analysé, celle-ci est transformée en pourcentage pour, ensuite établir la carte de la répartition de la matière organique dans les sédiments des 33 stations sélectionnées de la lagune. On rappelle que chaque station a fait l'objet de deux mesures puis on calcule la moyenne.

♦ **Détermination des carbonates totaux dans le sédiment** : La détermination de la teneur en calcaire sédimentaire, est obtenue à partir de 5 g de sédiment séché dans une étuve à 80°C pendant 24 heures jusqu'à déshydratation complète. Le sédiment séché est ensuite soumis à l'action de l'acide chlorhydrique dilué à 50%, jusqu'à la disparition totale de toute effervescence. Le sédiment décarbonaté est rincé à l'eau distillée, puis reséché dans les mêmes conditions que précédemment, jusqu'à poids constant. Le poids de calcaire représente la différence entre les poids des sédiments carbonatés et les sédiments décarbonatés. A partir des différents résultats obtenus, on établit également une carte de répartition des carbonates totaux dans les sédiments de la lagune. De même que pour les teneurs en M.O.S, chaque station a fait l'objet de deux mesures puis on calcule la moyenne.

3. Expression des résultats

Les résultats de l'analyse de la taille des grains des différentes stations sont représentés graphiquement, sous forme d'histogrammes de fréquence et des courbes cumulatives semi-logarithmiques qui permettent d'obtenir les paramètres caractérisant les sédiments.

3.1. Histogrammes de fréquence

Le pourcentage de chaque fraction sédimentaire est représenté sous forme d'histogrammes de fréquence. Ces derniers permettent d'apprécier la distribution des modes granulométriques en déterminant la fraction dominante dans l'échantillon. Les irrégularités de la suite dimensionnelle, sont dues à l'absence de certaines classes, alors que le nombre de modes traduit l'existence du nombre de stocks sédimentaires. Le sédiment homogène est expliqué par l'aspect unimodal, tandis que l'aspect bi ou plurimodal signifie un sédiment hétérogène.

3.2. Courbes cumulatives semi-logarithmiques

Pour chaque échantillon analysé, une courbe cumulative est réalisée sur du papier semi-logarithmique, dont le pourcentage cumulé des sédiments est exprimé en fonction du diamètre des mailles des tamis. Ceci nous permettra de calculer les paramètres ou indices granulométriques, afin de déterminer les faciès sédimentaires existants ainsi que l'intensité de l'hydrodynamisme dans les différentes zones de la lagune.

3.3. Indices granulométriques

– Médiane (Q₂): Elle est déduite de la courbe cumulative et représente les diamètres des grains moyens, elle correspond au 50% du poids relatif cumulé. Ce paramètre nous permet de définir la nature du sédiment de l'échantillon analysé. Dans notre étude nous avons adopté la classification de Monbet (1977), car c'est la plus utilisée. Toutefois, on a porté une légère modification sur la taille limite de la fraction fine, qui a été fixée à 40 µm au lieu de 50 µm (Chassefiere, 1968 ; Guelorget et Michel, 1976 et 1977).

- Graviers : fraction > 2 mm,
- Sables de 0,04 à 2 mm et comprenant les sous fractions :
  * sables grossiers : fraction de 0,5 à 2 mm,

* sables moyens : fraction de 0,2 à 0,5 mm,

* sables fins : fraction de 0,04 mm à 0,2 mm,

• Pélites (vases) : fraction < 0,040 mm.

- *Indice de classement ou le Sorting de Trask (S_o)* : Il évalue la pente de la partie centrale des courbes cumulatives semi-logarithmiques. Ce coefficient est calculé par la formule suivante :

$$S_o = (Q_3/Q_1)^{1/2}$$

Q_1: maille (µm) correspondant au refus de 25% de sédiment, Q_3: maille (µm) correspondant au refus de 75 % de sédiment.

Plus la valeur de cet indice est faible, plus la pente est forte et le sédiment est bien classé par les actions hydrodynamiques. La classification retenue est celle proposée par Folk et Ward (1957) :

• $S_o < 2$: sédiment très bien classé.

• $2 \le S_o \le 2,6$: sédiment bien à moyennement bien classé.

• $S_o > 2,6$: sédiment mal à très mal classé.

- *Facteur hydrodynamique (FH)* : Il a été utilisé par différents auteurs notamment Weydert (1973) et Thomassin (1978). Ce facteur permet de déduire l'intensité de l'hydrodynamisme à partir de la maille des percentiles 25%, 75% et 95%. Il est calculé à partir de la formule suivante :

$$FH = [(\Phi_{95} - \Phi_{75}) / 2,44 (\Phi_{75} - \Phi_{25})] - [(\Phi_{95} - \Phi_{25}) / 2]$$

Les unités Φ sont les logarithmes à base 2 de l'inverse de dimension des particules en mm. L'échelle de FH proposée par Thomassin (1978) est la suivante :

• $FH > 2$: hydrodynamisme très fort,

• $1 < FH < 2$: hydrodynamisme fort,

• $0,5 < FH < 1$: hydrodynamisme moyen,

• $FH \approx 0$: hydrodynamisme faible,

• $FH \approx -1$: hydrodynamisme très faible.

3.4. Triangle de Folk

Pour établir la carte sédimentaire, il faut d'abord déterminer la texture du sédiment au moyen du triangle de Folk (Folk, 1965). Le principe de ce triangle est résumé comme suit ; les points représentatifs des trois classes sédimentaires de base : gravier, sable et vase, sont les trois sommets du triangle équilatéral, puisque la distance d'un sommet au côté opposé est égale à 100% (Aitcin *et al.*, 1983).

4. Résultats

4.1. Caractéristiques granulométriques

L'analyse ganulométrique a concerné les 33 stations retenues dans la lagune. Les résultats sont représentés sous forme de courbes ganulométriques (**fig. A-1 et A-2, annexes**), d'histogrammes de fréquences (**fig. A-3 et A-4, annexes**) et dans le triangle de Folk (**fig. III.2**). Cependant, l'ensemble des stations prospectées, notamment celles se trouvant à la périphérie de l'étendue, présentent un fort taux de sable moyen, dont la médiane (Q_2) est comprise entre 0,15 et 0,28 mm (**fig. A-1 et A-2, annexes**).

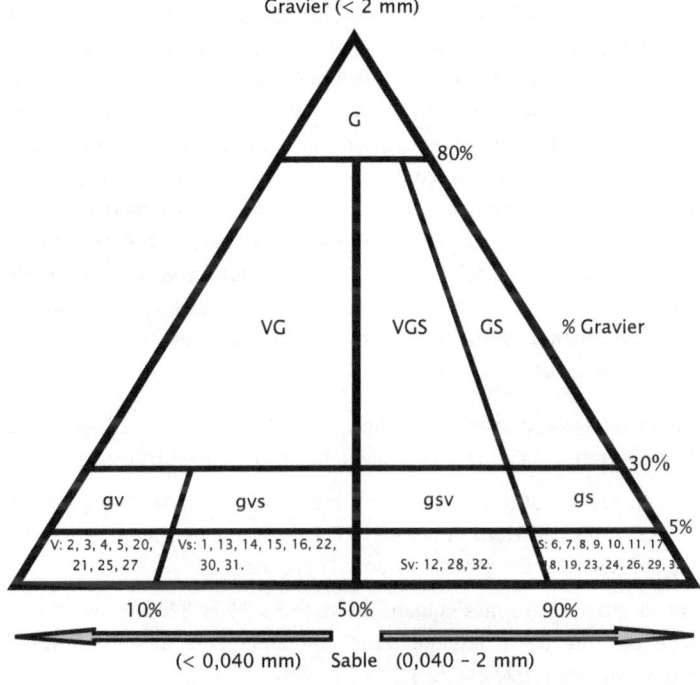

G : Gravier pur, V : Vase pure, SG : Sable graveleux, Sv : Sable vaseux, VG : Vase graveleuse gsv : Gravier sable vaseux, SVG : Sablo-vaseux graveleux, Vs : Vase sableuse, S : Sable pur, Gs : Gravier sablonneux, Gvs : Gravier vaso-sablonneux.

Figure III.2 : Caractéristiques granulométriques des stations prospectées selon le triangle de Folk (1965).

Par ailleurs, la répartition unimodale de la majorité des histogrammes de fréquences obtenue (**fig. A-3 et A-4, annexes**), témoigne parfaitement l'homogénéité du stock sédimentaire de la quasi-totalité des stations échantillonnées dans la lagune. L'indice de classement ou Sorting (S_o) varie très peu pour l'ensemble des stations étudiées, avec des valeurs comprises entre 1,06 et 1,40 ce qui explique qu'on est en présence d'un sédiment très bien classé ($S_o < 2$), donc très homogène. La majorité des stations prospectées sont caractérisées par un facteur hydrodynamique (FH) proche de la valeur zéro, témoignant ainsi qu'on est en présence d'un hydro-dynamisme faible, avec des valeurs comprises entre -0,45 et 0,45, sauf pour la station 18, où l'hydrodynamisme est moyen avec un FH égal à 0,72.

4.1.1. Teneurs en pélites

Les teneurs en fraction fine (< 40 μm), déterminées pour l'ensemble des stations (**fig. III.1**), nous ont permis d'établir la carte de répartition des pélites (**fig. III.3**). Cependant, la fraction pélitique est représentée dans la quasi-totalité des prélèvements avec des taux variables d'une station à une autre.

D'autre part, les résultats obtenus montrent que la teneur en fraction fine est croissante de la rive jusqu'au centre de l'étendue. Les teneurs les plus élevées (> 90%), sont enregistrées dans les zones profondes de la lagune ; cas des stations 2, 3, 4, 5, 20, 25 et 27 où l'immersion dépasse généralement 2 m. La station 25, localisée au centre Ouest de l'étendue, avec une profondeur de 4,80 m, renferme la teneur la plus élevée avec 94,57%. D'une manière générale, en fonction de la teneur des sédiments en pélites la lagune Mellah renferme six zones différentes (**fig. III.3**) :

- Zone I (>90%) : englobant les stations 2, 3, 4, 5, 20, 25 et 27 situées dans la partie centrale et la zone d'étranglement de la lagune (profondeur > 3,5 m).

- Zone II (70 - 90%) : renfermant les deux stations 1 et 30, situées respectivement au Nord et le centre Est de l'étendue, où la bathymétrie est de 2,50 pour la première et 4 m pour la seconde.

- Zone III (50 - 70%) : rassemblant les stations 21 et 22 au Nord-Ouest de la partie centrale de la lagune, donc une zone plus ou moins abritée. La profondeur respective est de 3,15 et 3,50 m.

- Zone IV (30 - 50%) : avec 4 stations (14, 16, 28 et 32), situées dans la zone d'étranglement de la lagune, près des tables conchylicoles pour les deux premières et au Sud-Ouest et au Sud-Est de la partie centrale de l'étendue. A ce niveau l'immersion varie entre 1,5 et 3 m.

- Zone V (10 - 30%) : une seule station représente cette zone, il s'agit de la station 12, située non loin des rejets de l'oued El-Mellah au Sud-Ouest de la lagune. A ce niveau la bathymétrie est de 1,80 m.

- Zone VI (< 10%) : englobant le plus grand nombre de stations (6, 7, 8, 9, 10, 11, 13, 15, 17, 18, 19, 23, 24, 26, 29, 31 et 33), situées à la périphérie de l'étendue, caractérisées donc par des faibles profondeurs (< 1,50 m) et par conséquent un hydrodynamisme plus intense. Parmi ces stations 3 sont localisées à l'embouchure des cours d'eau, il s'agit des stations 6 (en face de l'oued Bélaroug) et 10 et 23 (en face de l'oued R'kibet).

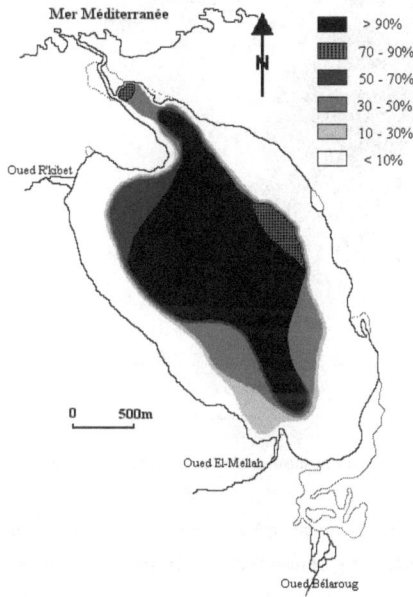

Figure III.3 : Répartition de la teneur en pélites (en %) dans les sédiments de la lagune Mellah.

4.1.2. Granulométrie

L'analyse granulométrique en se référant à l'étude de la médiane (Q_2), du taux de pélites et de l'utilisation du triangle de Folk (**fig. III.2**), a permis de dégager quatre lithologies sédimentaires distinctes au sein de la lagune (**fig. III.4**) :

➤ **Sables purs** : Ce sédiment dont la fraction sableuse est supérieure à 90% se rencontre dans un grand nombre de stations localisées, généralement en périphéries, dont la profondeur ne dépasse pas 1,50 m, cas des stations 6, 7, 8, 9, 10, 11, 13, 15, 17, 18, 19, 23, 24, 26, 29, 31 et 33. En effet, nos résultats sont en parfait accord avec ceux de Semroud (1983) et de Draredja

(1992), signalant des sables purs qui s'étendent le long des rives de la lagune, caractérisant ainsi les zones de faible profondeur (≤ 1,50 m).

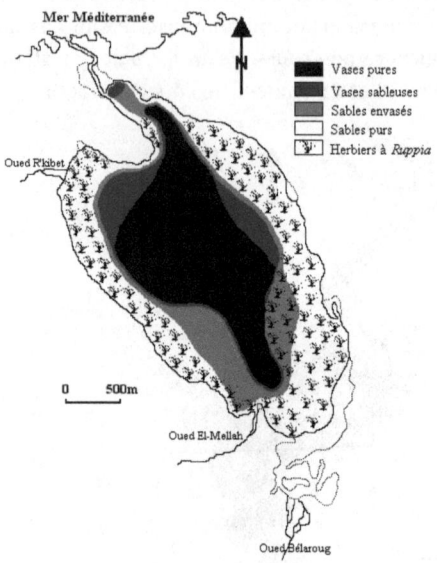

Figure III.4 : Couverture sédimentaire de la lagune Mellah et répartition des herbiers à *Ruppia* sp.

► *Sables envasés* : Ce type de substrat, où la fraction de sable varie entre 50 et 90%, se trouve dans trois stations seulement (stations 12, 28 et 32), localisées au Sud-Ouest de la lagune à des profondeurs allant de 1,50 m jusqu'à 2,50 m.

► *Vases sableuses* : Ce fond est caractérisé par une fraction vaseuse qui est dominante ; variant entre 50 et 90%. Il est rencontré au niveau de quatre stations (1, 21, 22 et 30), réparties au Nord et près du centre de l'étendue, où la profondeur dépasse généralement 2,5 m, favorisant ainsi le phénomène de décantation et par conséquent une accumulation de la fraction fine.

► *Vases pures* : Dans ce cas, le sédiment est composé essentiellement de vase avec plus de 90% de la fraction fine (< 63 μm). Ce substrat est décelé principalement dans les stations 2, 3, 4, 5, 20, 25 et 27. Dans l'ensemble, ces stations sont localisées au centre de la lagune, où la profondeur est maximale dépassant souvent 4 m. En effet, cette importante bathymétrie dans le centre et la zone d'étranglement de l'étendue, entraîne une forte sédimentation des particules fines, favorisée par la faible intensité hydrodynamique de la colonne d'eau, notamment près du fond.

4.2. Cartographie sédimentaire

Bien que schématique, la cartographie sédimentaire présente de nombreux avantages (Monbet, 1972) ; (i) : elle est une base de travail sérieuse pour la mise en place de certains paramètres tels que les courants, l'hydrologie, la bionomie et la biomasse, (ii) : elle peut servir de point de comparaison à toute étude ultérieure sur la même zone, (iii) : enfin par son caractère synthétique, elle contribue beaucoup a l'exploitation des résultats.

Les différentes analyses granulométriques des sédiments de la lagune ont permis d'identifier quatre zones lithologiques distinctes (**fig. III.4**) :

  ♦ zone de sables purs,
  ♦ zone de sables envasés,
  ♦ zone de vases sableuses,
  ♦ zone de vases pures.

On signale que la zone de sables purs occupe la majeure partie de la lagune. Elle est plus élargie sur le versant Est de l'étendue, d'où l'influence des apports dunaires à partir des rives par l'action éolienne ou celle des courants qui s'intensifient à la périphérie de la lagune. En se dirigeant d'avantage vers le centre de l'étendue, on rencontre les sables envasés, puis les vases sableuses. Le centre du bassin et la zone d'étranglement au Nord, sont caractérisés par la dominance de la fraction fine, en raison de l'importance bathymétrique qui favorise la décantation des particules ainsi que les plus fines. D'autre part, des prairies du phanérogame *Ruppia* sp. envahissent les berges jusqu'à une profondeur de 1,50 m notamment sur les rives Est, Sud et Ouest de la lagune. Ces herbiers jouent un rôle important dans la vie d'un certain nombre d'espèces de la macrofaune benthique, notamment chez les Amphipodes épiphytes.

4.3. Matière organique sédimentaire (M.O.S)

La teneur en matière organique dans les sédiments a été déterminée pour les 33 stations sélectionnées. La **figure III.5**, nous permet de connaître la répartition zonale de ce paramètre dans l'ensemble du Mellah. On note que les taux les moins élevés sont localisés en périphérie, autrement dit au niveau des sites où la fraction grossière est plus ou moins dominante, notamment dans les stations 6, 7, 8, 9, 10, 11, 12, 13, 17, 19, 23, 24, 26 et 29, situées près des rives, dont la profondeur ne dépasse pas 1,5m.

En effet, la plus faible valeur (0,56%) a été enregistrée au niveau de la station 8, localisée à l'Est de la lagune avec une profondeur qui n'excède pas 1,20 m. Tandis que, les taux les plus élevés sont enregistrés vers l'intérieur de l'étendue et la zone d'étranglement de la lagune. C'est ainsi que la teneur maximale de 23,58%, est décelée au niveau de la station 25 au centre avec 4,80 m de profondeur, où la fraction pélitique (94,57%) domine nettement. C'est ainsi que la répartition de la teneur en M.O.S est très hétérogène pour l'ensemble de la lagune, avec une moyenne de (9,38 ± 8,66%).

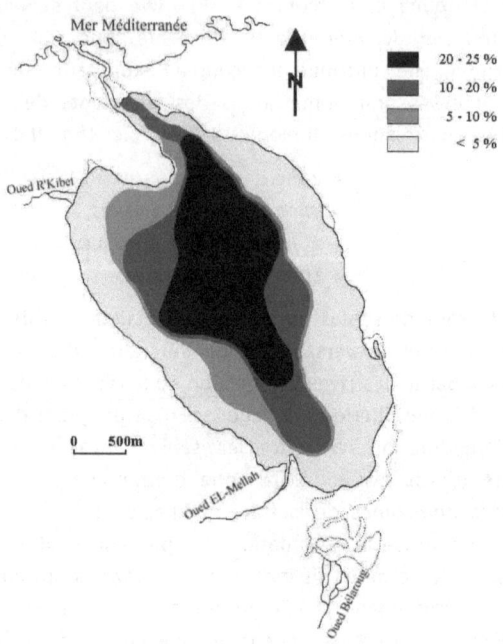

Figure III.5: Répartition de teneur en matière organique (en %) dans les sédiments de la lagune Mellah.

4.4. Teneur en carbonates totaux

La détermination des carbonates totaux dans les sédiments dans l'ensemble des stations prospectées (33 stations), nous a permis d'établir une carte de répartition des carbonates sédimentaires dans la lagune (fig. III.6). La plus grande valeur en calcaire est de 40,05% enregistrée au niveau de la station 25, située dans la partie centrale de la lagune. Alors que la plus faible valeur est de 2% seulement relevée dans la station 11, localisée dans la zone périphérique sur la rive Ouest de l'étendue, montrant ainsi le rôle de la bathymétrie dans la répartition des carbonates dans les sédiments.

De même que pour la matière organique sédimentaire, les valeurs des carbonates dans les sédiments de la lagune sont très inégales et oscillent autour d'une moyenne de (11,83 ± 11,17 %).

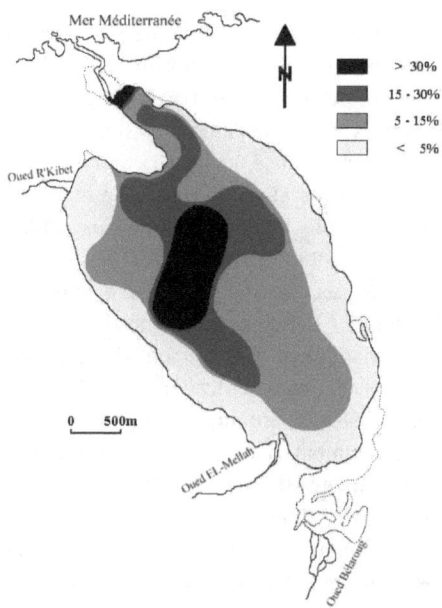

■	> 30%
▨	15 - 30%
▦	5 - 15%
□	< 5%

Figure III.6 : Répartition de teneur en carbonates totaux (en %) dans les sédiments de la lagune Mellah.

5. Discussion et conclusions

La nature de substrat est un élément fondamental dans la distribution de la faune benthique (Pères et Picard, 1964). La dépendance des benthontes vis-à-vis du substrat est d'ordre mécanique et physico-chimique.

Les résultats de l'analyse granulométrique, font ressortir un gradient négatif de la fraction grossière de la périphérie vers le centre de la lagune. Autrement dit, la granulométrie diminue régulièrement des rives vers la partie centrale. Cette constatation a été déjà signalée par Semroud (1983) et Draredja (1992). Ce phénomène serait en relation avec le processus d'accumulation des particules fines dans la cuvette centrale de cet écosystème, ainsi que la courantologie des eaux. Par ailleurs, il faut signaler que les deux substrats qui dominent dans la lagune Mellah sont ceux des sables et des pélites. Le premier occupe tout le pourtour de la lagune (17 stations) et le second (7 stations) au centre (profondeur > 4 m) et dans la zone d'étranglement du Mellah, en raison surtout de la profondeur qui dépasse généralement 2,50 m. Notons que la répartition des sédiments dans les différentes stations n'a pas subi d'importantes variations depuis les travaux de Draredja (1992). Avec des bandes de sables purs au niveau des rives, s'élargissant d'avantage à l'Est de la lagune. Au-delà vers le centre et la zone d'étranglement de l'étendue, on rencontre des fractions de plus en plus fines. Semroud (1983) signale des teneurs maximales de pélites qui ne dépassent pas 40% et considère que les valeurs ainsi trouvées sont sous estimées en raison du manque de l'étanchéité de l'engin de prélèvement utilisé à savoir la benne *"Orange Peel"* et considère les fonds supérieurs comme étant de vase pure et il appuie ses constatations par des observations *in situ*. Ces présents travaux confirment ses hypothèses. Toutefois, depuis avril 1988 (Draredja, 1992), on remarque que l'aire de répartition des pélites accuse une très légère augmentation dans la partie centrale de la lagune. Cette augmentation peut être expliquée par la diminution de l'intensité hydrodynamique en relation directement avec le colmatage du chenal de communication avec la mer depuis son dernier aménagement en 1988. Ce colmatage favorise ainsi la décantation des particules fines, notamment dans la partie profonde de la lagune. Sur la bordure côtière, les caractéristiques granulométriques montrent la dominance des sables moyens. Les sables envasés qui ont une aire de répartition très limitée dans notre étude, occupaient un espace plus important dans la lagune et ce à partir de 1 m de profondeur dans des études antérieures (Semroud, 1983 ; Draredja, 1992). Par ailleurs, on relève une certaine similarité entre la distribution des taux en pélites et la teneur en matière organique dans les sédiments (r = 0,92), notamment en ce qui concerne les valeurs élevées décelées au centre de la lagune, celle-ci peut être considérée comme une zone d'accumulation des débris végétaux et animaux. La partie centrale est caractérisée par une accumulation des détritus (Guelorget *et al.*, 1989). En effet, selon ces auteurs la profondeur relativement importante dans la zone centrale isole le fond de la lagune des influences des eaux superficielles, produisant alors un confinement dit bathymétrique. D'autre part, les résultats obtenus sont assez similaires à ceux de Draredja (1992), qui a enregistré le plus faible taux (0,64%) à la périphérie de l'étendue, et un maximum de 23,34% dans la zone d'étranglement de la lagune où sont implantées les tables à moules, et 22,45% au centre.

La répartition des teneurs en carbonates totaux dans les sédiments comme celles des pélites, se fait d'une façon concentrique également. De ce fait, la périphérie de la lagune est très pauvre en carbonates, tandis que, la zone centrale est caractérisée par des teneurs élevés. Notant également l'existence d'un certain parallélisme dans la répartition de la fraction fine et la teneur en carbonates totaux, mais cette fois-ci la corrélation (r = 0,71) est moins importante en comparaison avec les teneurs de la matière organique dans les sédiments. Or, il faut rappeler que des valeurs de carbonates plus ou moins élevées par rapport aux travaux antérieurs (Draredja, 1992), seraient dues à la forte mortalité observée chez certains mollusques comme c'est le cas de la coque *Cerastoderma glaucum,* et du gastéropode *Cerithium vulgatum,* en raison probablement de la diminution des échanges mer-lagune ou par prédation de ces deux mollusques testacés. Draredja (1992), mentionne une grande variabilité des teneurs en carbonates, avec des valeurs extrêmes de 0,24 et 35,39%. Par ailleurs, nos résultats sont assez semblables à ceux recueillis dans l'étang de Berre par Minas (1964) et Febvre (1968). Cependant Febvre (1968), montre que les sources de carbonates sont essentiellement dues aux apports des rivières et des tests des mollusques.

CHAPITRE II : MACROFAUNE BENTHIQUE

1. Introduction

Le présent chapitre est consacré au compartiment benthique de la lagune Mellah, compartiment d'une importance essentielle dans l'écologie des milieux lagunaires. Il englobe ainsi une analyse écologique détaillée de la macrofaune benthique, en étudiant sa composition, sa répartition et son évolution temporelle au cours d'un cycle.

Les différentes définitions qui ont été proposées pour le benthos sont basées sur la taille et ceci pour le macrobenthos comme pour le méio- et le microbenthos. La première subdivision des organismes benthiques selon la taille a été établie par Mare (1942).

La classification la plus récente et la plus fréquemment utilisée par la majorité des benthologues, est proposée par Vitiello et Dinet (1979), qui subdivisent les organismes benthiques en :

- Macrobenthos : organismes retenus par une maille de 1X1 mm,
- Meiobenthos : ensemble des métazoaires passant à travers une maille de 0,5X0,5 mm, et retenus par une maille carrée de côtés compris entre 0,04 et 0,1 mm,
- microbenthos : organismes benthiques unicellulaires.

L'étude de l'inventaire et de la distribution des peuplements macrobenthiques de la lagune, sont établis afin de comprendre la situation et l'évolution dix ans après l'aménagement du chenal de communication avec la mer. Cette partie relative à la macrofaune benthique, traite deux principaux aspects ; (i): un aspect descriptif présentant la dominance globale des organismes, les principaux groupes zoologiques, la structure trophique des peuplements, ainsi qu'une comparaison de l'évolution spécifique du macrozoobenthos en fonction du temps, (ii): la structure et l'organisation de la macrofaune benthique est présentées sous forme d'article publié dans le *Journal de Recherche Océanographique* (Draredja, 2005).

2. Matériel et méthodes

2.1. Choix et localisation des stations

Dans cette étude 5 stations ont été retenues réparties suivant un axe longitudinal du Nord au Sud de la lagune, en plus d'une station située en face de l'oued R'kibet au Nord-Ouest de l'étendue (**fig. III.7**). Notre échantillonnage à choix raisonné a tenu compte de l'influence marine, d'eau douce, de la bathymétrie et de la nature de substrat. La description des stations retenues pour l'étude du macrobenthos a été déjà mentionnée (**tab. II.1**).

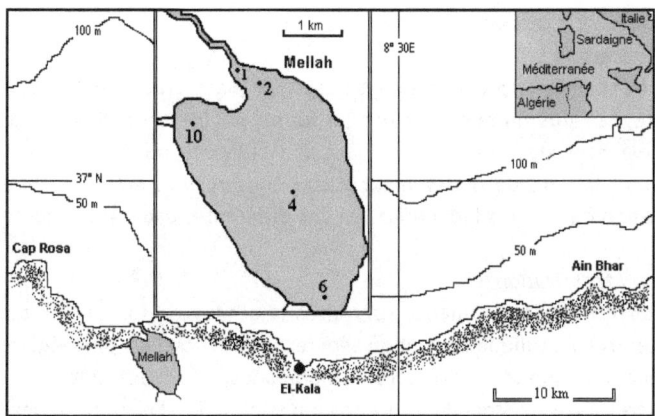

Figure III.7 : Localisation des stations d'échantillonnage de la macrofaune benthique dans la lagune Mellah.

2.2. Échantillonnage

L'étude de la macrofaune benthique nécessite le choix d'un engin approprié, d'un volume minimum et d'une maille de tamis relative aux organismes qu'on veut étudier.

La benne Van Veen est efficace surtout pour les prélèvements des sédiments envasés (Bakalem et Romano, 1979). Par contre, son utilisation dans les fonds sablonneux et les sables compacts, cette benne présente deux inconvénients ; en raison d'une faible pénétration des mâchoires dans ce type de sédiment d'une part, ainsi que leur fermeture non hermétique lors de la remontée de la benne d'autre part (Lie et Pamatmat, 1965).

La pénétration de la macrofaune dans les sédiments est liée à la constitution granulométrique de ces derniers (Guelorget et Michel, 1976). Dans les vases coquillières la macrofaune peut atteindre 15 cm de profondeur. La macrofaune des vases sableuses disparaît entre 5 et 10 cm, seuls certains polychètes pénètrent plus profondément. En général, la macrofaune pénètre jusqu'à 20 cm dans les sables envasés et pour un fond de sable pur, elle est présente jusqu'à 15 cm. D'une manière générale, la majorité des individus macrozoobenthiques s'établissent entre la surface et une profondeur moyenne de 5 cm (Guelorget et Michel, 1976), quelque soit le type de substrat mis en jeu. L'échantillonnage de la macrofaune benthique de la lagune Mellah a été effectué mensuellement au cours d'un cycle annuel (de décembre 1997 à décembre 1998), à l'aide d'une benne Van Veen de 0,1 m2 d'ouverture de mâchoires. Deux échantillons par station, ont été effectués, pour une surface de prélèvement de 1/5 m².

114

2.3. Traitement des échantillons

► Conservation

Les sédiments prélevés sont tamisés sur place grâce à un tamis de 1 mm de côté. Le refus du tamis est fixé au formol à 10% neutralisé au borax, puis conservé dans des bocaux contenant une étiquette portant le numéro de la station et la date de prélèvement. Cette conservation est maintenue jusqu'à l'opération de tri, puis l'identification des différentes espèces au laboratoire.

► Tri et identification

Les échantillons ramenés sont lavés une nouvelle fois sur un tamis de 1 mm. Un tri hydraulique permet de séparer les fractions les plus légères (débris de végétaux, petites Polychètes, Amphipodes, etc.) des fractions les plus grossières (sables, coquilles et gros invertébrés). Lors du tri les espèces zoobenthiques sont séparées selon quatre groupes zoologiques : Mollusques, Polychètes, Crustacés et le groupe nommé Divers regroupant les Échinodermes, Spongiaires, Planaires et Sipunculidés qui sont généralement moins fréquents dans la lagune. Les différentes espèces sont déterminées à la loupe binoculaire et parfois à l'aide d'un microscope pour plus de détails. La majorité des invertébrés benthiques, ont été identifiés jusqu'à l'espèce, sauf pour certains individus, en raison de l'absence de critères fiables de détermination. Pour la reconnaissance des différents taxons nous avons utilisé des clés d'identification parmi lesquelles on cite : Bellon-Humbert, 1962 a, b et 1973 ; Parenzan, 1970 et 1974 ; Fauvel, 1923 a, b ; Sandro, 1982 ; Naylor, 1972 ; Lincoln, 1979 ; Tortonese, 1963 ; etc.

2.4. Expression des résultats
2.4.1. Caractéristiques analytiques

Dans un peuplement considéré, il est intéressant de connaître pour chaque espèce son importance, sa place et son influence sur les autres espèces du même peuplement en cohabitation. D'autre part, il est intéressant d'étudier quelques paramètres dits analytiques qui permettent de connaître et d'apprécier la valeur de chaque espèce répertoriée.

◆ *Densité* : Dans les études de la macrofaune benthique, la densité correspond au nombre d'individus d'une espèce par unité de surface. Dans notre étude, on se réfère au mètre carré.

◆ *Dominance* : Déjà définie (voir page 57).

115

2.4.2. Indices biocénotiques

En plus des paramètres analytiques des peuplements (densité, fréquence, dominance), les études écologiques font appel à des indices généraux associés aux paramètres synthétiques parmi lesquels l'indice de diversité spécifique et celui d'équitabilité sont les plus utilisés.

♦ *Indice de diversité spécifique* : L'indice de diversité utilisé est celui de Shannon (Blondel *et al.*, 1973 ; Amanieu *et al.*, 1979-1980). Cet indice présente l'avantage d'avoir été le plus fréquemment employé dans les études d'écologie benthique (Le Bris, 1988). Il nous donne une indication sur l'organisation des individus au niveau des stations. Son expression est déjà définie (voir page 57).

♦ *Indice d'équitabilité* : Il nous renseigne sur le niveau d'équitabilité d'une biocénose (Lloyd et Ghelardi, 1964 ; Pielou, 1966 ; Sheldon, 1969). Son expression est déjà définie (voir page 58).

2.4.3. Autres analyses

En plus des différentes méthodes analytiques et synthétiques employées pour comparer l'évolution spatiale et temporelle des peuplements (Legendre et Legendre 1984), nous nous sommes intéressés à la comparaison des stations en utilisant le coefficient qualitatif de Sorensen et quantitatif de Bray-Curtis (Legendre et Legendre, 1984) au moyen du logiciel Primer 5 de Clarke Warwick (2001).

3. Description des peuplements macrobenthiques
3.1. Description générale

Le **tableau III.**1 renferme les différentes espèces recueillies dans la lagune Mellah pendant la période d'étude, avec un total de 43 taxons (13 Mollusques, 14 Polychètes, 11 Crustacés et 5 taxons appartenant au groupe des Divers : 2 Échinodermes, 1 Spongiaire, 1 Planaire et 1 Sipunculidé).

L'inventaire de la macrofaune benthique de la lagune présente des dominances moyennes très fluctuantes d'une espèce à une autre (**tab.** III.1). Ils se répartissent en 4 groupes taxonomiques prépondérants dont l'importance relative est illustrée dans la **figure III.8**. Le groupe des Mollusques (57,58%) étant le plus fortement représenté, avec un peu plus de la moitié du stock macrobenthique global, suivi des Polychètes (24,17%), des Crustacés (15,76%) et enfin le groupe nommé Divers (2,48%).

Par ailleurs, les principales espèces macrozoobenthiques exprimées en terme de dominance moyenne à l'échelle de la lagune (**fig. III.9**), sont nettement dominées par les deux bivalves *Loripes lacteus* et *Brachydontes marioni* caractéristiques des milieux lagunaires et représentent ainsi 41,79% de toute la macrofaune, avec des valeurs très similaires de 21,98 et 19,81% respectivement. La troisième place est occupée par le Crustacé Isopode *Cyathura carinata* (8,93%). La quatrième place revient au Polychète Capitellidé *Heteromastus filiformis* (7,18%). La densité moyenne du macrobenthos dans la lagune s'élève à 2 821,74 ind.m^{-2}.

Tableau III.1 : Dominance moyenne (Dm en %) de la macrofaune benthique dans la lagune Mellah.

Espèces	Dm	Espèces	Dm
Mollusques :		*Lumbriconereis gracilis*	1,40
Brachydontes marioni	19,81	*Micronereis variegata*	0,33
Loripes lacteus	21,98	*Platynereis dumerilii*	1,21
Abra ovata	4,48	*Glycera convulata*	0,54
Cardium glaucum	1,96	*Phyllodoce pusilla*	0,16
Venerupis decussata	2,34	**Crustacés :**	
Cerithium vulgatum	1,86	*Corophium insidiosum*	2,80
Hydrobia ventrosa	1,19	*Microdeutopus gryllotalpa*	2,52
Rissoa sp.	1,89	*Amphithoë ferox*	0,48
Nassa pygmaea	0,40	*Gammarus aequicauda*	0,18
Haminoea navicula	0,13	*Gammarus* sp.	0,02
Scaphopode indet.	0,99	*Maera grossimana*	0,01
Bulla utriculata	0,14	*Cyathura carinata*	8,93
Cyclonassa neritea	0,41	*Idotea baltica*	0,04
Polychètes :		*Anthura gracilis*	0,69
Aricia foetida	4,36	*Penaeus kerathurus*	0,03
Nainereis laevigata	3,16	*Carcinus aestuarii*	0,003
Heteromastus filiformis	7,18	**Divers :**	
Capitella capitata	0,81	*Ophiura texturata*	0,48
Serpula vermicularis	1,91	*Amphiura chiajei*	0,79
Pectinaria koreni	0,45	Planaires indet.	0,003
Salmacina dysteri	0,43	Spongiaires indet.	0,44
Harmathoë spinifera	0,54	Sipunculidae indet.	0,75
Nereis caudata	1,62		

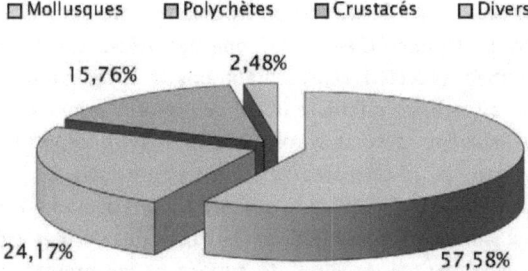

Figure III.8 : Dominance moyenne des différents groupes zoologiques récoltés dans la lagune Mellah.

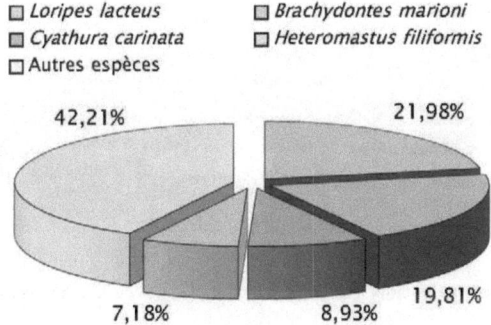

Figure III.9 : Dominance moyenne des principales espèces macrozoobenthiques récoltées dans la lagune Mellah.

3.2. Organisation trophique

Chaque espèce développe pour se nourrir un type d'activité qui peut être répertorié selon des groupes étho-écologiques reconnus : déposivores, suspensivores, carnivores, etc. Il devient ainsi possible, en tenant compte des différents modes alimentaires spécifiques et de leurs dominances, de déterminer la structure trophique de chaque peuplement. Toutefois, plusieurs travaux de synthèse (Pearson, 1971 ; Wolf, 1973 ; Fauchald et Jumars, 1979 ; Maurer et Leathem, 1981), montrent que des espèces de la macrofaune benthique possèdent une certaine souplesse dans leurs modes de nutrition, notamment chez certains mollusques bivalves. Elles peuvent être aussi bien déposivores que suspensivores, et on les considère ainsi comme mixtes.

La **figure III.10** représente l'organisation trophique de la macrofaune benthique à l'échelle de la lagune. C'est ainsi que les déposivores de subsurface dominent nettement (42,10%), représentant ainsi près de la moitié du stock de la macrofaune, où le bivalve fouisseur *Loripes lacteus* prime avec 21,98%. Les suspensivores suivent avec environ 27% et sont représentés presque exclusivement par le bivalve sessile *Brachydontes marioni* (19,81%). Les carnivores occupent le troisième rang avec 20,65%, représenté essentiellement par l'Isopode *Cyathura carinata* (8,93%). Le reste des formes trophiques tels que les omnivores, les déposivores de surface et les brouteurs restent très faiblement représentés avec des dominances respectives de 4,70, 3,75 et 1,90% seulement.

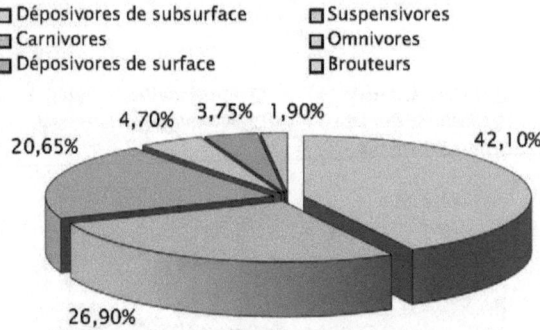

Figure III.10 : Organisation trophique (dominance moyenne) de la macrofaune benthique de la lagune Mellah.

3.3. Variations temporelles de la composition spécifique

Les débuts des travaux sur le macrozoobenthos de la lagune Mellah ont été réalisés par Bakalem et Romano (1979), suivis de ceux de Semroud (1983), puis de Draredja (1992). Dans une étude consacré à la dynamique de quelques bivalves, Grimes (1994), a évoqué un inventaire de la macrofaune benthique de la lagune. A cet effet, un tableau synthétique (**tab. III.2**) a été établi afin de suivre les variations temporelles de la composition qualitative du macro-zoobenthos du Mellah de 1979 à 1998.

Il est évident que cet inventaire va largement dépendre de l'effort d'échantillonnage, de l'engin de prélèvement utilisé et de la période de l'étude effectués par les différents auteurs. Cependant, on a voulu par cette comparaison voir si en fonction des aménagements réalisés on pouvait observer un changement marqué de la composition qualitative des peuplements en place.

Cette série d'études, montre bien l'évolution temporelle des peuplements de la macrofaune benthique en fonction des changements des conditions environnementales de l'écosystème. A travers cette succession de travaux, on constate une certaine variation de la composition faunistique des peuplements directement liée à l'évolution des conditions écologiques du milieu. En effet, une étude comparative des listes faunistiques de la lagune depuis les premiers travaux jusqu'à notre étude (**tab. III.2**), montre l'apparition de certaines espèces et la disparition d'autres, en fonction de leur tolérance vis-à-vis le milieu. C'est ainsi que Bakalem et Romano (1979) signalent la présence de 29 espèces (12 Polychètes, 7 Mollusques et 6 Crustacés) (**tab. III.2**). Alors que Semroud (1983), décèle 37 espèces réparties d'une manière similaire entre les trois principaux groupes zoologiques (Polychètes : 10 espèces, Mollusques : 9 espèces, Crustacés : 9 espèces). Au sein de cet inventaire, l'auteur enregistre trois nouvelles espèces de Polychètes et sept autres espèces de Crustacés. Toutefois, ce même auteur note la disparition de 2 Mollusques et de 5 Polychètes, signalées auparavant par Bakalem et Romano (1979).

Durant la période d'aménagement du chenal de communication avec la mer en 1988, Draredja (1992), signale une nette augmentation du nombre d'espèces dans la lagune atteignant 56 espèces (**tab. III.2**), réparties comme suit : 20 espèces de Polychètes, 15 espèces de Mollusques et 15 Crustacés. A cette époque, l'auteur note l'installation de 21 espèces nouvelles espèces (8 Mollusques, 13 Polychètes et 7 Crustacés), non signalées dans les études antérieures. L'inventaire dressé par Grimes (1994) sur les berges Est et Sud de la lagune (mai 91-mai 92), révèle la présence de 37 espèces : 9 Mollusques, 17 Polychètes et 11 Crustacés. Lors de cette étude 15 nouvelles espèces sont signalées (10 Polychètes, 3 Crustacés et 2 Mollusques) non évoquées dans l'étude précédente (**tab. III.2**). Dans la présente étude 43 espèces sont dénombrées, avec l'apparition de 8 nouvelles espèces (5 Polychètes, 2 Crustacés et 1 Sipunculidé) comparativement avec la situation après aménagement (Grimes, 1994).

Les milieux lagunaires sont reconnus comme étant des sites très changeants et instables (Holling, 1973 ; Zaret, 1982 ; Giangrande et Fraschetti, 1996 ; Bianchi et al., 1998). La dynamique des peuplements macrozoobenthiques durant environ deux décennies (de 1979 à 1998), est directement liée aux changements des conditions environnementales du milieu à travers les aménagements (en 1988), les influences climatiques, l'état de colmatage du chenal de communication avec la mer, et les exploitations de diverses espèces piscicoles et conchylicoles dans la lagune.

Tableau III.2 : Liste des espèces macrozoobenthiques récoltées dans la lagune Mellah de 1979 à 1998. (+ : présence, – : absence).

	Bakalem et Romano (1979)	Semroud (1983)	Draredja (1992)	Grimes (1994)	Présente étude (1998)
Mollusques :					
Brachydontes marioni	+	+	+	+	+
Mytilus galloprovincialis	–	–	+	–	–
Loripes lacteus	+	+	+	+	+
Cardium glaucum	+	+	+	+	+
Cardium sp.	–	+	–	–	–
Abra ovata	+	+	+	+	+
Venerupis decussata	–	–	+	+	+
Venus gallina	+	–	–	–	–
Anemonia sulcata	+	–	–	–	–
Rissoa lineolata	–	–	+	–	–
Rissoa cf. *ventricosa*	–	–	+	–	–
Rissoa elata	–	–	+	–	–
Rissoa sp.	–	–	–	–	+
Haminoea navicula	–	–	+	–	+
Hydrobia cf. *acuta*	–	–	+	–	–
Hydrobia ventrosa	–	–	–	–	+
Nassa reticulata	+	+	+	+	–
Nassa pygmaea	–	–	+	–	+
Cyclonassa neritea	+	+	+	+	+
Gibbula richardi	–	–	+	–	–
Cerithium vulgatum	–	+	–	–	+
Acanthochiton communis	–	+	–	–	–
Bulla utriculata	–	–	–	+	+
Bulla striata	–	–	–	+	–
Scaphopodae indet.	–	–	–	–	+
Polychètes :					
Harmathoë spinifera	+	–	+	+	+
Harmathoë impar	–	–	–	+	–
Harmathoë sp.	–	+	–	–	–
Polynoë scolopendrina	–	–	+	–	–
Lagisca cf. *extenuata*	–	–	+	–	–
Audouinia tentaculata	–	–	–	+	–
Nereis diversicolor	–	+	+	+	–
Neanthes succinea	–	–	–	+	–
Nereis caudata	–	–	–	–	+
Lumbriconereis gracilis	–	–	–	–	+
Micronereis variegata	–	–	–	–	+
Platynereis dumerilii	–	–	–	+	+
Capitella capitata	+	+	+	+	+
Heteromastus filiformis	+	+	+	+	+

Tableau III.2 (suite).

	Bakalem et Romano (1979)	Semroud (1983)	Draredja (1992)	Grimes (1994)	Présente étude (1998)
Pseudoleiocapitella fauveli	-	-	-	+	-
Mediomastus sp.	-	-	-	+	-
Aricia foetida	-	-	+	-	+
Aricia latreilli	-	-	-	+	-
Nainereis laevigata	+	+	+	+	+
Theostoma oerstedi	-	-	+	-	-
Prionospio spinifera	-	-	+	-	-
Spio filicornis	-	-	+	-	-
Nephthys hombergii	+	-	-	-	-
Scololepis fuliginosa	+	-	-	-	-
Polydora antennata	+	+	+	+	-
Phyllodoce pusilla	-	-	+	-	+
Phyllodoce cf. *kosteriensis*	-	-	+	-	-
Phyllodoce mucosa	-	+	-	+	-
Phyllodoce sp.	-	+	-	-	-
Syllis gracilis	-	-	+	-	-
Syllis sp.	-	-	-	+	-
Tomopteris helgolandica	-	-	+	-	-
Amphitrite edwardsi	-	-	-	+	-
Amphitrite sp.	-	-	+	-	-
Oriopsis armandi	-	-	+	-	-
Polyphtalmus pictus	-	-	+	-	-
Staurocephalus kefersteini	-	-	+	-	-
Arabella iricolor	+	-	-	-	-
Aonides oxycephala	+	+	-	-	-
Arenaria cristita	-	-	-	+	-
Scolaricia typica	+	-	-	-	-
Spio decoratus	+	-	-	-	-
Armandia cirrosa	+	+	-	-	-
Serpula vermicularis	-	-	-	-	+
Pectinaria koreni	-	-	-	-	+
Salmacina dysteri	-	-	-	-	+
Glycera convoluta	-	-	-	+	+
Crustacés :					
Corophium insidiosum	+	+	+	+	+
Microdeutopus gryllotalpa	+	+	+	+	+
Gammarus aequicauda	-	-	+	+	+
Gammarus sp. I	+	+	+	-	+
Gammarus sp. II	-	+	-	-	-
Gammarus sp. III	-	+	-	-	-
Melita palmata	-	-	+	-	-
Amphitoë ferox	-	-	+	-	+

Tableau III.2 (suite).

	Bakalem et Romano (1979)	Semroud (1983)	Draredja (1992)	Grimes (1994)	Présente étude (1998)
Amphitoë cf. *riedli*	–	–	+	–	–
Maera grossimana	–	–	+	–	+
Lembos sp.	–	–	–	+	–
Eurydice affinis	–	–	–	+	–
Cyathura carinata	+	+	+	+	+
Idotea baltica	–	+	+	+	+
Sphaeroma cf. *hookeri*	+	+	+	–	–
Anthura gracilis	–	–	–	–	+
Tanaïs cavolinii	–	+	+	+	–
Heteropanopeus laevis	–	–	+	–	–
Clibanarius erythropus	–	–	+	–	–
Penaeus kerathurus	–	–	–	+	+
Carcinus aestuarii	–	–	–	+	+
Mysidacea indet.	–	–	+	–	–
Échinodermes					
Amphiura chiajei	–	+	–	–	+
Ophiura texturata	+	–	–	–	+
Cnidaires					
Actinaires indet.	–	+	+	–	–
Cereus pedunculatus	–	+	–	–	–
Ascidies					
Ciona intestinalis	+	+	–	–	–
Molgula sp.	–	–	+	–	–
Divers					
Spongiaires indet.	–	–	–	–	+
Planaires indet.	–	–	+	–	+
Nemertes indet.	+	+	+	–	–
Oligochètes indet.	–	+	+	–	–
Larves de Chironomidés	+	+	+	–	–
Larves de Diptères	–	+	–	–	–
Turbellaires indet.	–	+	–	–	–
Sipunculidae indet.	–	–	–	–	+
Richesse spécifique	**29**	**37**	**56**	**37**	**43**

L'affinité qualitative entre les cinq périodes d'étude de Bakalem et Romano (1979) réalisée en juin 79, Semroud (1983) réalisée en 79-80, Draredja (1992) en avril 88, Grimes (1994) effectuée en 91-92 et la présente étude réalisée en 98, établie en utilisant l'indice de Sorensen (Clarke Warwick, 2001), fait ressortir deux principaux groupes (G1 et G2) (fig. III.11).

Le premier groupe (G1) rassemble les études réalisées respectivement en 1979-1980 et 1988 et le deuxième groupe (G2) les études réalisées en 1991-

1992 et 1998. Chaque groupe présente une similarité proche ou supérieure à 50%, montrant ainsi une composition qualitative très semblable. Bien que les engins de pêche et le nombre de stations étaient différents pouvant éventuellement modifier le nombre d'espèces prélevées par période d'échantillonnage, on constate cependant un regroupement chronologique des prélèvements aisément décelable dans le dendrogramme mentionné dans la **figure III.11** ci-dessus. La différence entre les deux périodes mise en évidence tient plus particulièrement à la marinisation de la lagune Mellah à partir des années 1988, liée à l'élargissement et l'approfondissement du chenal reliant la lagune à la mer montrant une évolution qualitative des peuplements en 1992 et 1998 par rapport aux autres années de prélèvements.

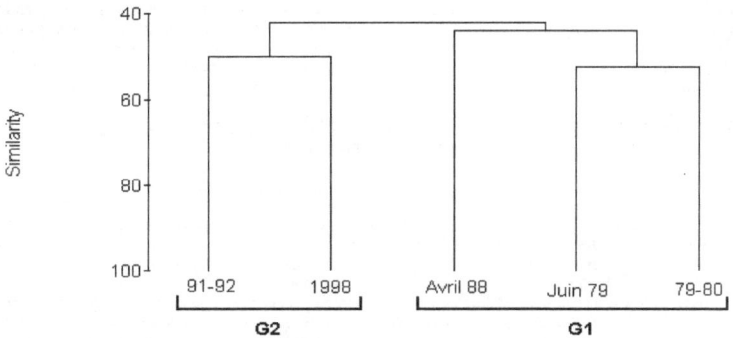

Figure III.11 : Similarité (indice de Sorensen) entre les différentes périodes d'étude (Bakalem et Romano, 1979 : juin 79 ; Semroud, 1983 : 79-80 ; Draredja, 1992 : avril 88 ; Grimes, 1994 : 91-92 et la présente étude (98) de la macrofaune benthique de la lagune Mellah.

4. Structure et organisation de la macrofaune benthique

Il est évident selon de nombreux auteurs que, les études sédimento-logiques et celles de la physico-chimie sont à la base de toute investigation dans les milieux aquatiques d'une manière générale et les écosystèmes lagunaires en particulier. Par ailleurs, les peuplements benthiques qui mono-polisent le flux d'énergie de la matière organique (Thimel, 1988 ; Ounissi, 1991), sont par conséquent d'une grande importance dans l'organisation et le fonctionnement des écosystèmes lagunaires. C'est ainsi que l'étude de la structure démographique de la macrofaune benthique, peut être en effet un élément de réponse à l'esprit du fonctionnement abordé dans ce travail. La structure et l'organisation de la macrofaune benthique dans la lagune ainsi que les conclusions générales de ce chapitre sont reproduits *in extenso* dans la publication ci-après (Draredja, 2005), parue dans le *Journal de Recherche Océanographique*.

J. Rech. Océanographique, 2005, vol. 30, fasc. 1-2, p. 24-33   24

STRUCTURE ET ORGANISATION DE LA MACROFAUNE BENTHIQUE DE LA LAGUNE MELLAH (ALGÉRIE, MEDITERRANÉE SUD OCCIDENTALE)

Brahim DRAREDJA

Département des Sciences de la Mer, Faculté des Sciences, Université Badji Mokhtar - Annaba
BP 12 ANNABA – Algérie
draredja_brahim@yahoo.fr

Mots clés : Macrobenthos – structure - évolution temporelle - lagune Mellah - Méditerranée Sud occidentale.

Résumé : Une étude de la structure et de la distribution de la communauté macrobenthique de la lagune Mellah a été menée pendant un cycle annuel (1998), au niveau de 5 stations réparties selon un choix raisonné. Un total de 43 espèces sont inventoriées. L'indice de diversité exprimé par celui de Shannon-Wienner (0,76 et 2,85 bits) et l'indice d'équitabilité (0,30 et 0,90), restent faibles dans plusieurs cas, montrant ainsi la fragilité de ce type d'écosystème. Les analyses multivariées (AFC et affinités des groupes selon les indices de Sorensen et celui de Bray-Curtis), montrent que la structure des peuplements macrobenthiques dans la lagune, est surtout régie par les fluctuations halines, thermiques et hydrodynamiques, en fonction des saisons. Par ailleurs, la teneur des sédiments en matière organique, notamment dans les fonds à vase pure, peut favoriser un développement optimum de certaines espèces déposivores ; cas du bivalve fouisseur *Abra ovata*. Il faut aussi signaler le rôle joué par certains facteurs ponctuels de stress induits par le déclenchement des tempêtes locales. En effet, ces phénomènes climatiques agissant à court terme, affecteraient également la composition et l'organisation de la communauté macrobenthique dans la lagune.

STRUCTURE AND ORGANIZATION OF THE BENTHIC MACROFAUNA OF THE LAGOON MELLAH (ALGERIA, MEDITERRANEAN SOUTH WESTERN)

Key words: *macrobenthos – structure - temporal change - lagoon Mellah - Mediterranean south western.*

Abstract: *A study of the community structure and the macrobenthic distribution in the Mellah lagoon have been completed during one year cycle (1998), in 5 stations distributed according to a reasoned choice. Thus 43 species have been inventoried. The diversity index expressed by the Shannon-Wienner (0.76 and 2.85 bits) and the evenness index (0.30 and 0.90), remain weak in most cases, showing the fragility of this ecosystem. Multivariate analysis (FCA and affinities between groups according to the Sorensen and the Bray-Curtis index) indicates that the macrobenthic populations structure in this lagoon is governed by salinity, temperature fluctuations and hydrodynamism, in relation with different seasons. The silty sediment rich in organic matter encourage a high development of some deposit feeding species such as the burrowing bivalve Abra ovata. Climatic phenomena acting at short term, induced by local storm, can also affect the composition and the macrobenthic community organization in this lagoon.*

INTRODUCTION

Les milieux lagunaires caractérisés généralement par de fortes productions biologiques, occupent environ 13% du littoral mondial (Nixon, 1982). Ces écosystèmes sont caractérisés également par les variations des paramètres physico-chimiques qui s'accompagnent souvent de modifications des structures démographiques des peuplements, notamment à l'échelle saisonnière. La plupart des modifications environnementales et biotiques qui se produisent dans les milieux lagunaires sont liées souvent à l'importance et la variabilité des échanges hydrologiques et biologiques dans les sens eaux marines–lagunes (Ounissi, 1991). En effet, les lagunes côtières sont des environnements typiquement instables, et par conséquent le concept des variations à court terme est dominant, alors que les changements à long terme sont incontestables pour ces écosystèmes en comparaison avec le milieu marin (Giangrande & Fraschetti, 1996 ; Bianchi *et al.*, 1998).

Beaucoup de travaux ont été effectués sur le macrobenthos des lagunes périméditerranéennes notamment dans la Méditerranée Nord occidentale : l'étang de Prévost (Amanieu *et al.*, 1975 ; Guelorgt & Michel, 1977 ; Guelorget & Michel, 1979 a, b ; Perthuisot & Guelorget, 1983) et l'étang de Berre en France (Stora, 1976 a, b ; Stora & Arnoux, 1983 ; Gaudy *et al.*, 1995 ; Kim et Travers, 1997 a, b ; Travers et Kim 1997), la lagune de Venise en Italie (Bendoricchio *et al.*, 1993 ; Bendoricchio *et al.*, 1996 ; Bianchi *et al.*, 1996 ; Tagliapietra *et al.*, 1997 ; Tagliapietra *et al.*, 1998 ; Tolomio *et al.*, 1999). Sur la rive Sud occidentale de la Méditerranée, on cite essentiellement la lagune du Nador au Maroc (Guelorget *et al.*, 1987), le lac de Bizerte (Zaouali, 1979 et 1980) et celui de Tunis (Ktari-Chakroun, 1972) en Tunisie. La lagune Mellah, représente un site unique en Algérie, pour son double intérêt ; tout d'abord écologique en raison de l'absence de toute pollution d'origine anthropogénique (Boudjellel *et al.*, 1993), par son appartenance au parc national d'El-Kala, et économique, avec une exploitation piscicole artisanale, essentiellement des muges, bar, daurade et anguille, et une exploitation conchylicole notamment la moule *Mytilus galloprovincialis* et l'huître creuse *Crassostrea gigas* en élevage et la palourde *Ruditapes decussatus* et la coque *Cardium glaucum*, prélevées sur les rives de la lagune, où existent des gisements naturels (Refes, 1994 ; Grimes, 1994). Peu de travaux consacrés à l'écologie de la macrofaune benthique ont été réalisés jusqu'ici dans la lagune Mellah (Bakalem *et al.*, 1979 ; Semroud, 1983 ; Draredja, 1992 ; Refes, 1994 ; Grimes, 1994), d'où l'intérêt de la présente investigation.

MATERIEL ET METHODES

Milieu

Le Mellah est l'unique milieu lagunaire en Algérie, situé à l'extrême Est du pays (8°20'E – 36°54'N), près de la frontière tunisienne (figure 1). Il totalise une superficie d'environ 865 hectares, avec une profondeur maximale qui ne dépasse pas 6 m. Cette étendue d'eaux saumâtres est reliée à la mer dans sa partie Nord par un long (900 m) et étroit (2 à 10 m) chenal sinueux et reçoit ainsi des eaux marines. Les apports en eaux douces sont assurés par le biais de trois cours d'eau saisonniers : R'kibet au Nord-Ouest, El-Mellah au Sud-Ouest et Bélaroug au Sud. La lagune Mellah est soumise à un climat Sud méditerranéen caractérisé par un été sec et chaud et un hiver humide et froid. Cette région reçoit la plus importante pluviométrie de l'Algérie avec 1200 mm/an, avec un maximum en hiver de 600 mm. La température des eaux de la lagune varie entre 10,1 et 29,3°C, la salinité entre 25,52 et 34,42 psu, l'oxygène dissous entre 4,56 et 8,23 mg/l. le pH entre 7,52 et 8,32 (Draredja & Kara. 2004 a). Comme dans la majorité des lagunes méditerranéennes. la sédimentologie s'organise d'une manière concentrique, où la fraction fine augmente de la périphérie jusqu'au centre de la lagune (Semroud, 1983 ; Draredja & Beldi, 2001).

Stations de prélèvement

Les stations retenues pour cette étude, sont au nombre de 5, réparties pour la plupart selon un axe longitudinal Nord–Sud (figure 1). La station 1, se trouve à l'extrême Nord de la lagune en face de l'embouchure du chenal de communication avec la mer, directement sous influence marine pendant les courants du flot, sa profondeur est de 2,3 m. avec un sédiment vaseux légèrement sablonneux. La station 2, à 2,5 m de profondeur est située au niveau de la

zone d'étranglement de la lagune, où se trouvent les tables d'élevage des moules. A cet endroit, le fond est constitué de vase pure à coquilles. La station 4 au centre de l'étendue, est la plus profonde (4,5 m), le substrat est formé de vase pure avec la présence de l'algue brune *Hypnea* sp. (Draredja & Beldi, 2001). Toujours sur le même axe à l'extrême Sud et sous influence continentale, se localise la station 6, située en face des apports d'eaux douces de l'oued Bélaroug. Elle se trouve à 1,2 m de profondeur, le fond est formé de sable pur à herbier de *Ruppia* sp. La station 10, se trouve au Nord-Ouest en face de l'oued R'kibet dans une zone plus ou moins abritée en raison de la configuration géomorphologique de la lagune (figure 1), la profondeur à ce niveau est de 1,8 m, avec un sédiment de sable envasé où prolifère la phanérogame *Ruppia* sp.

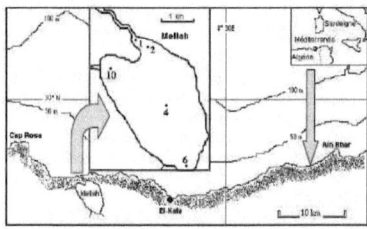

Figure 1. Position géographique de la lagune Mellah et choix des stations. *Figure 1. Geographical position of Mellah lagoon and emplacement of stations.*

Échantillonnage

L'échantillonnage de la macrofaune et du sédiment a été effectué mensuellement (de décembre 1997 à décembre 1998), à l'aide d'une benne Van Veen de 0,1 m^2 d'ouverture de mâchoires. Deux échantillons par station, ont été effectués, pour une surface de prélèvement de 1/5 m^2. Le tamisage a été réalisé sur une maille de 1 mm, le refus du tamis étant stocké puis fixé au formol à 10% neutralisé, jusqu'à l'identification des espèces appartenant aux différents groupes zoologiques.

Traitement des données

Pour le traitement des données, nous avons utilisé différents paramètres quantitatifs des peuplements ; tels que la richesse spécifique, la densité et la dominance, ainsi que l'indice de Shannon (H') et celui d'équitabilité (E). Nous avons aussi effectué une analyse factorielle des correspondances (AFC) (logiciel ADE-4, CNRS-Lyon1), ainsi qu'une classification hiérarchique en utilisant les indices de Sorensen et celui de Bray-Curtis (logiciel Primer 5). Pour ces dernières analyses, nous avons utilisé un tableau de contingence renfermant 43 observations et 63 variables.

Mollusques	Heteromastus filiformis, Clapadère	Gammarus aequicauda, Martynov
Brachydontes marioni, Locard	Capitella capitata, Fabricius	Gammarus sp.
Loripes lacteus, Linnaeus	Serpula vermicularis, Linnaeus	Maera grossimana, Montagu
Abra ovata, Philippi	Pectinaria koreni, Malmgren	Cyathura carinata, Kröyer
Cardium glaucum, Bruguière	Salmacina dysteri, Huxley	Idotea baltica, Pallas
Venerupis decussata, Linnaeus	Harmathoë spinifera, Ehlers	Anthura gracilis, Montagu
Cerithium vulgatum, Bruguière	Nereis caudata, Delle Chiaje	Penaeus kerathurus, Forskal
Hydrobia ventrosa, Montagu	Lumbriconereis gracilis, Ehlers	Carcinus aestuarii, Nardo
Rissoa sp.	Micronereis variegata, Clapadère	
Nassa pygmaea, Lamarck	Platynereis dumerilii, Audouin et	Échinodermes
Haminoea navicula, Dacosta	Milne-Edwards	Ophiura texturata, Lamarck
Bulla utriculata, (Brocchi)	Glycera convuluta, Keferstein	Amphiura chiajei, Forbes
Cyclonassa neritea, Linnaeus	Phyllodoce pusilla, Clapadère	
Scaphopode ind.		Divers
	Crustacés	Planaire ind.
Polychètes	Corophium insidiosum, Crawford	Spongiaire ind.
Aricia foetida, Grube	Microdeutopus gryllotalpa, Costa	Sipunculidae ind.
Nainereis laevigata, Grube	Amphithoë ferox, Chevreux	

Tableau I : Liste des espèces macrobenthiques recensées dans la lagune Mellah.
Table I: List of macrobenthic taxa identified in the Mellah lagoon.

RESULTATS

Le tableau I présente les espèces récoltées. Parmi les 43 espèces recensées, on enregistre 13 Mollusques, 14 Polychètes, 11 Crustacés et 2 Échinodermes, 1 Planaire, 1 Spongiaire et 1 Sipunculide. Les variations de la richesse spécifique, des densités, des indices de Shannon et d'équitabilité sont présentées par les figures 2 et 3.

Station 1 : La richesse spécifique varie entre 14 et 25 espèces relevées respectivement en janvier et en avril. Les principales espèces se répartissent comme suit : le bivalve *Loripes lacteus* domine durant trois mois ; janvier (26,78%), février (29,41%) et novembre (43,90%), puis l'amphipode *Corophium insidiosum* durant le mois de mars (22,25%), le gastéropode *Cerithium vulgatum* pendant les mois d'avril (15,52%) et juin (14,34%), l'isopode *Cyathura carinata* domine en mois de mai (53%) et juillet (31,36%), le bivalve *Brachydontes marioni* en mois d'août (71,15%), un autre bivalve *Venerupis decussata* pendant septembre (19,91%) et décembre (16,46%). La variation des densités au niveau de cette station, passent par les extrêmes de 1180 (en septembre) et 2650 ind./m² (en juin). Pour les indices de Shannon et d'équitabilité, le maximum est décelé durant le mois d'avril (2,85 bits et 0,88), alors que les minima sont rencontrés en août (1,28 bits et 0,44).

Station 2 : La richesse spécifique varie entre 12 (en septembre) et 30 (en janvier). Les principales espèces sont les suivantes : le bivalve *Loripes lacteus* domine durant huit mois ; janvier (22,68%), février (19,21%), mars (17,29%), avril (42,98%), mai (41,69%), octobre (65,64%), novembre (51,31%) et décembre (36,73%), puis un autre bivalve *Brachydontes marioni* en mois de juillet (42,50%), août (46,57%) et septembre (14,88%) et enfin le polychète Aricidae *Nainereis laevigata* en mois de juin (12,54%). Les fluctuations des densités au niveau de cette station,

passent par un minimum de 840 ind./m² (en septembre) et un maximum de 7495 ind./m² (en octobre). Pour les indices de Shannon et d'équitabilité, les maxima sont relevés durant le mois de juillet (2,69 bits et 0,91), alors que les minima sont rencontrés en juillet (1,32 bits) et octobre (0,44).

Station 4 : La richesse spécifique oscille entre 11 (en septembre) et 24 (en janvier et février). Les principales espèces se classent comme suit : le bivalve *Loripes lacteus* domine durant six mois ; janvier 97 (62%), janvier 98 (51,51%), février (49,02%), mars (84,12%), avril (69,19%), et octobre (82,01%), un autre bivalve *Brachydontes marioni* en quatre mois ; juin (29,11%), juillet (32,95%), novembre (52,17%) et décembre (46,77%), puis l'autre bivalve *Abra ovata* durant deux mois ; août (72,20%) et septembre (60,58%). Les valeurs de la densité à ce niveau, passent par les extrêmes de 790 (en juin) et 14575 ind./m² (en avril). Alors que pour les indices de Shannon et d'équitabilité, les maxima sont décelés durant le mois de juin (1,95 bits et 0,78) et les minima paraissent en octobre (0,76 bits et 0,30).

Station 6 : La richesse spécifique passe de 8 (en octobre) à 27 (en décembre 97 et janvier 98). Les principales espèces s'organisent comme suit : l'amphipode *Microdeutopus gryllotalpa* : décembre 97 (30%), janvier 98 (16,59%), février (19,17%), mars (32,90%), le bivalve *Loripes lacteus* domine durant le mois d'avril (40,41%), puis un autre bivalve *Brachydontes marioni* en mois de mai (44,41%), le polychète *Heteromastus filiformis* domine en juin ((21,42%), alors que *capitella capitata* est dominante en juillet (35,41%) et août (21,97%), le bivalve *Cardium glaucum* (en septembre (28,75%), le gastéropode *Cyclonassa neritea* en octobre (36,17%) et en novembre (34,78%) et enfin l'amphipode *Amphithoë ferox* lors du mois de décembre (34,28%). Les densités au niveau de la station 6, passent par les

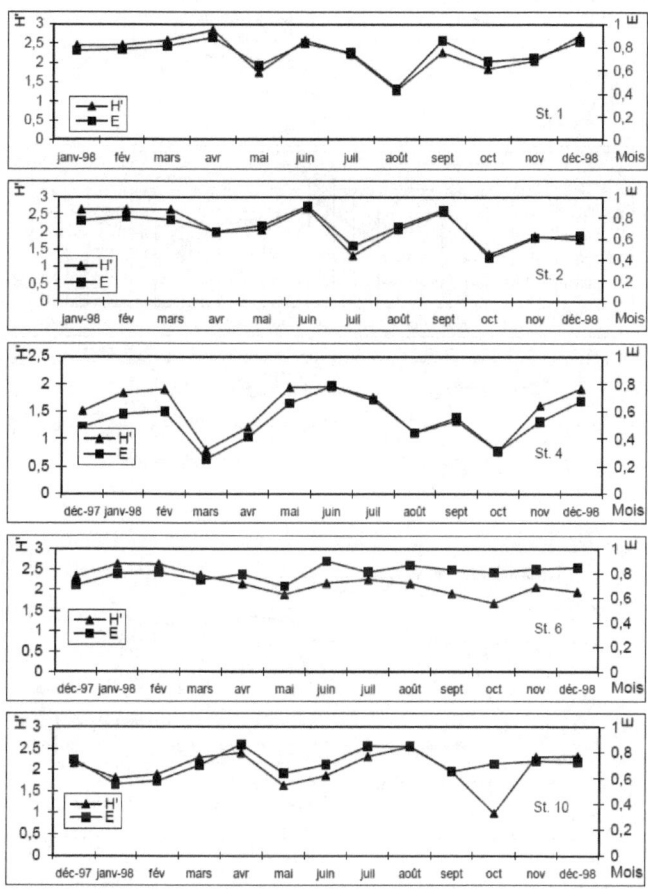

Figure 2 : Variations mensuelles des indices de Shannon (H') et d'équitabilité (E) dans les différentes stations de la lagune Mellah.
Figure 2: Variations of Shannon (H') and evenness (E) index for each site at each sampling date in the lagoon Mellah.

extrêmes de 175 (en décembre) et 3115 ind./m² (en juin). Pour les indices de Shannon et d'équitabilité, les maxima sont remarqués durant le mois de janvier (2,62 bits) et août (0,86), alors que les minima sont remarqués le mois d'octobre (1,67 bits) et mai (0,69).

Station 10 : La richesse spécifique varie entre 4 (en octobre) et 26 (en janvier, février et mars). Les principales espèces se répartissent comme suit : le polychète *Heteromastus filiformis* domine en décembre 97 (39,85%),

juillet (22,22%), et octobre (57,89%), l'isopode *Cyathura carinata* en janvier (44,43%), février (45,99%), et mai (45,47), puis le bivalve *Brachydontes marioni* en mars (34,40%), ensuite un autre bivalve *Loripes lacteus* en juin (49,33%) et novembre (20,85%), le gastéropode *Cerithium vulgatum* (en août (14,20%), le bivalve *Abra ovata* en septembre (32,16%) et enfin le polychète Aricidae *Aricia foetida* en décembre (26,47%). La variation des densités dans la station 10, oscillent entre 95 (en octobre) et 9575 ind./m² (en janvier). Les indices de Shannon et d'équitabilité, montrent des maxima durant le mois d'août (2,54 bits) et avril (0,86), alors que les minima sont enregistrés en octobre (0,99 bits) et janvier (0,55).

Analyse factorielle des correspondances (AFC)
Les trois premiers axes retenus expliquent 41,42% de l'information initiale (15% pour l'axe F1, 14,13% pour l'axe F2 et 12,29% pour l'axe F3) (figure 4).

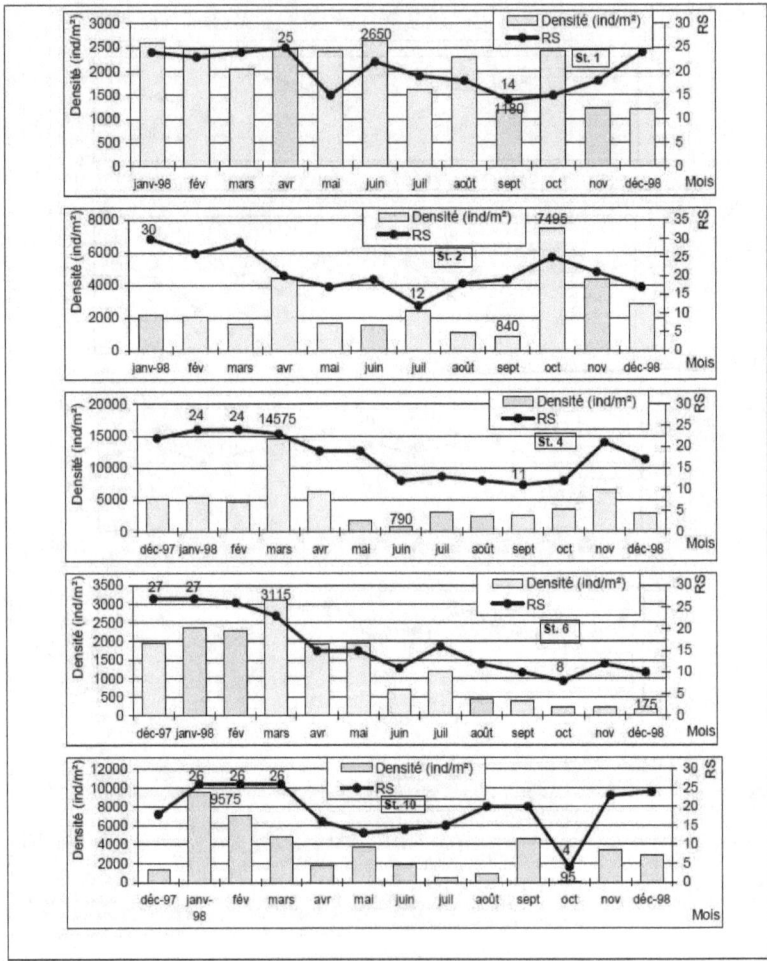

Figure 3 : Variations mensuelles de la densité (ind./m²) et de la richesse spécifique dans les différentes stations de la lagune Mellah.
Figure 3: Variations of the density (ind./m²) and of the specific wealth for each site at each sampling date in the lagoon Mellah.

* Plan des axes F1 et F2 : L'axe F1 est déterminé (en contribution absolue) surtout par les stations suivantes : 1A10 (18,32%), 2A10 (13,66%) et 11A4 (9,68%). D'autre part, les espèces contribuant à la formation de cet axe sont : l'isopode *Cyathura*

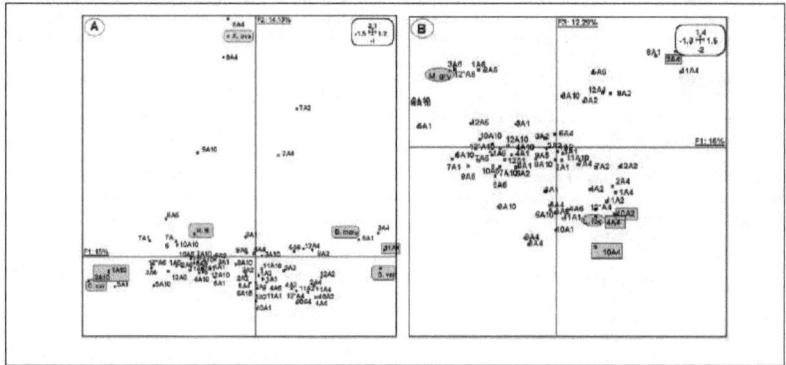

Figure 4 : Analyse factorielle des correspondances (A: l'axe 1-2, B: l'axe 1-3). Ici sont retenues uniquement les observations (*A. ovata, B. marioni, L. lacteus, S. vermicularis, H. filiformis, C. carinata, M. gryllotalpa*) et les variables (symbolisées par mois A st), dont la contribution est supérieure à 5%.
Figure 4: Factorial analysis of correspondences (A: axis 1-2, B: axis 1-3). Here is kept observations solely (A. ovata, B. marioni, L. lacteus, S. vermicularis, ., filiformis, C. carinata, M. gryllotalpa) and variable (symbolized by month A st), whose contribution is superior to 5%.

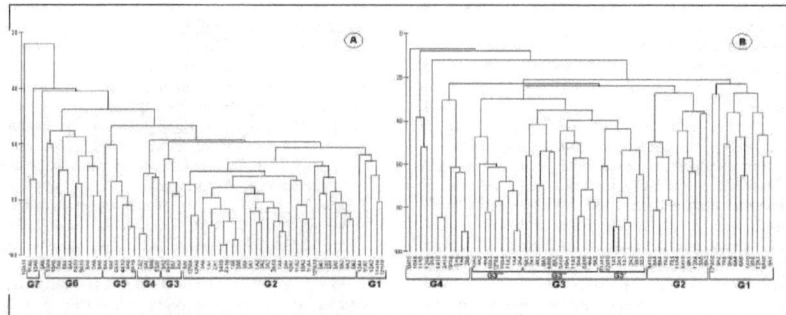

Figure 5 : Dendrogrammes des échantillons de la lagune Mellah regroupés selon l'indice de Sorensen (A) et l'indice de Bray-Curtis (B).
Figure 5: Dendrograms of lagoon Mellah samples clustered with Sorensen's index (A) and Bray-Curtis's index (B).

carinata (33,71%), le bivalve *Brachydontes marioni* (32,08%). Deux autres espèces contribuent aussi à la formation de cet axe ; les polychètes *Heteromastus filiformis* (4,66%) et *Serpula vermicularis* (4,60%). L'axe F2 est formé principalement par cinq stations : 8A4 (29,59%), 9A4 (29,59%), 7A2 (11,11%), 9A10 (10,48%) et 7A4 (6,55%). Par ailleurs, l'espèce qui caractérise cet axe est incontestablement le bivalve fouisseur *Abra ovata*, qui présente une contribution absolue de 76,56%. Le reste des espèces est faiblement représenté.

* Plan des axes F1 et F3 : Dans le plan de projection F1-F3, l'axe F3 est formé essentiellement par les stations : 3A4 (22,65%), 10A4 (5,85%) et 10A2 (5,53%), et la station 4A4 (4,62%). Les espèces formant cet axe sont représentées surtout par le bivalve fouisseur *Loripes lacteus* (35,77%) très abondant et prédominant dans la lagune (Draredja & Kara, 2004 b) et de façon moindre par l'amphipode *Microdeutopus gryllotalpa* (5,53%).

Affinités selon l'indice de Sorensen
L'affinité entre les stations exprimée par l'indice de Sorensen, fait ressortir 7 groupes qu'on peut

identifier dans le dendrogramme présenté dans la figure 5 A.

Le premier groupe (G1) : rassemble les stations 12A4, 11A1, 12A2, 11A10, et 12A10 appartenant dans leur majorité à la saison automnale. Toutefois, le mois de décembre représente une période de transition, marquant la fin de l'automne.

Le second groupe (G2) : renferme le plus important nombre de stations (30 stations) 4A1, 12*A4, 12*A6, 3A6, 1A1, 2A1, 1A10, 2A10, 1A6, 2A6, 3A4, 3A1, 1A2, 3A2, 2A2, 3A10, 1A4, 2A4, 12A1, 11A2, 10A2, 11A4, 12*A10, 6A1, 7A1, 4A4, 5A1, 5A2, 4A2 et 6A2. Dans son ensemble ce groupe correspond à une période de transition automne-hiver, avec la présence de quelques stations qui témoignent de l'apparition d'un début de la saison printanière.

Le troisième groupe (G3) : est formé de quatre stations seulement ; 9A2, 8A10, 8A1 et 8A2, ces dernières sont situées dans leur majorité, au Nord de la lagune et exprimant une situation en pleine période estivale.

Le quatrième groupe (G4) : réunit quatre stations également ; 7A2, 9A1, 9A6 et 10A1, expliquant une situation automnale, donc une période plus ou moins sèche et par conséquent une phase dominante de flot, d'où l'influence marine, surtout lorsqu'il s'agit de stations proches de l'embouchure du chenal de communication avec la mer, à l'exception de la station 6, située à l'extrême Sud de l'étendue.

Le cinquième groupe (G5) : est constitué par six stations 5A4, 6A4, 5A10, 4A10, 4A6 et 6A10. La plupart de celles-ci expriment une situation printanière loin des influences marines, car la majorité de ces stations sont nettement distantes ou à l'abri des apports marins, à l'exception de la station 4 située au centre de la lagune donc, à mi-distance entre les deux extrêmes de l'axe longitudinal Nord–Sud.

Le sixième groupe (G6) : celui-ci est formé par dix stations 10A4, 10A6, 7A4, 9A4, 9A4, 7A10, 9A10, 6A6, 7A6 et 8A6. De même que les précédentes, l'ensemble de ces stations sont éloignées des apports marins, mais cette fois-ci en saison chaude (été début automne), donc d'une manière générale en période sèche.

Le septième groupe (G7) : le plus petit groupe, il s'isole entre deux stations seulement 11A6 et 12A6. L'individualisation de ce groupe est à l'origine des influences des apports d'eau douce en fin automne début hiver, grâce aux apports de l'oued Bélaroug en face de la station 6 à l'extrême Sud de l'étendue, sous influence continentale.

Affinité selon l'indice de Bray-Curtis

L'affinité entre les stations exprimée par l'indice de Bray-Curtis, dégage 4 principaux groupes (figure 5 B).

Le premier groupe (G1) : celui-ci comporte les stations 12*A10, 9A2, 7A6, 8A6, 6A4, 6A6, 7A10, 9A6, 12A1, 8A10, et 9A1. Ces stations décrivent globalement une situation été–automne, parmi elles deux stations (stations 6 et 10) sont nettement isolées des autres. La première (station 6) à l'extrême Sud et la seconde (station 10) dans une péninsule au Nord-Ouest de l'étendue (figure 1), devenant identiques aux autres stations pendant la saison estivale, en raison d'absence des apports continentaux après la mise à sec des oueds durant cette période.

Le second groupe (G2) : refermant les stations 9A10, 8A4, 9A4, 7A2, 7A4, 11A4, 3A10, 8A1, 12A4, 5A6 et 8A2. Dans leur majorité ces stations sont les plus profondes du secteur étudié. De ce fait, un facteur bathymétrique qui se démarque, en plus ces mêmes stations caractérisent dans l'ensemble une période à tendance chaude.

Le troisième groupe (G3) : il englobe le plus important nombre de stations (30) : 12A2, 4A2, 4A4, 10A2, 12*A4, 10A4, 11A2, 1A4, 2A4, 5A1, 7A1, 4A1, 6A1, 4A10, 6A2, 5A10, 10A1, 11A1, 5A4, 6A10, 4A6, 5A2, 11A10, 12A10, 1A1, 2A1, 1A2, 2A2, 3A1 et 3A2. Cet ensemble de stations montre nettement les transitions des différentes saisons chaudes et froides. Toutefois, on constate que un grand noyau de stations est formé de trois sous-groupes : le premier (G3') renferme 8 stations (11A10, 12A10, 1A1, 2A1, 1A2, 2A2, 3A1 et 3A2). Il explique une situation d'hiver. Alors que le second sous-groupe (G3'') rassemblant 12 stations (5A1, 7A1, 4A1, 6A1, 4A10, 6A2, 5A10, 10A1, 11A1, 5A4, 6A10, 4A6, 5A2), celui-ci représente une situation chaude sous influence marine, où les courants du flot joue un rôle important. Le troisième et dernier sous-groupe (G3''') englobe 9 stations (12A2, 4A2, 4A4, 10A2, 12*A4, 10A4, 11A2, 1A4, 2A4), dans leur majorité ces stations sont profondes et expliquent une situation froide.

Le quatrième groupe (G4) : réunissant les 9 stations suivantes : 10A10, 10A6, 11A6, 12A6, 3A4, 1A10, 2A10, 12*A6, 3A6, 1A6, et 2A6. L'ensemble de ces stations sont sous l'influence des apports des oueds ; Bélaroug au Sud (station 6) et R'kibet au Nord-Ouest (station 10), pendant le début (fin automne) et la pleine période de crue (en hiver).

DISCUSSION ET CONCLUSIONS

Le suivi d'un cycle annuel de la diversité spécifique et de la structure de la communauté macrozoobenthique de la lagune Mellah, a révélé d'importantes variations. Ces dernières semblent être gouvernées par des paramètres abiotiques tels que la salinité et la température et d'autres facteurs externes comme les changements climatiques brusques (effets des tempêtes locales).

Sur le plan diversité spécifique, la lagune Mellah avec 43 espèces inventoriées, se classe parmi les lagunes méditerranéennes moyennement riche. C'est ainsi que Tagliapietra et al. (1998), recensent 60 taxons dans la lagune de Venise, une richesse spécifique très proche de celle de la lagune de Lésina dans l'Adriatique Sud, où on en compte 53 taxons (Merzano et al., 2003). Alors que Mistri et al. (2000), ayant travaillé dans la lagune de Valli di Comacchio dans l'Adriatique Nord, ne signalent que 37 espèces macrozoobenthiques. De même Mistri et al. (2001), dans la lagune de Sacca Goro au Nord-Est de l'Italie, indiquent la présence de 37 espèces dominées surtout par le petit gastéropode Hydrobia sp. Toutefois, la richesse spécifique enregistrée dans la lagune Mellah au cours de cette étude est plus élevée par rapport à celles rencontrées par d'autres auteurs, ayant travaillé sur ce même site : Bakalem & Romano (1979) (29 espèces), Semroud (1983) (37 espèces), Guelorget et al. (1989) (21 espèces), Grimes (1994) (37 taxons). Cependant, Draredja (1992) relève en 1988 un nombre d'espèces de 56, donc plus élevé par rapport au résultat de ce travail. Ces différences dans le temps peuvent être liées aux changements des conditions du milieu en relation avec l'état de colmatage du chenal modifiant ainsi les échanges mer–lagune ou aux évènements climatiques de la région. L'indice de diversité exprimé par celui de Shannon-Wienner, montre des variations qui oscille entre 0,76 et 2,85 bits. La diversité maximale est observée durant le mois d'avril au niveau de la station 1, localisée à l'extrême Nord de la lagune. Cette station est sous l'influence marine d'où le rôle des apports marins dans la diversité des peuplements macrozoobenthiques. La diversité minimale est rencontrée à la station 4, située au centre de la lagune, c'est également la zone la plus profonde où le pourcentage de la fraction de vase dépasse 90% (Draredja & Beldi, 2001). Dans ce biotope ne persistent que les espèces qualifiées d'opportunistes comme le polychète Capitella capitata. Au niveau de cette station, on enregistre également la plus basse valeur d'équitabilité de 0,30 seulement (en octobre), témoignant ainsi un état de déséquilibre avancé des peuplements macrobenthiques. Dans cette zone, on ne retrouve que certaines espèces tolérantes comme le bivalve Abra ovata et le polychète Heteromastus filiformis. La plus forte valeur d'équitabilité de 0,91 (en juillet), revient à la station 2, qui est située dans la zone d'étranglement de la lagune, non loin des enrichissements marins, notamment lors des courants de flot qui dominent à l'approche de la saison estivale (Messerer, 1999). Il faut signaler que les valeurs des indices de diversité et d'équitabilité sont très similaires par rapport à ceux citées par Mistri et al. (2001) (0,52 à 2,56 pour le H' et 0,25 à 0,90 pour le E) dans la lagune de Sacca Goro en Italie Nord-Est, où la biomasse algale joue un rôle déterminant dans la structure de la macrofaune benthique ; tout d'abord en tant que support pour les espèces épiphytes, ensuite en tant que précurseur de crise de dystrophie après décomposition de ces macrophytes, notamment période chaude.

Dans l'analyse factorielle des correspondances (AFC), l'axe F1 montre une franche opposition entre les stations placées loin des influences marines (1A10 et 2A10), notamment lors de la période de crue (apports de l'oued R'kibet), et les stations proches de l'embouchure du chenal de communication avec la mer, donc des apports marins, en particulier en été où le flot est nettement dominant (Messerer, 1999). On signale également l'effet probable d'une masse d'eau profonde légèrement plus salée pour la station 4, située au centre de la lagune (profondeur ≈ 5,2 m). Cette hypothèse est confirmée par l'opposition de l'isopode Cyathura carinata (espèce caractéristique des eaux plutôt dessalées) aux autres espèces contribuant à la formation de cet axe, notamment le polychète Serpulidae Serpula vermicularis (espèce surtout marine). Ceci nous amène à qualifier l'axe F1 en tant que facteur de variation de salinité en fonction des saisons et des positionnements des stations dans la lagune (stations 3A4 et 11A4). Malgré l'homogénéité haline verticale observée dans l'ensemble du Mellah, la station 4 qui est au centre et la plus profonde, présente un caractère stratifié. Par ailleurs, la salinité évolue en fonction du temps. En effet, les fluctuations inter-saison sont remarquables et peuvent atteindre 10 unités (Draredja & Kara, 2004). Dans ces travaux antérieurs, le facteur halin a été déjà évoqué en tant qu'élément prépondérant dans la distribution de la macrofaune benthique dans la lagune (Semroud, 1983 ; Zaouali et al., 1985 ; Draredja, 1992). De même Teske & Wooldridge (2003), en étudiant une série d'estuaires, évoquent le rôle déterminant de l'effet de la variation de la salinité dans la répartition du macrobenthos ; et ceci en fonction de l'éloignement des influences marines (amont et aval des estuaires) et les saisons pluvieuses et sèches.

Dans cette AFC, le second facteur responsable de la distribution et de la structuration des peuplements semble être lié à la richesse des sédiments en matières organiques. En effet, l'axe F2, oppose la station 4 (au centre du Mellah correspondant à un fond de vase pure) en pleine période estivale ; telles 8A4 (29,59%) et 9A4 (21,75%), donc très riche en matière organique sédimentaire et par conséquent perturbée, notamment en période chaude, par rapport aux autres stations. Cette situation particulière de déséquilibre a favorisé la prolifération du bivalve déposivore Abra ovata (76,56%), opportuniste des fonds riches en détritus (Guelorget & Michel, 1976 ; Charles, 1993 ; Charles et al., 1996). A partir de ces observations, l'axe F2 peut caractériser le degré de perturbation lié à la richesse des sédiments en matière organique, notamment en saison chaude au niveau de la station 4, où le taux de vase dépasse 90% en par conséquent une teneur élevée en matière organique dans les sédiments (Draredja et Beldi, 2001), favorisant ainsi un développement optimum du bivalve déposivore A. ovata, colonisant les fonds vaseux (Glémarec, 1969).

Cette hypothèse a été déjà signalée dans cette lagune par Draredja (1992).

En suivant l'évolution temporelle des différentes stations le long de l'axe 3, on constate qu'il existe d'importantes variations de type aléatoire des variables de part et d'autre de cet axe. Seuls des phénomènes aléatoires tels que les vents, les averses et les petites tempêtes locales, peuvent générer des variations thermiques brusques des eaux, sachant que l'inertie thermique de celles-ci est très faible en raison de la faible bathymétrie de la lagune (profondeur moyenne 3,5 m) et affectant ainsi la répartition des organismes macrobenthiques, et par conséquent l'apparition et la disparition de certaines populations à l'échelle mensuelle. Les stations et les espèces les plus affectées par ces perturbations sont représentées respectivement par les stations 3A4, 10A4 et 10A2, le bivalve *L. lacteus* et l'amphipode *M. gryllotalpa*. De ce fait, le troisième axe peut traduire l'influence des variations brutales des conditions environnementales qui structurent la faune en place. Ces variations aléatoires (climatiques), résultent des phénomènes locaux qui surgissent pendant un temps généralement court, mais efficace pour provoquer des changements dans la distribution de la macrofaune. Parmi ces facteurs de stress on peut citer les variations thermiques, les variations halines et les variations d'intensité hydrodynamique, issues de changements brutaux d'intensité des vents, ou du déclenchement des petites tempêtes locales qui sont fréquentes dans cette région du pays. Ces phénomènes climatiques affectent directement l'organisation du macrobenthos dans la lagune. A travers ces constatations, il semble donc que l'axe F3 peut-être un facteur de stress aléatoire lié à des phénomènes surtout climatiques qui apparaissent localement, et par conséquent influent directement sur la répartition des stations et des espèces le long de cet axe.

Le regroupement des échantillons en utilisant l'indice de Sorensen, montre l'existence de 7 groupes aisément identifiables. Généralement ces assemblages sont sous la dépendance directe des effets des saisons ou de leur transition. En effet, les regroupements ainsi identifiés résultent de l'action des conditions écologiques du milieu, eux-mêmes sont directement régis par les conditions climatiques au courant de l'année. Parmi ces conditions on peut citer les précipitations, les apports des oueds, les apports marins lors des flots et également l'emplacement des stations dans la lagune. Les affinités entre les stations sont facilement reconnaissables et bien structurées. En effet, la majorité des contributions de ces stations sont souvent supérieures à 50%. A partir de la répartition des stations selon l'indice de Sorensen, on constate que les regroupements et l'évolution des stations au sein des 7 groupements obtenus ne se font pas d'une manière aléatoire, mais selon l'influence des saisons

tout d'abord et également le positionnement de ces stations ; cas des groupes G4, G5 et G6, où la localisation des stations caractérise ces regroupements.

L'affinité entre les stations en fonction de l'indice de Bray-Curtis fait ressortir 4 principaux noyaux, avec un noyau renfermant 3 sous-groupes. Ces différents assemblages sont également régis par les conditions écologiques du milieu en fonction des différentes saisons du cycle. Dans cette représentation, il est intéressant de signaler que certaines stations se trouvent plus ou moins isolées par rapport à leur groupe respectif, ceci est lié a leur faible contribution qui ne dépasse pas 50% ; cas des stations : 9A10 (groupe G2), 7A1 et 12A10 (groupe G3), et 3A4 et 10A10 (groupe G4).

Très peu de travaux décrivent l'évolution temporelle des peuplements macrobenthiques dans la lagune Mellah. Dans cette étude on constate que le facteur granulométrie n'apparaît pas avec évidence en tant que facteur déterminant dans la répartition du macrobenthos du Mellah, alors que dans des études antérieures (Semroud, 1983 ; Zaouali *et al.*, 1985 ; Draredja, 1992), ce paramètre influençait grandement l'organisation de la faune benthique . Les résultats obtenus dans cette étude montrent que les principaux facteurs exerçant une influence prépondérante sur la répartition et l'évolution des peuplements macrozoobenthiques de la lagune, comme dans la majorité des lagunes méditerranéennes, sont essentiellement les variations halines, la richesse des sédiments en matière organiques favorisant ainsi le développement des espèces dites opportunistes. Le troisième facteur qui est moins évident dans d'autres lagunes périméditerranéennes paraît lié à des changements climatiques brusques et locaux capables d'influencer l'organisation et la répartition des benthontes dans la lagune Mellah.

REFERENCES BIBLIOGRAPHIQUES

AMANIEU M., BALEU B., GUELORGET O. & MICHEL P., 1975. Étude biologique et hydrologique d'une crise dystrophique (malaïgue) dans l'étang de Prévost à Pallavas (Hérault). *Vie Milieu, (Sér. B)*, 25 (2): 175-204.
BAKALEM A. & ROMANO J.C., 1979. *Les peuplements benthiques du lac Mellah*. Rapport de la mission du CROP sur le lac Mellah, juin 1979 : 13-22.
BAKALEM A., ROMANO J.C. & SEMROUD R., 1979. Contribution à l'étude des milieux saumâtres en Algérie, les peuplements benthiques du lac Mellah. *Rapp. Comm. Int. Mer Médit*, 27(4): 135-136.
BENDORICCHIO G., DI LUZIO M., BASCHIERI P. & CAPODAGLIO A.G., 1993. Diffuse pollution in the lagoon of Venice. *Water Science Technology*, 28: 69-78.
BENDORICCHIO G., BOCCI M., CARRER G.M., COFFARO G., TODESCO G. & SFRISO A., 1996. *Modeling the trophic evolution of the lagoon of Venice*. In: Venice Lagoon Ecosystem Project – Summary of results. LASSERRE P. & MARZALLO A., (eds), UNESCO/MURST Venice 1996.
BIANCHI C.N., ACRI F., ALBERIGHI L., BASTIANINI M., BOLDRIN A., CAVALLONI B., CLOCE F., COMASCHI A., RABITTI S., SOCAL G. & TURCHETTO M.M., 1996. *The Lagoon of Venice: a biological variability study. A general Review*. In: Venice Lagoon Ecosystem Project – Summary of results. LASSERRE P. & MARZALLO A., (eds), UNESCO/MURST Venice 1996.

BIANCHI C.N., BOERO F., FONDA UMANI S., MORRI C. & VACCHI M., 1998. Successione e cambiamento negli ecosistemi marini. *Biol. Mar. Medit.* 5(1): 117-135.

BOUDJELLEL B., HOCINI B. & SELLALI B., 1993. *Contamination des sédiments superficiels du lac Mellah par les hydrocarbures polyaromatiques*. Colloque méditerranéen sur la pollution par les hydrocarbures, Alger, 5-6 juin 1993.

CHARLES F., 1993. Utilization of fresh detritus derived from *Cystoseira mediterranea* and *Posidonia oceanica* by the deposit-feeding bivalve *Abra ovata*. *Journal of Experimental Marine Biology and Ecology* 174: 43-64.

CHARLES F., GRÉMARE A. & AMOUREUX M., 1996. Ingestion rates and absorption efficiencies of *Abra ovata* (Mollusca: Bivalvia) fed on macrophytobenthic detritus. *Estuarine, Coastal and Shelf Science* 42: 43-64.

DRAREDJA B., 1992. *Conditions hydrosédimentaires et structure de la macrofaune benthique en période printanière d'un écosystème lagunaire méditerranéen: lac Mellah (Algérie)*. Thèse Magister, ISMAL (Alger). 147 pp.

DRAREDJA B. & BELDI H., 2001. *Caractères hydrologiques et sédimentologiques d'un milieu lagunaire méditerranéen (lac Mellah, Algérie). Effets d'ensablement du chenal de communication avec la mer''*. International Workshops on the marine biodiversity in Islamic countries. Algiers, October 22nd, 23rd & 24th 2001.

DRAREDJA B. & KARA M.H., 2004 a. Caractéristiques physico-chimiques de la lagune Mellah (Algérie Nord-Est). *Rapp. Comm. Int. Mer Médit.*, 37: 93.

DRAREDJA B. & KARA M.H., 2004 b. Diversité de la macrofaune benthique de la lagune Mellah (Algérie Nord-Est)''. *Rapp. Comm. Int. Mer Médit.*, 37: 515.

GAUDY R., VERRIOPOULOS G. & CERVETTO G., 1995. Space and time distribution of zooplankton in a Mediterranean lagoon (étang de Berre). *Hydrobiologica* 300/301: 219-236.

GIANGRANDE A. & FRASCHETTI S., 1996. Effects of a short-term environmental change on a brackish-water Polychaete community. *P.S.Z.N.I Mar. Ecol.* 17(1-3): 321-332.

GLEMAREC M., 1969. *Les peuplements benthiques du plateau continental Nord Gascogne*. Thèse Doct. État, Fac. Sci., Paris, 167 pp.

GRIMES S., 1994. *Contribution à la connaissance des populations de Cardium glaucum (Bruguière, 1789), Loripes lacteus (Linnaeus, 1758) et Brachydontes marioni (Locard, 1889) du lac Mellah (El-Kala, Algérie). Écologie et dynamique*. Thèse Magister, ISMAL (Alger), 211 pp.

GUELORGET O. & MICHEL P., 1976. *Recherche écologique sur une lagune saumâtre méditerranéenne: l'étang de Prévost (Hérault)*. Thèse 3ème Cycle. USTL, Montpellier, Tome I, 95 pp., Tome II, 122 pp.

GUELORGET O.& MICHEL P., 1977. Étude sédimentologique d'une lagune saumâtre méditerranéenne l'étang de Prévost (Hérault). *Vie Milieu*, XXVII(1), série B : 111-130.

GUELORGET O. & MICHEL P., 1979 a. Les peuplements benthiques d'un étang littoral languedocien, l'étang de Prévost (Hérault). 1- Étude quantitative de la macrofaune des vases. *Téthys*, 9(1) : 49-64.

GUELORGET O. & MICHEL P., 1979 b. Les peuplements benthiques d'un étang littoral languedocien, l'étang de Prévost (Hérault). 2- Étude quantitative de la macrofaune des sables. *Téthys*, 9(1): 65-71.

GUELORGET O., PERTHUISOT J.P., FRISONI G.F. & MONTI D., 1987. Le rôle du confinement dans l'organisation biologique de la lagune Nador (Maroc). *Oceanologica Acta*, 10(4): 435-444.

KIM K.T. & TRAVERS M., 1997 a. Les nutriments de l'étang de Berre et des milieux aquatiques contigus (eaux douces, saumâtres et marines ; Méditerranée N.W) 2- Les nitrates. *Marine Nature*, 5: 35-48.

KIM K.T. & TRAVERS M., 1997 a. Les nutriments de l'étang de Berre et des milieux aquatiques contigus (eaux douces, saumâtres et marines ; Méditerranée N.W) 4- Les nitrites. *Marine Nature*, 5: 65-78.

KTARI-CHAKROUN F., 1972. Étude physico-chimique et microbiologique du lac de Tunis (Partie Nord). *Bull. Inst. Océanogr. Pêche, Salammbô*, 2(3): 107-140.

NIXON S.W., 1982. Nutrient dynamics, primary production and fisheries yields of lagoons. *Oceanologica Acta*, N° sp: 357-370.

MESSERER Y., 1999. *Étude morphométrique et hydrologique du complexe lacustre d'El-Kala (Cas du lac Mellah et du lac Oubéira)*. Thèse Magister, Univ. d'Annaba, 123 pp.

OUNISSI M., 1991. *Étude écologique des étangs saumâtres du bassin d'Arcachon remis en eau après un assec prolongé: processus de recolonization biologique et confinement*. Thèse Doct., Univ. Bordeaux I, 153 pp.

PERTHUISOT J.P. & GUELORGET O., 1983. Le confinement, paramètre essentiel de la dynamique biologique du domaine paralique. *Sci. Géol., Bull.*, 36(4): 239-248.

REFES W., 1994. *Contribution à la connaissance de la population de Ruditapes decussata (Linnaeus, 1758) du lac Mellah (El-Kala, Algérie): écologie, reproduction, dynamique des populations et exploitation*. Thèse Magister en océanographie biologique, ISMAL (Alger): 197p.

SEMROUD R., 1983. *Contribution à l'étude écologique des milieux saumâtres méditerranéens : le lac Mellah (El-Kala, Algérie)*. Thèse 3ème Cycle, USTHB (Alger) : 137p.

STORA G., 1976 a. Evolution des peuplements benthiques d'un étang marin soumis à un effluent d'eaux douces. *Bull. Ecol.*, 7: 275-281.

STORA G., 1976 b. Étude des peuplements benthiques de substrats meubles de l'étang de Berre. *Act. Ecol. Jr.* 1: 51-67.

STORA G. & ARNOUX A., 1983. Effects of large freshwater diversion on benthos of a Mediterranean lagoon. *Estuaries*, 6(2): 115-125.

TAGLIAPIETRA D., PAVAN M., TARGA C. & WAGNER C., 1997. La fauna macrobenthica della Palude della Rosa, laguna di Venezia – Dati tabulati. *Lavori della società Veneziana di Scienze Naturali.* 22: 13-19.

TAGLIAPIETRA D., PAVAN M., TARGA C. & WAGNER C., 1998. Macrobenthic community changes related to eutrophication in Palude della Rosa (Venetian lagoon, Italy). *Estuarine, Coastal and Shelf Science*, 47: 217-226.

TOLOMIO C., MOSCHIN E., MORO I. & ANDREOLI C., 1999. Phytoplancton de la lagune de Venise I. Bassin Nord et Sud (avril 1988 – 1989). *Vie Milieu*, 49 (1) : 33-44.

TRAVERS M. & KIM K.T., 1997. Les nutriments de l'étang de Berre et des milieux aquatiques contigus (eaux douces, saumâtres et marines ; Méditerranée N.W) 1- Les phosphates. *Marine Nature*, 5: 21-34.

TESKE P.R. & WOOLDRIDGE T.H., 2003. What the limits distribution of subtidal macrobenthos in permanently open and temporarily open/closed South African estuaries? Salinity vs. sediment particle size. *Estuarine, Coastal and Shelf Science* 57: 225-238.

ZAOUALI J., 1979. Étude écologique du lac de Bizerte. *Bull. Off. Natn. Pêche, Tunisie*, 3 (2): 107-140.

ZAOUALI J., 1980. Flore et faune benthiques de deux lagunes tunisiennes : le lac de Bizerte, Tunisie septentrionale et la Mer de Bou Grara, Tunisie méridionale. *Bull. Off. Natn. Pêche, Tunisie*, 4 (1): 169-200.

ZAOUALI J., BAETEN S. & SEMROUD R., 1985. Contribution à l'étude écologique du lac Mellah (Algérie septentrionale) les peuplements macrobenthiques : Analyse factorielle des correspondances. *Rapp. Comm. Int. Mer Médit.*, 29, 4: 205-208.

CONCLUSION GÉNÉRALE

A l'issue de cette étude on peut retenir les points fondamentaux suivants :

– Les critères de classification des milieux à salinité variable, doivent avoir une approche multidisciplinaire, tenant compte de facteurs physiques, chimiques, biologiques, qualité de l'environnement, réglementation et conservation.

– La singularité de la lagune Mellah se manifeste surtout par son comportement en tant que bassin de dilution, à l'inverse des lagunes méditerranéennes qui sont pour la plupart des bassins de concentration. D'une année à l'autre le degré halin diminue par suite d'apports d'eau douce, et aussi du fait du colmatage progressif du chenal, réduisant ainsi les introductions marines. On estime que chaque année la salinité diminue d'une unité environ, entrainant un adoucissement graduel du Mellah. La marée semi-diurne ne permet qu'un faible échange équivalent à un renouvellement chaque 9 mois environ. En effet, ce faible renouvellement auquel s'ajoutent les apports d'eaux continentales favorisent la diminution de la salinité des eaux de la lagune. Le Mellah est fortement sous la double influence ; climatique dominante en période humide, et tidale dominante en période sèche. Le bilan hydrologique est ainsi conditionné par les apports continentaux et les intrusions marines, rendant la lagune fonctionnant comme un véritable estuaire.

– Concernant la fertilité chimique, contrairement à la majorité des lagunes méditerranéennes, le Mellah paraît le moins enrichit en sels nutritifs. Par conséquent, le problème d'eutrophisation ne se pose pas pour la lagune. Les conditions chimiques du Mellah, se traduisent par un stock de matière primaire modéré par rapport à d'autres milieux lagunaires comparables. La fonction d'enrichissement du littoral voisin par les extrusions lagunaires s'efface en été, et les relations d'échange entre ces deux systèmes de maturité différente s'inversent à l'avantage de la lagune.

– Les conditions chimiques et physiques (sous influence tidale) impriment une biologie particulière se traduisant par une forte richesse et diversité spécifique du phytoplancton, rarement observée en Méditerranée. Le phytoplancton du Mellah avec 359 espèces peut s'assimiler ainsi à une grande «forêt d'Amazonie océanique» microscopique. Le peuplement est dominé par les espèces exigeant le silicium (Diatomées), contrairement aux eaux littorales méditerranéennes surtout peuplées par les Dinophycées non exigeant vis-à-vis le silicium.

Par ailleurs, la présence de certaines espèces toxiques, nécessite une surveillance régulière de la pullulation de ces dernières, d'autant plus que la conchyliculture est pratiquée dans la lagune.

- La composition et l'abondance du zooplancton est le reflet fidèle des conditions climatiques. En période humide, les apports continentaux favorisent l'établissement d'espèces à affinité lagunaire, alors qu'en période sèche les influences tidales dominantes avantagent plutôt les espèces immigrantes d'affinité marine. C'est alors que les advections tidales d'été approvisionnent la lagune en zooplancton, mais que cet enrichissement se limite à la phase de flot. Cependant, les immigrants planctoniques ne se maintiennent pas dans la lagune au-delà d'un cycle complet de marée, suite à des mortalités liées aux fortes températures et aux écarts halins lagune-mer.

- On admet que l'organisation de la macrofaune benthique du Mellah est sous l'effet direct des facteurs thermo-halins liés aux conditions climatiques et aux advections tidales. C'est ainsi qu'on observe une importante richesse spécifique près des arrivées marines au Nord. Alors que le peuplement opportuniste peu diversifié avec une présence surtout de déposivores, est cantonné au centre vaseux riche en matières organique.

- Le conflit d'usage de ce site, appartenant à la réserve du Parc National d'El-Kala (PNEK), amène à des exploitations anarchiques non coordonnées. Cette gestion a conduit à une prolongation de l'état de colmatage du chenal de communication, ayant pourtant des conséquences écologiques décisives.

- Cette étude s'est limitée à la structure des peuplements planctoniques et benthiques de la lagune et aux grandes tendances des échanges lagune-littoral adjacent. Des études ultérieures complémentaires relatives aux analyses spectrales de séries chronologiques et de modélisation de signaux de systèmes complexes, permettront de mieux comprendre les interactions entre ces deux milieux de maturités différentes.

RÉSUMÉ

La lagune Mellah est une partie intégrante du Parc National d'El-Kala et exploitée de façon traditionnelle pour la pêche et la conchyliculture. Le besoin économique et le contexte écologique de la lagune en tant que partie intégrante de la zone humide, ont valorisé cette étendue restreinte (875 ha) mais fortement productive. La lagune communique avec la mer par un seul chenal étroit sujet au colmatage progressif réduisant les échanges. L'objectif de cette étude est de décrire la structure et le fonctionnement de la lagune Mellah à travers l'analyse du plancton, du benthos et de leurs environnements physico-chimiques respectifs.

Le Mellah est soumis essentiellement aux influences climatiques dominantes en période humide et tidales dominantes en période sèche. En raison de la faible profondeur et des turbulences des eaux, les facteurs physico-chimiques sont verticalement et horizontalement homogènes. La lagune se comporte comme un bassin de dilution et est affectée par une circulation estuarienne due à une marée à régime semi-diurne. Chaque année la salinité diminue d'une unité environ et le Mellah évolue ainsi vers un adoucissement. La marée ne permet qu'un faible échange avec un renouvellement chaque 9 mois environ. Le Mellah paraît peu enrichit en sels nutritifs et le problème d'eutrophisation ne s'y pose pas. Les conditions chimiques des eaux se traduisent par un stock en matière primaire modéré, toutefois le Mellah contribue à l'enrichissement du littoral voisin particulièrement en hiver.

Les conditions physico-chimiques impriment une biologie particulière se traduisant par une forte richesse et diversité spécifiques du phytoplancton, rarement observée en Méditerranée. La composition et l'abondance du zooplancton est le reflet fidèle des conditions climatiques d'hiver avantageant l'établissement d'espèces à affinité lagunaire, et les influences tidales dominantes en période sèche avantageant les espèces immigrantes d'affinité marine. Les immigrants planctoniques ne se maintiennent pas dans la lagune au-delà d'un cycle complet de marée, en raison des mortalités liées à l'écart thermo-halin lagune-mer.

Les facteurs thermiques et halins ainsi que la richesse des sédiments en matière organique, conditionnent la distribution de la macrofaune benthique dans la lagune. En effet, le peuplement opportuniste peu diversifié, est cantonné au centre vaseux où dominent les déposivores. Le peuplement zoobenthique est composé de 43 espèces souvent moins structuré avec un faible indice de diversité (< 2,90).

Mots clés: hydrologie, plancton, zoobenthos, échanges lagune-mer, écosystèmes lagunaires.

ABSTRACT

The Mellah lagoon is an integral part of the National Park of El-Kala and exploited with a traditional method for the fishing and the conchyliculture. The economic need and the ecological context of the lagoon in so much that gone integral of the humid zone, valorized this restricted extent (875 ha) but greatly productive. The lagoon communicates with the sea by only one fairway narrow topic to the progressive sealing reducing exchanges. The objective of this study is to describe the structure and the functioning of the Mellah lagoon through the analysis of the plankton, the benthos and their physico-chemical environments.

The Mellah is essentially exposed to the dominant climatic influences in humid period and dominant tidal in dry period. By reason of the weak depth and turbulences of waters, the physico-chemical factors are vertically and horizontally homogeneous. The lagoon includes itself like a basin of dilution and is affected by a estuary circulation owed to a tide to semi-diurnal regime. Every year the saltiness decreases about one unit and the Mellah evolves thus toward an alleviation. The tide only permits about a weak exchange with a renewal every 9 months. The Mellah appears enriches little in nourishing salts and the problem of eutrophisation doesn't exist. The chemical conditions of waters translate themselves by a stock in curbed primary matter, however the Mellah contributes to the enrichment of the neighboring coastline particularly in winter.

The physico-chemical conditions inductor a particular biology translating by a strong wealth and specific diversity of the phytoplankton, rarely observed in Mediterranean. The composition and the abundance of the zooplankton is the faithful reflection of the climatic conditions of winter favoring the establishment of species to lagoonar affinity, and influences dominant tidal in dry period favoring the immigrant species of marine affinity. The planktonic immigrant doesn't maintain themselves in the lagoon beyond of a complete cycle of tide, by reason of mortalities bound thermo-halin lagoon-sea aside.

The thermal factors and salinity as well as the wealth of sediments in organic matter, condition the distribution of benthic macrofauna in the lagoon. Indeed, the little varied population opportunist, is quartered to the muddy center where dominates deposit feeding. Macrozoobenthic population is often composed minus of 43 species structured with a weak indication of diversity (<2.90).

Key words: hydrology, plankton, zoobenthos, exchanges lagoon-sea, lagoon ecosystems.

RÉFÉRENCES BIBLIOGRAPHIQUES

Acri F., Bernardi Aubry F., Berton A, Bianchi F, Boldrin A, Camatti E., Camaschi A., Rabittis S. & Socal G., 2004. Plankton communities and nutrients in the Venise Lagoon. Comparison between current and old data. *Journal of Marine Systems*, **51**: 321-329.

Aitcin P.C., Jolicoeur G. & Mercier M., 1983. Technologie des granulats. 106p.

Aleya L. & Devaux J., 1988. Relation entre la transparence de l'eau et les teneurs en chlorophylle *a* de trois fractions de taille phytoplanctoniques d'un lac eutrophe (lac d'Aydat). *Annales de sciences naturelles. Zoologique*, Paris, 13ème série, 9: 257-262.

Amanieu M., 1972. Écologie et exploitation des étangs et lagunes saumâtres du littoral français. *Ann. Soc. Roy. Zool.* Belgique, **103** (1) : 79-94.

Amanieu M., Baleux B., Guelorget O., & Michel P., 1975. Étude hydrologique, chimique et microbiologique de l'étang du Prévost à Palavas (Hérault) de mars à novembre 1975. Rapport présenté à E.D.F : 37p.

Amanieu M., Ferri J. & Guelorget O., 1979-1980. Structure des communautés et stratégie d'échantillonnage adaptative en milieu lagunaire. *Oceanis,* vol. **5**, Fasc. 5 : 833-861.

Amanieu M. & Lasserre G., 1981. Niveau de production des lagunes littorales méditerranéennes et contribution des lagunes à l'enrichissement des pêches démersales. *Etud. Rev. C.G.P.M* : 81-94.

Aminot A. Chaussepied M. 1983. Manuel des analyses chimiques en milieu marin. *Éd. CNEXO*, Brest : 395 p.

André F., 1970. Contribution à l'étude des algues marines du Portugal. *Portugalia Acta Bilogica* (B). Vol **X**, N° 1/4 : 37-49.

Arfi R., Champalbert G., Patriti G., Puddu G. & Reys J.P., 1982. Étude préliminaire comparée du plancton du vieux port, de l'avant-port et du Golfe de Marseille (liaison avec des paramètres physiques, chimiques et de pollution). *Téthys*, **10** (3) : 211-217.

Arfi R., Pagano M. & Saint-Jean L., 1987. Communautés zooplanctoniques dans une lagune tropicale (lagune Ebrie, Côte d'Ivoire) : variations spatio-temporelles. *Rev. Hydrobiol. Trop.*, **20** (1) : 21-35.

Arfi R., 1991. Qualité des eaux, hydrologique, matériel particulaire et plancton : Étang de Berre. Suivi exceptionnel du milieu. Rapport de convention : 156p.

Arin L., Estrada M., Salat J. & Cruzado A., 2005. Spatio-temporal variability of size fractionated phytoplankton of the shelf adjacent to the Ebro river (N.W Mediterranean). *Continental Shelf Research*, 25: 1081-1095.

Arrignon J., 1963. Contribution à l'inventaire des marécages tourbières et autres zones humides d'Algérie. *Ann. Cent. Rech. Exp. Forêt.* Alger, 5 : 30-32.

Bachelet G., 1987. Processus de recrutement et rôle des stades juvéniles d'invertébrés dans le fonctionnement des écosystèmes benthiques de substrats meubles en milieu estuarien. Thèse Doct. d'État, Univ. Bordeaux I : 478p.

Bakalem A. & Romano J.C., 1979. Les peuplements benthiques du lac Mellah. Rapport de la mission CROP sur le lac Mellah, juin 1979 : 13-22.

Ballow J. P., Lorenzen C. J. & Myren R. T., 1963. Eutrophication of tidal estuary. *Limnol. Oceanography,* 8 (2): 251-262.

Barnes R.S.K., 1994. A critical appraisal of Guelorget and Perthuisot's concepts of the paralic ecosystem and confinement to macrotidal Europe. *Estuarine, Coastal and Shelf Science* 38: 41-48.

Baudin J.P., 1980. Contribution à l'étude écologique des milieux saumâtres méditerranéens 1- Les principaux caractères physiques et chimiques des eaux de l'étang de Citis. *Vie Milieu,* 30 (2) : 121-129.

Beker B., 1986. Communautés phytoplanctoniques en milieu côtier à salinité variable (Étang de Berre et Golfe de Fos). Thèse de Diplôme de recherche universitaire, Univ. Aix Marseille II : 114p.

Bellon-Humbert C., 1962 a. Les Mollusques marins testacés du Maroc. I- Gastéro-podes. Travaux de l'Institut Scientifique Chérifien. *Série zoologie* N°23, Rabat 1962 : 144p.

Bellon-Humbert C., 1962 b. Les Mollusques marins testacés du Maroc. II- Lamellibranches et les Scaphopodes. Travaux de l'Institut Scientifique Chérifien. *Série zoologie* N°28, Rabat 1962 : 184p.

Bellon-Humbert C., 1973. Les Mollusques marins testacés du Maroc. Premier supplément. Travaux de l'Institut Scientifique Chérifien. *Série zoologie* N°37, Rabat 1973 : 144p.

Bernardi Aubry F. & Acri F., 2004. Phytoplankton seasonality and exchange at the inlets of the Lagoon of Venice (July 2001-June 2002). *Journal of Marine Systems,* 51: 65-76.

Bernardi Aubry F., Breton A., Bastianini M., Socal G. & Acri F., 2004. Phytoplankton succession in a coastal area of the NW Adriatic, over a 10-year sampling period (1990-1999). *Continental Shelf Research,* 24: 97-115.

Béthoux J.P., Morin P. & Ruiz-Pino D., 2002. Temporal trends in nutrient ratios: chemical evidence of Mediterranean ecosystem changes driver by human activity. *Deep-Sea Research* II (49): 2007-2016.

Bianchi C.N., Boero F., Fonda Umani S., Morri C. & Vacchi M., 1998. Successione e cambiamento negli ecosistemi marini. *Biol. Mar. Medit.* 5 (1): 117-135.

Bianchi F., Acri F., Bernardi-Auby F., Berton A., Boldrin A., Camatti E., Cassin D. & Comaschi A., 2003. Can plankton be considered a bio-indicator of water quality in the lagoon of Venice? *Marine Pollution Bulletin* 46: 964-971.

Bianchi F., Ravagnan E., Acri F., Bernardi-Auby F., Boldrin A., Camatti E., Cassin D. & Turchetto M., 2004. Variability and fluxes of hydrology, nutrients and particulate matter between the Venice lagoon and the Adriatic Sea. Preliminary results (years 2001-2002). *Journal of Marine Systems*, 51: 49-64.

Blanc F., 1968. Étude comparée de quelques méthodes d'estimation quantitative et qualitative du matériel particulaire en suspension dans l'eau de mer. Thèse 3ème Cycle, Université d'Aix Marseille II : 72p.

Blanc F., Leveau M. & Szekielda K. H., 1969. Effets eutrophiques au débouché d'un grand fleuve (grand. Rhône). *Mar. Biol.,* 3 (3) : 233-242.

Blanc F., & Leveau M., 1973. Plancton et eutrophie : aire d'épandage rhodanienne et golfe de Fos (Traitement mathématique des données). Thèse Doct. Es-Sciences, Univ. Aix-Marseille : 981p.

Blondel J., Ferry C. & Frochot B., 1973. Avifaune et végétation. Essai d'analyse et de diversité. *Alauda,* 46 : 63-84.

Bonin D.J., 1988. Rôle du phosphate organique dissous dans la production primaire. *Oceanis,* 14 (2) : 381-387.

Bougis P., 1974. Méthode pour l'étude quantitative de la microfaune des fonds marins (meiobenthos). *Vie et Milieu,* 1 : 23-27.

Bounhiol J., 1907. Sur quelques conditions physico-biologiques du lac Mellah, la Calle, Algérie. *C. R. Acad., Sci.,* 145 : 443-445.

Bourdillon-Casanova L., 1960. Le méroplancton du golfe de Marseille : Les larves de Crustacés Décapodes. *Rec. Trav. St. Mar. End.* Bull.18. Fasc. 30 : 286p.

Bourrelley P., 1981. Les algues d'eau douce. Initiation à la systématique. Tome II : Les algues jaunes et brunes chrysophycées, Phéophycées, Xanthophycées et Diatomées. *Eds. Boudée Rev.* : 399p.

Bourrelley P., 1985. Les algues d'eau douce. Les Eugliniens, Péridiniens et initiation à la systématique Cryptomonadine. Vol III les algues bleues et rouges, *Eds. Boudée Rev.* : 606p.

Bourrelley P., 1988. Complément, les algues d'eau douce, initiation à la systéma-tique. Tome I : Les algues vertes. *Eds Boudée* : 182p.

Boutière H., 1979-80. Introduction à la connaissance des milieux lagunaires. *Océanis,* Vol. 5, Fasc.5 : 823-832.

Boutière H., De Bovée F., Delille D., Fiala M., Gros C., Jacques G., Knoepffler M., Labat J.P., Panouse M., & Soyer J., 1981. Les effets d'une crise dystrophique dans l'étang de Salses-Leucate. *Oceanol. Acta*, N° SP. Symposium International sur les eaux côtières, SCOR/IABO/UNESCO, Bordeaux, 8-14 septembre 1981 : 231-242.

Castel J. & Courties C., 1979. Structure et importance des peuplements zooplanctoniques dans la baie d'Arcachon : Milieux ouverts et lagunes aménagées de Certes. *Publ. Sci. Tech. CNEXO :* Actes Colloq., n° **7** : 559-574.

Castel J., 1980. Description des peuplements de copépodes méiobenthiques dans un système lagunaire du bassin d'Arcachon. Utilisation de modèles de distribution d'abondances. *Cah. Biol. Mar.*, **21** : 73-89.

Cataudella S., 1982. Analyse et développement d'exploitation lagunaire intensive. Exemple du lac Mellah (Algérie). Projet régional du développement de l'aquaculture en Méditerranée, F.D/82/07, F.A.O., Novembre 1982 : 37p.

Cattani O. & Corni M.G., 1992. The role of zooplankton in eutrophication, with special reference to the Northern Adriatic Sea. *Science of the total environment*, **suppl.** : 137-158.

Cervetto G., Pagano M. & Gaudy R., 1995. Adaptation aux variations de la salinité chez le copépode *Acartia clausi. J. Rech. Oceanogr.*, **20** (1-2) : 42-49.

Cervetto G., Gaudy R. & Pagano M., 1999. Influence of salinity on the distribution of *Acarita tonsa* (Copepoda, Calanoida). *J. Exp. Mar. Biol. Ecol.*, **239**: 33-45.

Chaoui L. & Kara M. H., 2004. Nouveau signalement de la sole du Sénégal *Solea senegalensis* dans la lagune du Mellah (Algérie Nord-Est). *Cybium*, **28** (3) : 267-268.

Chaoui L., Kara M. H., Faure E. & Quignard J. P., 2006. L'ichtyofaune de la lagune du Mellah : diversité, production et analyse des captures commerciales. *Cybium*, **30** (2): 123-132.

Chardy P., 1987. Modèle de simulation du système benthique des sédiments grossiers du golfe Normand Breton (Manche). *Oceanol. Acta*, **10** (4) : 421-433.

Chassefiere B., 1968. Sur la sédimentologie et quelques aspects de l'hydrologie de l'étang de Thau. Thèse 3ème cycle, Université de Montpellier : 131p.

Chiahou B., 1997. Les Copépodes pélagiques de la région d'El-Jadida (côte Atlantique du Maroc). Étude faunistique, écologique et biogéographique. Thèse Doct. Univ. El-Jadida (Maroc) : 186p.

Chrétiennot-Dinet M.J, Sournia A., Ricard M. & Billard C., 1993. A classification of the marine phytoplankton of the word from class to genus. *Phycologia*, **32** (3): 159-179.

Clarke K.R. & Warwick R.M., 2001. Change in marine communities: an approach to statistical analysis and interpretation, 2nd edition. PRIMER-E: Plymouth.

Cloern J.E., 2001. Our evolving conceptual model of the coastal eutrophication problem. *Marine Ecology Progress*, Series **210**: 223-253.

Comin F.A., 1984. Caracteristicas fisicas, quimicas y fitoplancton de las lagunas costeras Encanisada, Tancada y Buda (Delta del Ebro). *Oecologia Aquatica*, **7** : 79-157.

Conover R.J., 1956. Oceanography of Long Island Sound, 1952-1954. VI. Biology of *Acartia clausi* and *Acartia tonsa*. *Bull. Bingh. Ocean. Coll.*. : 156-23.

CROP., 1979. Étude préliminaire du lac Mellah (El-Kala). Rapport de mission. Centre de Recherche Océanographique et de la Pêche (CROP). Juin 79 : 79p.

Daget J., 1976. Les modèles mathématiques en écologie. *Ed. Masson*, Paris : 172p.

Dajoz R., 1982. Précis d'écologie. *Ed.Gauthier-Villard*, 4ème éd., Paris : 503p.

De Casabianca M.L., 1982. Lisières saumâtres et leurs indicateurs de fonctionne-ment. Bulletin de la Science d'Écologie, **13** : 165-168.

De Casabianca M.L., 1983. Relations entre la production algale macrophytique et le degré d'eutrophisation du milieu dans une lagune méditerranéenne (Étang de Prévost-Languedoc). Rapport de la commission Internationale pour l'Exploration Scientifique de la Mer Méditerranée, **28** : 359-363.

De Casabianca M.L., Boone C. & Semroud R., 1990. Relations entre les variables physico-chimiques dans une lagune méditerranéenne par l'analyse en composante principale (lac Mellah, Algérie). Compte rendu de l'Académie des Sciences Paris, **310** : 397-403.

De Casabianca M.L., Samson-Kechacha F.L. & Bone C., 1991. Étude spatio-temporelle des sels nutritifs et des principales variables hydrobiologiques dans une lagune méditerranéenne: le lac Mellah (Algérie) : *Mesogée*, **51** : 15-23.

De Casabianca M.L., Laugier T., Collart D. & Rigollet V., 1994. Macrophyte populations and eutrophication (Thau lagoon, France). First results. *Proc. Okeanos*, Montpellier, France: 50-55.

De Casabianca M.L., Laugier T. & Marinho-Soriano E., 1997. Seasonal changes of nutrients in water and sediment in a Mediterranean lagoon with shellfish farming activity (Thau lagoon, France). *ICES Journal of Marine Science*, **54**: 905-916.

Dell'Anno A., Mei M.L., Pusceddu A. & Danovaro R., 2002. Assessing the trophic state and eutrophication of coastal marine system: a new approach based on the biochemical composition of sediment organic matter. *Marine Pollution Bulletin*, **44**: 611-622.

Dewarumez J.M., Belgrano A., Craeymeersch A., Duquesne S., Heip C., Hide D. & Vincx M., 1993. Influence de la circulation des masses d'eaux dans la dynamique du peuplement à *Abra alba* de la Baie sud de la Mer du Nord. *Journ. Rech. Océanogr.,* **18** : 1-4.

Dimov I., 1985. Certain quantitative correlation between the zooplankton and sprat (Sprattus salinus) in the Black Sea, of the Bulgarian coast. *Proc. Res. Inst. Fish. Oceanogr.,* **6** : 49-62.

Diouf P.S. & Diallo A., 1987. Variations spatio-temporelles du zooplancton d'un estuaire hyperhalin : la Casamance. *Rev. Hydrobiol. Trop.,* **20** (3-4) : 257-269.

Diouf P.S. & Diallo A., 1990. Succession de dominance de trois espèces d'Acartia dans un estuaire hyperhalin : la Casamance. *Rev. Hydrobiol. Trop.,* **23** (3) : 195-207.

Draredja B., 1992. Conditions hydrosédimentaires et structure de la macrofaune benthique en période printanière d'un écosystème lagunaire méditerranéen: lac Mellah (Algérie). Thèse Magister en Océanographie biologique, ISMAL (Alger) : 147p.

Draredja B. & Derbal F., 1997. Données synthétiques sur les peuplements floro-faunistiques du lac (Algérie septentrionale). *Synthèse revue des sciences et technologie,* N° 2, Univ. Annaba : 79-89.

Draredja B. & Beldi H., 1999. Cartographie sédimentaire actuelle du lac Mellah, dix ans après l'aménagement du chenal de communication avec la mer. Journées internationales d'études sur les sciences marines, ''J'NESMA-99''. 29, 30 et 31 mai 1999.

Draredja B., 2005. Structure et organisation de la macrofaune benthique de la lagune Mellah (Méditerranée Sud-Occidentale, Algérie). *J. Rech. Océanographique,* vol. **30**, fasc. 1-2 : 24-33.

Draredja B., Como S. & Magni P., 2006. Regional cooperation in the Mediterranean Sea. Joint analysis of macrobenthic assemblages in the lagoons of Mellah (Algeria) and Cabras (Italy). ATTI XXXVII Congresso SIBM, Grosseto, 5-10 Giugno. *Biol. Mar. Medit.,* **13** (2): 50-51.

Durbin A.G. & Durbin E.G., 1981. Standing stock and estimated production rates of phytoplankton and zooplankton in Narragansett Bay, Rhode Island. *Estuaries,* **4**: 24-41.

Dussard B., 1966. Limnologie des eaux continentales. *Ed. Gauthier-Villars,* Paris : 618p.

El-Khalki A., 2000. Étude du peuplement de Copépodes de l'estuaire de l'Oum Arrabia : succession saisonnière, dynamique des populations, migrations nycthémérales et impact de la pollution. Thèse de Doctorat. Univ. El-Jadida (Maroc): 214p.

Elliott M. & Mc Lusky D.S., 2002. The need for definitions in understanding estuaries. *Estuarine, Coastal and Shelf Science* **55**: 815-827.

El-Sayed A.I.W, Guelorget O., Frisoni G.F., Rdouchy J.M., Maurin A. & Perthuisot J.P., 1985. Expressions hydrochimiques, biologiques et sédimentologiques des gradients de confinement dans la lagune de Guemsah (Golfe de Suez, Égypte). *Océanol. Acta*, **8** (3) : 303-320.

Estrada M., Vives F. & Alcaraz M., 1984. Life and productivity of the open sea, *in*: Keys Environments: The Western Mediterranean, R. Margalef, (ed), *Pergamon Press Ltd*. Oxford, UK: 148-197.

Estrada M., Vives F. & Alcaraz M., 1987. Life and productivity of the open sea, *In*: Keys Environments: The Western Mediterranean, R. Margalef, (ed), *Pergamon Press Ltd*. Oxford, UK: 148-197.

FAO-PNUD-Médrap, 1982. Lac Mellah : Mise en valeur au titre de la pêche et de l'aquaculture. FAO-PNUD-MEDRAP. Rapport interne 79/033. RV/DEC : 70p.

FAO, 1987. Aménagement du chenal du lac Mellah. FAO et Ministère de l'hydraulique, de l'environnement et des forêts, division de développement des activités hydrauliques et agricoles, note préliminaire, janvier 1987 : 25p.

Fauchald K. & Jumars P., 1979. The diet of worms: a study of Polychaete feeding guilds. *Oceanogr. Mar. Biol. Ann. Rev.*, (17) : 193-284.

Fauvel P., 1923 a. Faune de France 5 : Polychètes errantes. Librairie de la faculté des sciences, *Kraus reprint. Nenln/Liechtenstein* : 416p.

Fauvel P., 1923 b. Faune de France 16 : Polychètes sédentaires. Librairie de la faculté des sciences, *Kraus reprint. Nenln/Liechtenstein* : 194p.

Febvre J., 1968. Étude bionomique des substrats meubles de l'étang de Berre. *Rec. Trav. St. Mar. Endoume*. Bull. **44**. Fasc. 60 : 1-349.

Ferrari I., Ceccherelli V.U. & Mazzocchi M.G., 1982. Structure du zooplancton dans deux lagunes du Delta du Pô. *Oceanol. Acta*. Proceedings International Symposium on coastal lagoons, SCOR/IABO/UNESCO, Bordeaux, France, 8-14 Septembre, 1981: 293-302.

Folk R.L. & Ward W.C., 1957. Brazos river bar: a study in the significance of grain size parameters. *J. Sedim-petrology*, **27** (1): 3-27.

Folk R.L., 1965. Petrology of sedimentary rooks. Ed. *Hemphis Texas*: 139 p.

Fréhi H., 1995. Étude de la structure et du fonctionnement du système phyto-planctonique dans un écosystème marin côtier : eutrophisation de la Baie de Annaba. Thèse magister, Univ. Annaba, Algérie : 160p.

Frisoni G.F. & Guelorget O., 1986. De l'écologie à l'aquaculture. *Pour la science.* Mai 1986, Hors série : 58-69.

Frontier S., 1969. Utilisation des diagrammes rangs-fréquences dans l'analyse des écosystèmes. *J. Rech. Océanographique,* 1 : 35-47.

Frontier S., 1983. Stratégie d'échantillonnage en écologie. *Ed. Masson,* P. 4, Paris - Québec : 494p.

Frontier S. & Pichod-Viale D., 1991. Écosystèmes : structure, fonctionnement, évolution. *Ed. Masson,* Paris : 392p.

Frontier S. & Leprêtre A., 1998. Développements récents en théorie des écosystèmes. *Annales de l'Institut Océanographiques,* Paris, **74** (1) : 43-87.

Garcia-Rodriguez M., 1985. The plankton from the coastal lagoon Mar Menor (SE of Spain). I: Copepod community in February-March. *Biol. Inst. Esp. Oceanogr.,* **3** (2): 37-40.

Gaudy R., Pagano M. & Lochet F., 1990. Zooplankton feeding on seston in the Rhône River Plume area (NW Mediterranean sea) in May 1988. *Hydrobiologia,* 207: 241-249.

Gaudy R., Verriopoulos G. & Cervetto G., 1995. Space and time distribution of zooplankton in a Mediterranean lagoon (Étang de Berre). *Hydrobiologia* **300/301**: 219-236.

Gauthier-Lièvre L., 1931. Recherche sur la flore des eaux continentale de l'Afrique du Nord. *Soc. Hist. Nat. Afr. Nord.* Mémoire hors série : 298p.

Giangrande A. & Fraschetti S., 1996. Effects of a short-term environmental change on a brackish-mater Polychaete community. P.S.Z.N.I. *Mar Ecol.* **17** (1-3): 321-332.

Gimazane J.P., 1982. L'exploitation conchylicole du lac Mellah, Algérie. Mission F.A.O/MEDRAP du 8/6/82 : 37p.

Giovanardi F. & Tromellini E., 1992. An empirical dispersion model for total phosphorus in a coastal area: the Po River-Adriatic system. *In: Marine Coastal Eutrophication,* (Vollenweider R.A., Marchetti R. & Viviani R., eds) Bologna (Italy), 21-24 March 1990: 201-210.

Grimes S., 1994. Contribution à la connaissance des populations de *Cardium glaucum* (Bruguière, 1789), *Loripes lacteus* (Linnaeus, 1758) et *Brachydontes marioni* (Locard, 1889) du lac Mellah (El-Kala, Algérie) : Écologie et dynamique. Thèse magister en océanographie biologique, ISMAL (Alger) : 211p.

Guelorget O. & Michel P., 1976. Recherche écologique sur une lagune saumâtre méditerranéenne: l'étang de Prévost (Hérault). Thèse 3ème cycle. USTL, Montpellier, Tome I : 95p. Tome II : 122p.

Guelorget O. & Michel P., 1977. Étude sédimentologique d'une lagune saumâtre méditerranéenne, l'étang de Thau (Hérault). *Vie Milieu*, **27** (1b) : 111-130.

Guelorget O., Frisoni G.F. & Perthuisot J.P., 1981. Les communautés phytoplanctoniques et benthiques d'un milieu paralique hypersalé : la bahiret El-Biban (Tunisie). Critère d'analyse du fonctionnement d'un écosystème lagunaire. Communication présentée au Symposium international sur les lagunes côtières (ISCOL), UNESCO, Bordeaux, septembre 1981.

Guelorget O., Ximenes M.C., Frisoni G.F. & Perthuisot J.P., 1982. Diagnose écologique du lac Mellah (Algérie), pour l'évaluation de ses potentialités halieutiques et aquacoles. Rapport de la mission FAO, (ONUD/MEDRAP), Octobre 1982 : 130p.

Guelorget O. & Perthuisot J.P., 1983. Le domaine paralique : expression écologique, biologique et économique du confinement. *Trav. Lab. Géol., ENS*, Paris, 16 : 136p.

Guelorget O., Perthuisot J.P. & Frisoni G.F., 1983a. La zonation biologique des milieux lagunaires: définition d'une échelle de confinement dans le domaine paralique méditerranéen. *Journ. Rech. Océanogr.*, **VIII**, I : 15-36.

Guelorget O., Mazoyer-Mayere C,. Perthuisot J.P. & Amanieu M., 1983b. La production malacologique d'une lagune méditerranéenne : l'étang de Prévost (Hérault, France). *Rapp. Commn int. Explor. Scient. Mer Médit.* **28** (6) : 107-112.

Guelorget O., Frisoni G.F., Ximenes M.C. & Perthuisot J.P., 1989. Expression biologique du confinement dans une lagune méditerranéenne : le lac Mellah (Algérie). *Rev. Hydrobiol. Trop.* **22** (2) : 87-99.

Guelorget O. & Perthuisot J.P., 1992. Paralic ecosystems, biological organisation and functioning. *Vie Milieu* **42**: 215-251.

Guillaud J.F. & Aminot A., 1991. Apports en matière organique et en sels nutritifs par les stations d'épuration. La mer et les rejets urbains. Bendor, 13-15 juin 1990. IFREMER. Actes de colloque 11 : 11-26.

Hallegraeiff G.M., 1993. A review of harmful algal blooms and their apparent global increase. *Phycologia.* **32** (2): 79-99.

Haridi A., 1999. Le zooplancton de la lagune Mellah (El-Kala, Algérie). Bilan d'échange avec la mer et incidences écologiques en hiver et au printemps 96-97. Thèse magister, Océanographie biologique. ISMAL (Alger) : 59p.

Héral M., Razet D., Deslous-Pzoli J.M., Berthomé J.P. & Garnier J., 1983. Caractéristiques saisonnières de l'hydrobiologie du complexe estuarien de Marennes-Oléron (France). *Rev. Trav. Inst. Pêches marit.*, **46** (2) : 97-119.

Hendey N.I., 1964. An introductory Account of the smaller algae of British coastal waters. Part V: Bacillariophyceae (Diatoms). *H.M. Stationery Office by F. Mildner & Sons,* London, E.C.I: 317p + XLV planches.

Holling C.S., 1973. Resilience and stability of ecological systems. *Ann. Rev. Ecol. Syst.* 4: 1-23.

Ibrahim A., Guelorget O. & Perthuisot J.P., 1982. Contribution à l'étude hydrologique et sédimentologique de la lagune de Guemsah. Rapport CFP-GREDOPAR : 36p.

Illoul H., 1987. Contribution à l'étude qualitative, quantitative et structurale des populations phytoplanctoniques au large du Cap Caxine (région algéroise). Thèse 3ème Cycle, ISMAL (Alger) : 170p.

Jacques G., 1977. Phytoplancton : Méthodes d'études. *Doc. Laboratoire Arago,* Banyuls-sur-Mer : 19p.

Jaque G., 1978. Production primaire (Phytoplancton) 1. Guide floristique (surtout Diatomées). *Doc. Laboratoire Arago,* Banyuls-sur-Mer : 50p.

Jacques G. & Tréguer P., 1986. Écosystèmes pélagiques marins. Ed. Masson, Paris : 242p.

Jansa J. & Fernandez De Puelles M.S., 1990. Distribution of zooplankton in the Balearic Sea. Boln Inst. Esp. Oceanogr., 6 (2): 107-136.

Jeffries H.P., 1962. Succession of two *Acartia* species in estuaries. *Limnol. Oceanogr.,* **7**: 355-364.

Jeffries H.P., 1967. Saturation of estuarine zooplankton by congenerec associate. *Estuaries,* **83**: 500-508.

Jomas C.R., 1997. Identifying marine phytoplankton. *Academic press,* Califonia: 858p.

Khélifi-Touhami M., 1998. Composition et abondance du zooplancton dans les eaux côtières de l'Est algérien (secteur eutrophe du golfe d'Annaba et le plateau continental d'El-Kala). Thèse magister, Univ. Annaba, Algérie : 131p.

Kienner A., 1978. Écologie physiologie et économie des eaux saumâtres. Collection de biologie des milieux marins. *Eds. Masson* : 220p.

Kim K., 1983. Production primaire pélagique de l'étang de Berre en 1977 et 1978. Comparaison avec le milieu marin (Méditerranée Nord-Occidentale). *Mar. Biol.* **73** (3) : 325-341.

Kim K. & Travers M., 1984. Le phytoplancton des étangs de Berre et Vaïne (Médi-terranée nord-occidentale). *Int. Rev. Ges. Hydrobiol.* **69** (3) : 361-388.

Kim K., 1988. La salinité et la densité des eaux des étangs de Berre et de Vaïne (Méditerranée Nord-occidentale) relation avec les affluents et le milieu marin voisin. *Marine Nature* **1** (1) : 37-58.

Kinne O., 1971. Invertebrates. *In*: marine ecology. (Kinne O., ed). *Wiley Interscience*, London: 822-995.

Lacroix G. & Legendre L., 1964. Le zooplancton de l'estuaire de la rivière Restigouche (baie des chaleurs). *Neutraliste can.*, **1** : 21-39.

Lagadeuc Y., 1992. Transport larvaire en Manche. Exemple de *Pectinaria koreni* (Malmgren), Annélide Polychète, en Baie de Seine. *Oceanologica Acta*, **15** : 383-395.

Lakkis S. & Zeidane R., 1985. Modification de l'écosystème planctonique par la pollution des eaux côtières libanaise. *In* : Les effets de la pollution sur les écosystèmes marins. *Réunion FAO, PNUE Blanc*, Espagne, 7-11 octobre 1985, *FIRI/R /R* 352 **(Suppl.)** : 123-159.

Lam Hoai T., Amanieu M. & Lasserre G., 1983. Une procédure intégrée pour l'étude des distributions d'abondances en écologie. *Ann. Stat. Biol. Besse en Chandesse*, **17** : 1-22.

Lam Hoai T., Amanieu M. & Lasserre G., 1984 a. Microfaune des eaux libres de la Sarrazine, écosystème lagunaire semi-contrôlé méditerranéen. *Vie milieu*, **34** (4) : 209-219.

Lam Hoai T., Amanieu M. & Lasserre G., 1984 b. Distributions et abondances du zooplancton d'un écosystème lagunaire méditerranéen : la lagune de la Sarrazine. *Acta Oceanol. Oecol. Gener*, **5** (3) : 301-315.

Lam Hoai T., 1985. Évolution saisonnière du zooplancton dans trois sites peu profonds de Thau, une lagune littorale nord-méditerranéenne. *Hydrobiologia*, **128** : 161-174.

Lam Hoai T, 1987. Contribution à l'étude du zooplancton superficiel dans deux écosystèmes lagunaires méditerranéens : Étang de la Sarrazine et Étang de Thau. Thèse Doct. d'État, USTL, Montpellier : 247p.

Lam Hoai T. & Amanieu M., 1989. Structure spatiale et évolution saisonnière du zooplancton superficiel dans deux écosystèmes lagunaire nord-méditerranéens. *Oceanol. Acta*, **12** : 65-77.

Lam Hoai T. & Gril C., 1991. Biomasse et structure de taille du zooplancton hivernal dans une lagune nord méditerranéenne. *Cah. Biol. Mar.*,**(32)**: 185-193.

Lam Hoai T., Amanieu M. & Lasserre G., 1997. Tintinids and Rotifers in a norhtern-mediterranean coastal lagoon. Structural diversity and function through biomass estimations. *Mar. Ecol. Prog. Ser.*, **152** (13): 13-25.

Lam-Hoai T. & Rougier C., 2001. Zooplankton assemblages and biomass during a 4-period survey in a northern Mediterranean coastal lagoon. *Wat. Res.* **35** (1): 271-283.

Landry M.R., 1978. Population dynamics and production of a marine planktonic copepod, *Acartia clausi*, in a small temperate lagoon on San Juan Island. Washington. *Int. Revue ges. Hydrobiol.*, **63**: 77-119.

Larsen J. & Moestrup O., 1989. Guide to toxic and potentially toxic marine algae. Published by The fish inspection service, Ministry of fisheries, Copenhagen (Denmark): 61p.

Larsen J. & Sournia A., 1991. The diversity of heterotrophic Dinoflagellates. *Systematics associations,* special vol, N°45: 313-32.

Lasserre G., 1976. Dynamique des populations ichtyologiques lagunaires. Application à *Sparus aurata* L. Thèse Doc. État, Univ. Sci. Tech. Languedoc, Montpellier : 306p.

Lasserre P., 1979. Contrôle de la production biologique marine dans un écosystème lagunaire aménagé (Réservoirs à poissons). Bilan, synthèse et perspectives. *-Publ. Sci. Tech.,* CNEXO, Actes Colloq. 7 : 543-558.

Lasserre G. & Postma H., 1982. Les lagunes côtières. Actes du Symposium International sur les lagunes côtières, 8-14 septembre 1981, Bordeaux, France. *Oceanol. Acta*, N° sp : 461p.

Lassus P., 1988. Plancton toxique et plancton d'eaux rouges sur les côtes européennes. Service de Documentation et des Publications (S.D.P), IFREMER (Brest) : 111p.

Laugier T., Rigollet V. & De Casabianca M.L., 1999. Seasonal dynamics in mixed eelgrass beds, *Zostera marina* L. and *Z. noltii* Hornem., in a Mediterranean coast lagoon (Thau lagoon, France). *Aquatic Botany*, **63**: 51-69.

Le Bris H., 1988. Fonctionnement des écosystèmes benthiques côtiers au contact d'estuaires : la Rade de Lorient et la Baie de Vilaine. Thèse Doct., Univ. Bretagne Occidentale, Brest : 311p.

Legal Y., 1988. Biochimie marine. *Ed. Masson*, Paris : 285p.

Legendre L. & Legendre P., 1984. Écologie numérique. Tome 1 : Le traitement multiple des données écologiques. Tome 2 : La structure des données écologiques. *Masson*, Paris et les Presses de l'université du Québec : 260p et 335 p.

Lenzi M., 1992. Experiences for the management of Orbetello lagoon: eutrophication and fishing. *Science of the Total Environment* 5 (suppl.): 1189-1198.

Lenzi M., Palmieri R. & Porello S., 2003. Restoration of the trophic Orbetello lagoon (Tyrrhenian Sea, Italy), water quality management. *Marine Pollution Bulletin*, **46**: 1540-1548.

Levy D. & Troadec J.P., 1974. Les ressources halieutiques de Méditerranée. *Etude Rev., C.G.P.M.*, **54** : 29-52.

Lie U. & Pamatmat M. N., 1965. Dragging characteristics and sampling efficiency of the 0.1m² Van - Veen grab. *Limnol. Oceanogr.*, **10** (3): 379–384.

Lincoln R. J., 1979. British marine Amphipoda: Gammaridea. British Museum (Natural History), London 1979: 610p.

Lloyd M. & Ghelardi J. R., 1964. A table for calculating the "equitability" component of the species diversity. *J. Animal Ecol.*, **3**: 217–225.

Lorenzen C. J., 1967. Determination of chlorophyll and pheopigments spectrophotometric equations. *Limnol. Oceanogr.*, **12**: 343–346.

Lundin C.G. & Linden O., 1993. Coastal ecosystems: attempts to manage a threatened resource. *Ambio*, **22**: 468–476.

Macan T., 1963. Freshwater ecology. *Eds. Longmon*, London and Wilney, New York: 338p.

Mac Lusky D.S., 1967. Somme effects of salinity on the survival, moulting and growth of C*orophium volutator* (Amphipode). *J. Mar. Biol. Ass.* U. K., **43** (3): 607–617.

Mac Lusky D.S., 1968. Aspects of osmotic and ionic regulation in *Corophium volutator* (Pallas). *J. Mar. Biol. Ass.* U. K., **48**: 469–781.

Mac Lusky D.S., 1970. Salinity preference in *Corophium volutator*. *J. Mar. Biol. Ass.* U.K., **50**: 749–752.

Mac Lusky D.S., 1993. Marine and estuarine gradients. *Netherlands Journal of Aquatic Ecology* **27**: 489–493.

Mallissen M.O. & Lasserre P.,1979. Evolution saisonnière des populations de diatomées benthiques dans les lagunes aménagées de Certes. *-Pub. Sci.Tech., CNEXO, Actes colloq.*, N° 7 : 543–558.

Maranda Y. & Lacroix G., 1983. Temporal variability of zooplankton biomass (ATP content and dry weight) in the St. Lawrence estuary: Advective phenomena during neap tide. *-Marine Biology*, **73**: 247–255.

Mare M.F., 1942. A study of a marine benthic community with special reference to the microorganisms. *J. Mar. Biol. Ass.* U.K., **25**: 517–554.

Marcano G. & Cazaux C., 1994. Influence de l'advection tidale sur la distribution des larves d'Annélides Polychètes dans les chenaux du bassin d'Arcachon. *Bull. Soc. Zool. Fr.*, **119** (3) : 263–273.

Margalef R., 1958. Temporal succession and spatial heterogeneity in phytoplankton. In: Perspectives in marine biology, ed. Buzzati-Traverso A.A., University California Press, Berkeley: 323–349.

Margalef R., 1967. V: Peridineas. VII: Diatomeas. *Capitulo* : 102p.

Margat J., 1992. L'eau dans le bassin méditerranéen : situation et perspective. Les fascicules du Plan Bleu, Supplément, N°6. UNEP-RAC/BP. Diffusion Economica, Paris : 188p.

Margalef R., 1994. Through the looking glass how marine phytoplankton appears through the microscope when graded by size and taxonomically sorted. *Scientia Marina*, 58 (1-2): 87-101.

Massé H., 1971. Étude quantitative d'un peuplement de sables fins infralittoraux de l'étang de Berre. Évaluation de la production de quelques espèces. *Vie et Milieu*, **suppl.**, **22** : 329-346.

Maurer D. & Leathem W., 1981. Polychaete feeding guilds from George Bank, U.S.A. *Mar. Biol.*, (62): 161-171.

Mathivat-Lallier & M.H., Cazaux C., 1990. Larval exchange and dispersion of polychaetes between the bay and the ocean. *J. Plank. Res.*, **12**: 1163 -1172.

Menesguin A., 1991. Présentation du phénomène d'eutrophisation littorale. *In* la mer et les rejets urbains. *Acts du colloque, Bendor* 13-15 juin 1990, 11 (IFREMER) : 35-52.

Menezes M. & Domingos P., 1994. La flore planctonique d'une lagune tropicale (Brésil). -*Revue d'Hydrobiologie Tropicale*, **22** (2) : 273-297.

Messerer Y., 1999. Étude morphométrique et hydrologique du complexe lacustre d'El-Kala (Cas du lac Mellah et du lac Oubéira). Thèse de magister en Écologie et Environnement, Univ. Annaba : 123p.

Minas M., 1964. Étude de la répartition de quelques facteurs géochimiques dans les sédiments de l'étang de Berre. *Rev. Trav. St. Mar. End.* Bull. **32**. Fasc. 48: 5-47.

Mistri M., Rossi R. & Fano A., 2001. Structure and secondary production of a soft bottom macrobenthic community in a brackish lagoon (Sacca di Goro, north-eastern Italy). *Estuarine, Coastal and Shelf Science*, **52**: 605-616.

Monbet Y., 1972. Étude bionomique du plateau continental au large d'Arcachon (Application de l'analyse factorielle). Thèse 3ème Cycle. Univ. d'Aix Marseille : 91p.

Morel P., 1967. Faune marine des Pyrénées orientales: Mollusques aplacophores, Scaphopodes et Bivalves. *Ed. Masson*. Publication du laboratoire Arago, Univ. Paris, **5** : 156p.

Mozetic P., Fonda Umani S., Ctaletto B. & Malej A., 1998. Seasonal and inter-annual planktonic variability in the Gulf of Trieste (northern Adriatic). *ICES Journal of Marine Sciences*, **55**: 711-722.

Nascimento-Vieira D.A. & Do-Sant-Anna E.ME., 1989. Composition of zooplankton in the Timbo River estuary (Pernambuco, Brazil). *Trabhs Inst. Oceanogr., Univ. Fed. Pernambuco*, 20: 77-97.

Nichols M.M. & Allen G., 1981. Sedimentary processes in coastal lagoons. In: NESCO Coastal lagoon research present and future. Tech Papers in *Mar. Sci.* **33**: 27-80

Nixon S.W., 1982. Nutrient dynamics, primary production and fisheries yields of lagoons. Actes du Symposium International sur les lagunes côtières, 8-14 septembre 1981, Bordeaux, France. *Oceanol. Acta*, N° sp: 357-371.

Nuccio C., Melillo C., Massi L. & Innamorati M., 2003. Phytoplankton abundance, community structure and diversity in the eutrophicated Orbetello lagoon (Tuscany) from 1995 to 2001. *Oceanologica Acta*, **26**: 15-25.

Nylor E., 1972. A synopsis of the British marine Isopods. Department of zoology, Univ. College of Swansea, Wales. *Linnaean Society Synopses of the British fauna*: 86p.

Ouldessaib E.T., 1997. Étude du peuplement de Copépodes de la lagune de Oualidia : succession, dynamique des populations, migrations nycthémérales. Thèse 3ème Cycle. Univ. El-Jadida (Maroc) : 145p.

Ounissi M., 1991. Étude écologique des étangs saumâtres du bassin d'Arcachon remis en eau après un assec prolongé: processus de recolonisation biologique et confinement. Thèse Doct., Univ. Bordeaux I : 153p.

Ounissi M., Fréhi H. & Khélifi-Touhami M., 1998. Composition et abondance du zooplancton en situation d'eutrophisation dans un secteur côtier du golfe d'Annaba (Algérie). *Annales de l'Institut Océanographique*, Paris, **74**(1) : 65-77.

Ounissi M. & Fréhi H., 1999. Variabilité du microphytoplancton et des Tintinidés (Protozoaires ciliés) d'un secteur eutrophe du golfe d'Annaba (Méditerranée Sud-occidentale). *Cahier de Biologie Marine*, **40** : 141-153.

Ounissi M. & Khélifi-Touhami M., 1999. Le zooplancton du plateau continental d'El-Kala (Méditerranée sud-occidentale) : composition et abondance en mai 1996. *J. Rech. Océanographique*, **24** (1) : 5-11.

Ounissi M., Haridi A. & Rétima A., 2002. Variabilité du zooplancton de la lagune Mellah (Algérie) selon l'advection tidale en hiver et au printemps 1996-1997. *J. Rech. Océanographique*, **27** (1) : 1-13.

Ounissi M. & Rétima A., 2001. Variabilité des sels nutritifs et des matières organiques dans la lagune Melah. Importance des échanges avec la mer. - *J. Rech. Océanogr.*, Paris, n° sp. **26** (3) : 45.

Pagano M. & Saint-Jean L., 1988. Importance et rôle du zooplancton dans une lagune tropicale, la lagune Ebrié (Côte d'Ivoire) : peuplements, biomasse, production et bilan métabolique. Thèse Doct. État, Univ. d'Aix-Marseille II : 390p.

Pagano M. & Saint-Jean L., 1989. Biomass and production of the calanoid copepod *Acartia clausi* in a tropical coastal lagoon: Ebrié, Ivory Coast. *Scient. Mar.*, **53**: 617-624.

Pagano M. & Saint-Jean L., 1991. Importance et rôle du zooplancton dans une lagune tropicale, la lagune Ebrié (Côte d'Ivoire) : peuplements, biomasse, production et bilan métabolique. Paris-France Orstom, **70** : 446p.

Parenzan S., 1970. Carta d'identita delle conchiglie del Mediterraneo. Vol.: Gastéropodi. *Ed. Bios Taras.* Toronto : 284p.

Parenzan S., 1974. Carta d'identita delle conchiglie del Mediterraneo. Vol. II: Bivalvi *Ed. Bios Taras.* Toronto: 279p.

Parsons T.R., Maita Y. & Lalli C.M., 1989. *A manual of chemical and biological methods for sea water analysis.* Pergamon Press: 173p.

Pearson T.H., 1971. Studies on the ecology of the macrobenthic fauna of lochs Linnhe and Eil, West coast of Scotland. II. Analysis of the macrobenthic fauna by comparison of feeding groups. *Vie et Milieu,* suppl. (22): 53-91.

Pérès J.M. & Picard J., 1964. Nouveau manuel de bionomie benthique de la mer Méditerranée. *Rec. Trav. St. Mar. End.* Bull. **31**. Fasc. 47: 137p.

Perez-Siejas G.M., Ramirez F.C. & Vinas M.D., 1987. Variation of the dynamic abundance and biomass of the zooplankton at San Jorge Gulf. *Rev. Invest. Pesq.,* **7**: 5-20.

Perthuisot J.P. & Guelorget O., 1982. Le domaine paralique : dynamique biologique et sédimentaire. XXIème Congrès international de sédimentologie, Hamilton (Canada), Abstracts : 26p.

Petit G., 1954. Introduction à l'étude écologique des étangs méditerranéens. *Vie et Milieu,* **4** (4) : 569-604.

Petran A., 1985. Données quantitatives sur le zooplancton de la lagune Sinoe. *Rapp. Comm. Int. Mer Médit.,* **29** (4) : 131-132.

Pielou E.C., 1966. The measurement of diversity in different types of biological collection. *J. Theor. Biol.,* **13**: 131-144.

Plus M., Deslous-Paoli J.M., Aubyd I. & Degault F., 2001. Factors influencing primary production of seagrass beds (*Zostera noltii* Hornem) in the Thau lagoon (French Mediterranean coast). *Journal of Experimental Marine Biology and Ecology,* **259**: 63-84.

Plus M., Chapelle A., Menesguen A., Deslous-Paoli J.M. & Aubyd I., 2003. Modelling seasonal dynamics of biomass and nitrogen contents in a seagrass meadow (*Zostera noltii* Hornem): application of the Thau lagoon (French Mediterranean coast). *Ecological Modelling,* **161**: 213-238.

Pora J. & Bacescu R., 1977. Biologie des eaux saumâtres de la mer Noire. Les problèmes de l'eau saumâtre en général. *Inst. Roum. Rech. Mar. Constanta Roumanie,* **1** : 7-16.

Quignard J.P. & Mazoyer C., 1983. Un exemple d'exploitation lagunaire en Longuedoc : l'étang de l'Or (Mauguio). Pêche et production. *Science et Pêche. Bull. Inst. Pêche marit.*, N° **336** : 3-23.

Raibaut A., 1967. Recherche écologique sur les copépodes harpacticoïdes des étangs côtiers et des eaux saumâtres temporaires du Languedoc et de Camargue. Thèse Doct. État, USTL (Montpellier) : 238p.

Refes W., 1994. Contribution à la connaissance de la population de *Ruditapes decussata* (Linnaeus, 1758) du lac Mellah (El-Kala, Algérie) : écologie, reproduction, dynamique des populations et exploitation. Thèse de magister en océanographie biologique, ISMAL (Alger) : 197p.

Remane A., 1940. Ein führung in die zoologische okologie der Nord-und Ostree Tiernelt. *4 Ostress*, **1** (Ia) : 238p.

Remane A. & Schliepper C., 1958. Die biologie des brackwassers. 1 - écologie des brackwassers; 2 - physiologie des brackwassers, *Stuttgart, Binnenge wasser* (coll. A. thienemann), **22**: 348p.

Remane A. & Schliepper C., 1971. Biology of brackishwasser. *Stuttgart, Binnengewasser* (coll. A. thienemann), **25**: 372p.

Retima A., 1999. Incidences des échanges hydrologiques, chimiques, biochimiques et phytoplanctoniques sur la fertilité de la lagune Mellah et du littoral voisin (El-Kala, Algérie), selon le régime de la marée dix ans après l'aménagement du chenal de communication. Thèse de magister en Écologie et environnement, Univ. Annaba : 87p.

Raimbault P., Taupier L. & Radier M., 1988. Vertical size of phytoplankton in the Western Mediterranean sea during early summer. *Mar. Ecol. Prog ser,* 45: 225-231.

Ricard M., 1976. Premier inventaire des Diatomées marines du lagon de Tiahura (Ile de Moorea Polynésie française). *Rev. Algol.*, N.S **XI**, 3-4: 343-355.

Ricard M. & Bourelly P. 1982. Quelques algues microscopiques du lagon de l'atoll de Clipperton (Pacifique tropical Nord). *Cryptogamie : Algologie*, III, 1 : 25-31.

Ricard M., 1987. Atlas du phytoplancton marin. Vol **II** : Diatomophyceaes. *Eds. CNRS.* Paris, France : 297p.

Rince Y., Guilland J.F., Gallenne B., 1985. Qualité des eaux en milieu estuarien : Suivi annuel de critères physiques et chimiques dans les eaux de l'estuaire de la Loire hydrologique. **124** : 199-210.

Romdhane M.S. & Chakroune F.K., 1986. Les peuplements benthiques de la lagune de Ghar El-Melh. *Bull. Inst. Tatn. Sci. Techn. Océanogr. Pêche Salombô*, **13**: 45-108.

Rouhiainen L. & Georgieva A., 1982. Phytoplankton in the Ionian and Sardinian seas (en russe). *Ekologija Morija*, **8**: 24-37.

Rumeau A. & Coste M., 1988. Initiation à la systématique des Diatomées d'eau douce pour l'utilisation pratique d'un indice Diatomique générique *Bull. Fr Pêche Pisci.* 309 : 1-69.

Sacchi C.F. & Testard A., 1971. Écologie animale, organismes et milieu. *Ed. Doin* Paris : 444p.

Samson-Kechacha F.L. & Gaumer G., 1979. Données préliminaires sur l'hydrologie et le phytoplancton du lac Mellah. Rapport du CROP, juin 1979 : 36-42.

Samson-Kechacha F.L., 1981. Variations saisonnières des matières nutritives de la Baie d'Alger : Recherche des facteurs contrôlant le développement du phytoplancton. Thèse 3ème Cycle, USTHB (Alger) : 98p.

Samson-Kechacha F.L. & Touahria T., 1992. Populations phytoplanctoniques et successions écologiques dans une lagune saumâtre : le lac Mellah (Algérie). *Rapp. Comm. Intern. Médit., CIESM*, **33** : 103.

Saint-Jean L. & Pagano M., 1987. Taille et poids individuels des principaux taxons du zooplancton lagunaire ivoirien : lagune Ebrié, étang de pisciculture saumâtre de Layo. *Rev. Hydrobiol. Trop.*, **20** (1) : 13-20.

Sandro W., 1982. The Amphipoda of the Mediterranean: Part 1 - Gammaridae. Mémoire de l'institut océanographique. *Fondation Albert 1er*, Prince de Monaco, N° 13 : 365p.

Sei S., Rossetti G., Villa F. & Ferrari I., 1996. Zooplankton variability related to environmental changes in a eutrophic coastal lagoon in the Po Delta. *Hydrobiologia*, **329**: 45-55.

Semroud R., 1983. Contribution à l'étude écologique des milieux saumâtres méditerranéens : le lac Mellah (El-Kala, Algérie). Thèse 3ème cycle, USTHB (Alger): 137p.

Seurat L.G., 1940. La répartition actuelle et passée des organismes de la zone néritique de la Méditerranée Nord-africaine (Algérie - Tunisie). *Mém. Soc. Biogéogr.*, **7** : 139-179.

Sfriso A., Pavoni B., Marcomini A. & Orio A.A., 1988. Annual variations of nutrients in the lagoon of Venice. *Marine Pollution Bulletin*, **19**: 54-60.

Sfriso A., Pavoni B. & Marcomini A., 1989. Macroalgae and phytoplankton standing crops in the central Venice lagoon: primary production and nutrients balance. *The Science of Total Environment*, 80: 139-159.

Sheldon A.L., 1969. Equitability indices: dependence of the species. *Count. Ecology*, **5**: 466-467.

Skov J., Lundhom-N., Moestrup Ö. & Larsen J., 1995. Potentially toxicphytoplankton 4. The genus *Pseudonitzschia* (Diatomophyceae. Bacillariophyceae). *ICES,* Card of identification of the plankton N° 182: 305p.

Socal G., Pugnetti A., Alberighi L. & Acri F., 2002. Observation on phytoplankton productivity in relation to hydrography in N-W Adriatic. *Chemistry and Ecology*, **18**: 61-73.

Solidoro C., Pastres R., Cossarini G. & Ciavatta S., 2004. Seasonal and spatial variability of water quality parameters in the lagoon Venice. *Journal of Marine Systems*, **51**: 7-18

Sournia A., 1967. Le genre *Ceratium* (Péridinien planctonique) dans le canal de Mozambique. Contribution à une révision mondiale. *"Extrait de Vie et Milieu"*, série A., *Biologie Marine.* Tome **XVIII**. Fasc 2, 3, A : 375-500

Sournia A., 1968. Diatomées planctoniques du canal de Mozambique et de l'Île Maurice. *Mém. O.R.S.T.O.M.*, **N° 31** : 120p.

Sournia A., 1978. Catalogue des espèces et taxons infraspécifique de Dinoflagellés marines actuels. Publié depuis la révision de *J. Schiller* III. Complément *Rev. Algol.*, N.S. **XIII**, 1 : 3-40.

Sournia A., 1984. Classification et nomenclature de divers Dinoflgellés marins (Dinophycées). *Phycologia.* Vol. **23** (3) : 245-355.

Sournia A., 1986. Atlas du phytoplancton marins Vol I. Introduction, Cyanophycées, Dictyophycées, Dinophycées, et Raphidophycées. *Eds CNRS.* Paris : 219p.

Steidinger K.A., 1983. A re-evolution of toxic dinoflagellate biology and ecology. *Progress in Phycological Research* **2**. Round/Chepman, *Eds, Elsevier Science Publishers*: 147-188.

Stora G., 1976. Évolution des peuplements benthiques d'un étang marin soumis à un effluent d'eaux douces. *Bull. Ecol.*, **7** (3) : 275-282.

Système de Venise, 1958. Symposium sur la classification des eaux saumâtres, Venise, 8-14 avril 1958. *Archi. di Oceano e Limno.*, **11** (supplément) : 248p.

Taylor D.L., 1984 a. Dinoflagellates. Spector *Ed. Acad. Press.* : 247p.

Taylor D.L., 1984 b. Toxic dinoflagellates: Taxonomic and biogeographic aspects with emphasis on *Protogonyaulax*. In: *Seafood Toxins*. Ragelis *Ed. ADS* Symposium Series.

Taylor D.L., 1985. The taxonomy and relationships of red tide dinoflagellates. In: *Toxic dinoflagellates*. Anderson and Baden. *Eds. Elsevier.* 11-26.

Thiebaut E., Dauvin J.C. & Lagadeuc Y., 1994. Horizontal distribution and retention of *Owenia fusiformis* larvae (Annelida: Polychaeta) in the bay of Seine. *J. mar. Biol. Ass., U.K.*, **74**: 129-142.

Thimel A., 1988. Étude *in situ* de métabolisme aérobie d'une communauté benthique dans une lagune mixohaline peu profonde. Thèse doct. Univ. Bordeaux I : 161p.

Thomas J.P., Bougazelli N. & Attender M., 1973. Projet de parc national marin, lacustre et terrestre d'El-Kala, Annaba, Algérie : 64p.

Thomsen H.A., 1992. Pankton i de indre danske farvande. Analyse of forekomsten of algae og heterotrofe protister (ekskl. ciliater) i kattegat II, Miljoministriet. *Miljostyrelsen,* Denmark: 331p.

Tolomio C. & Lenzi M., 1996. "Eaux colorées" dans les lagunes d'Orbetello et de Burano (Mer Tyrrhénienne du Nord) de 1986 à 1989. *Vie Milieu,* **46** (3) : 25-37.

Tolomio C., Moschin E., Moro I. & Andreoli C., 1999. Phytoplancton de la lagune de Venise I. Bassins Nord et Sud (Avri 1988-Mars 1989). *Vie Milieu,* **49** (1) : 25-37.

Tortorese T., 1965. Fauna d'Italia: Echinodermata. *Calderini. Istit. Zool.* Univ. Torino: 419p.

Travers A. & Travers M., 1975. Catalogue du microphytoplancton du golfe de Marseille. *Inst. Rev. Ges. Hydrobiol,* **60** (2) : 251-276.

Travers M. & Kim K.T., 1985. Le phytoplancton apporté par l'Arc à l'étang de Berre (côte méditerranéenne française) : dénombrement, composition spécifique, pigments et adénosine 5' triphosphate. *Ecol. Méd.* T. **XI**. Fasc. 4 : 43-60.

Travers M. & Kim K.T., 1988. Le phytoplancton du golfe de Fos (Méditerranée Nord-occidentale). *Marine nature,* 1 (1) : 21-35.

Tregouboff G. & Rose M., 1978. Manuel de planctonologie méditerranéenne. Tome II. *Ed. CNRS,* Paris : 207 p.

Triantafyllou G., Petihakis G., Dounas C., Koutsoubas D., Arvanitidis C. & Eleftheriou A., 2000. Temporal variations in benthic communities and their response to physicochemical foreign: a numerical approach. *ICES Journal of Marine Science,* **57**: 1507-1516.

Truquet P., Lassus P., Honsell G., & Le Dean L. 1996. Application of complexes. *Aquat. Lining Resour.* 9: 273-279.

Tufail A., 1981. Identification streets of phytoplankton species in Libyan coastal waters. Bull. Mar. *Res. Center Libyan,* **2**: 15-70.

Turley C.M., 1999. The changing Mediterranean Sea -a sensitive ecosystem ? *Progress in Oceanography,* **44**: 387-400.

Vallejo S.M.A., 1982. Development and management of coastal lagoons. Actes du Symposium International sur les lagunes côtières, 8-14 septembre 1981, Bordeaux, France. *Oceanol. Acta.* **N° SP** : 397-401.

Vaquer A., 1994. Eutrophisation et phytoplancton dans l'étang de Thau. Productivité primaire dans les écosystèmes "tables conchylicoles" en relation avec l'azote et le phosphore. Rapport région Languedoc-Roussillon.

Viaroli P., Naldi M., Christian R.R. & Fumagalli I., 1993. The role of macroalgae and detritus in the nutrient cycles in a shallow-water dystrophic lagoon. *Verhandlungen International Verein der Limnologie*, **25**: 1048-1051.

Vitiello P. & Dinet A., 1979. Définition et échantillonnage du meiobenthos. *Rapp. Comm. Mer. Medit.* 25/26 : 279-283.

Vincke M., 1982. Population dynamics and secondary production of benthos. In: Marine Benthic dynamics. Tenore K-R. and Coull B-C (Eds)., University of South Carolina press, *Belle W. Baruch libr. Mar. Sci.*, **11**: 1-24.

Wolff W.J. & De Wolf L., 1977. Biomass and production of zoobenthos in the Grevelingen estuary, the Netherlands. *Estuar. Caost. Mar. Sci.,* **5** (I): 1-24.

Wolff W.J., 1973. The estuary as a habitat: an analysis of data on the soft bottom macrofauna of the estuarine area of the rivers Rhine, Meuse and Scheldt. *Zool. Verhandel. Leiden*, (126): 1-242.

Wooldridge T. & Smith R.M., 1979. Copepod succession in two South African estuaries. *J. Plankton Res.*, 1(4): 329-341.

Zagami G. & Guglielmo L., 1995. Distribuzione e dinamica stagionale dello zooplancton nei laghi di Faro e Ganzirri. *Biol. Mar. Medit.*, **2** (2) : 83-88.

Zaouali J., 1977. Le lac de Tunis : facteurs climatiques, physico-chimie et crises de dystrophiques. *Bulletin de l'Office National des Pêches Tunisie.* 1 : 37-49.

Zaret T.M., 1982. The stability-diversity controversy: a test of hypotheses. *Ecology* 116(3): 394-408.

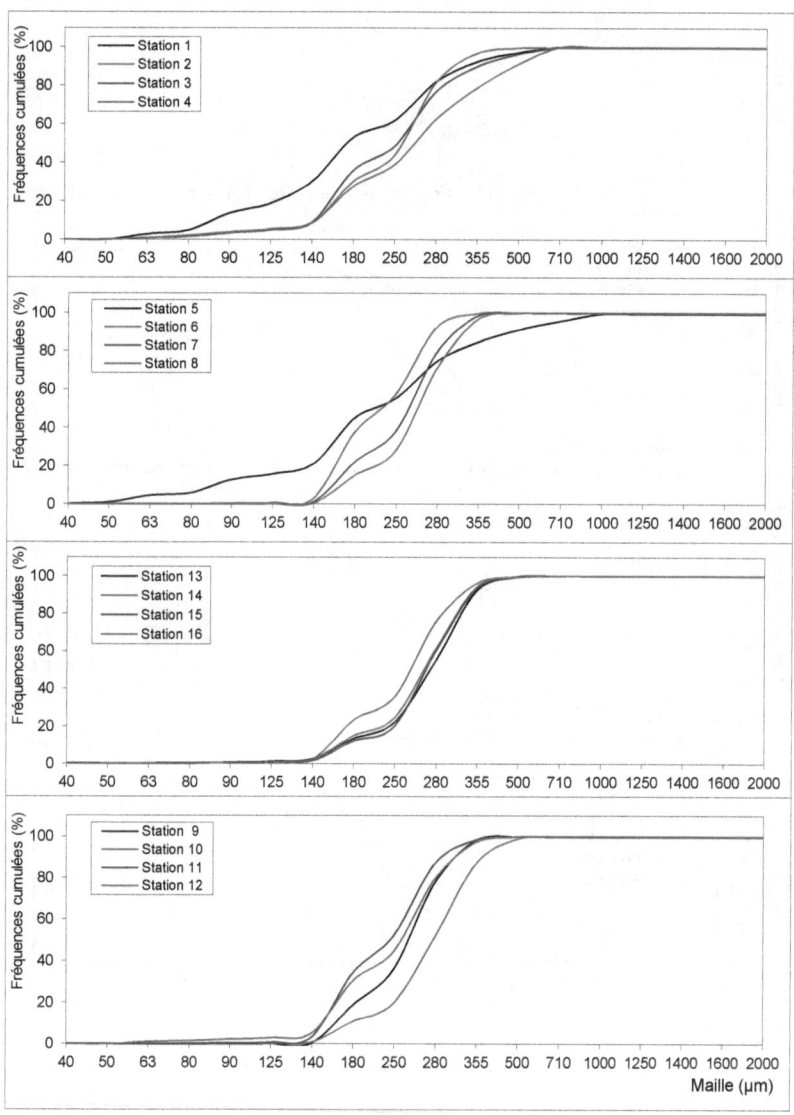

Figure A-1 : Courbes des fréquences cumulées des stations (de 1 à 16) prospectées dans la lagune Mellah.

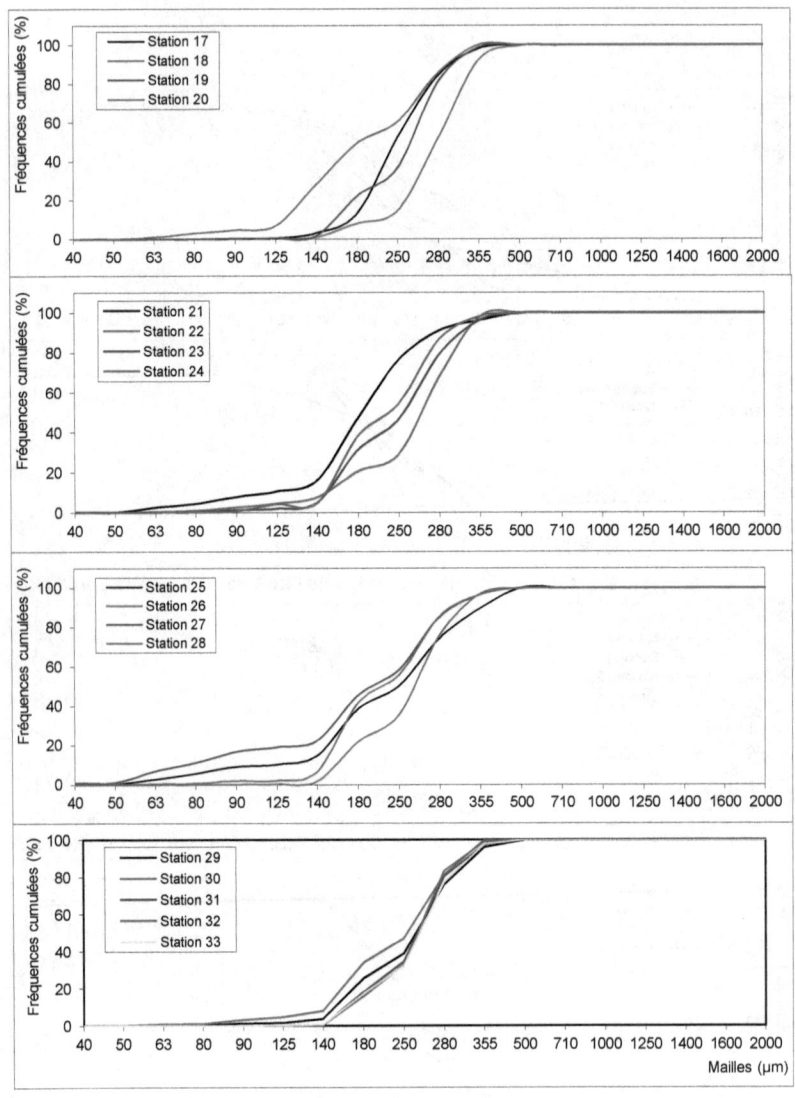

Figure A-2: Courbes des fréquences cumulées des stations (de 17 à 33) prospectées dans la lagune Mellah.

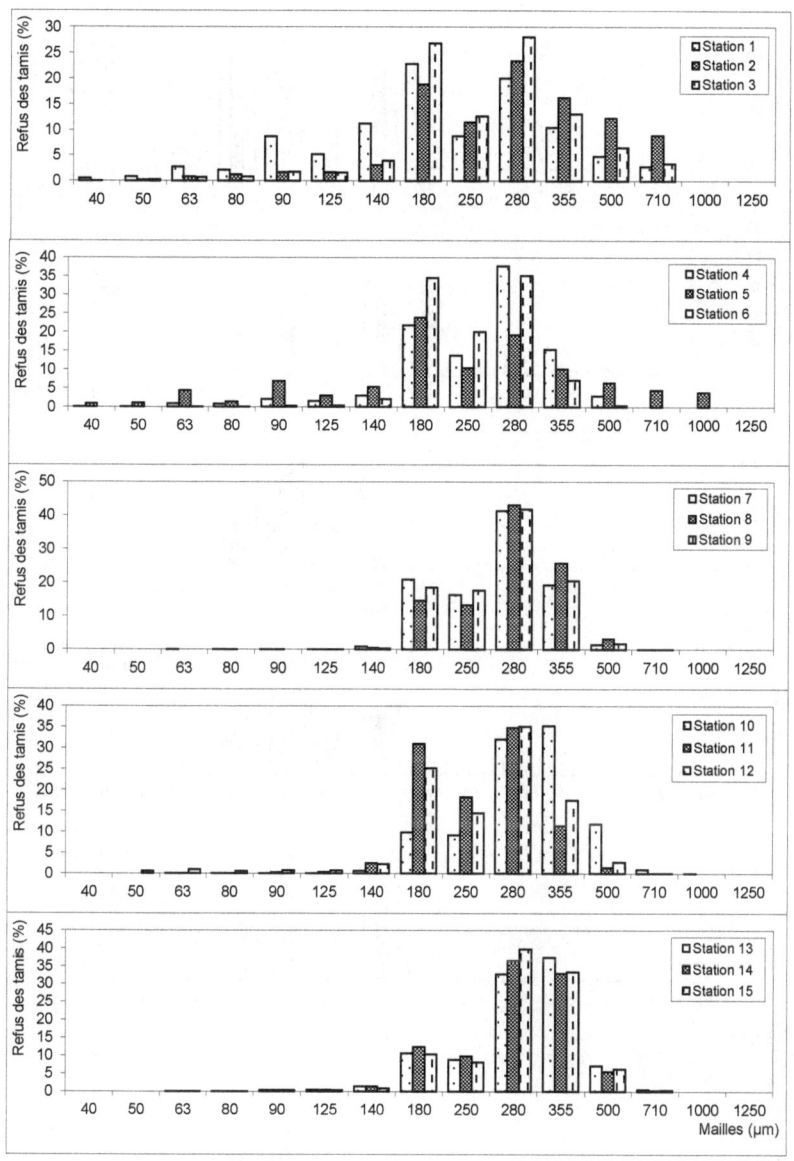

Figure A-3 : Histogrammes de fréquence des stations (de 1 à 15) prospectées dans la lagune Mellah.

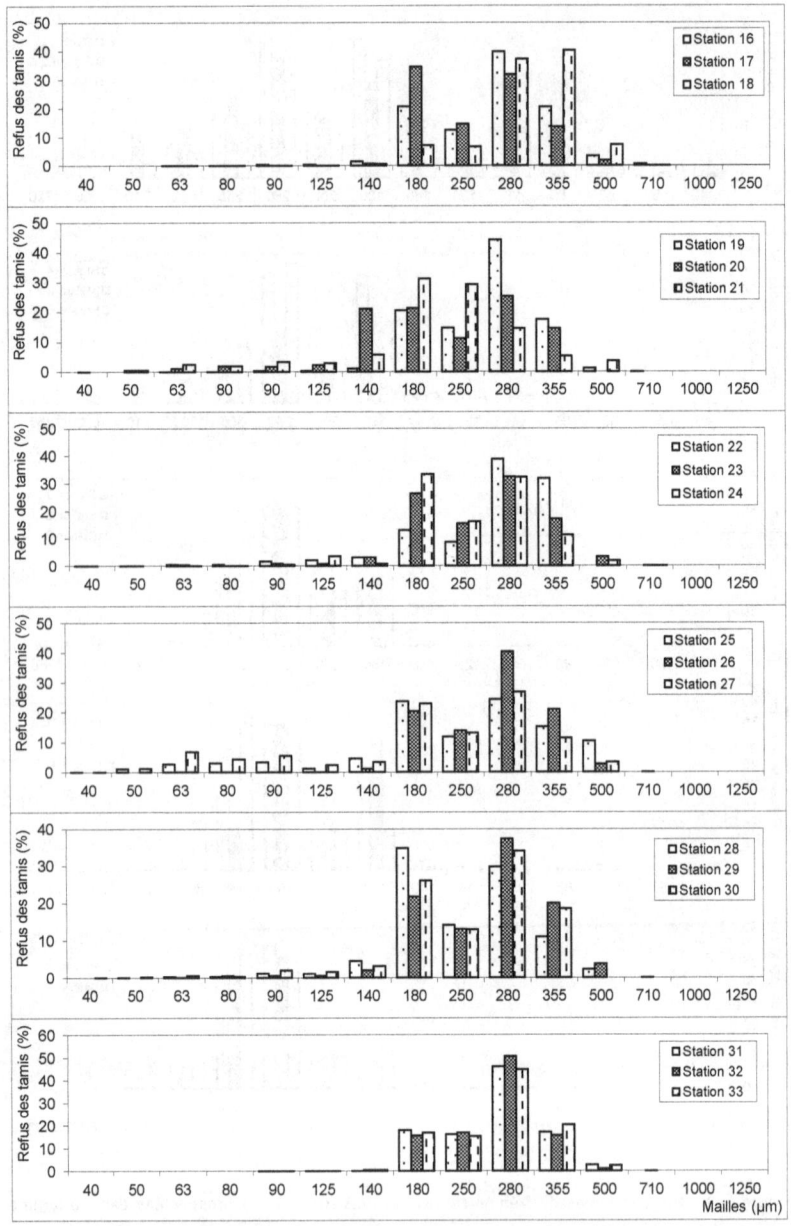

Figure A-4 : Histogrammes de fréquence des stations (de 16 à 33) prospectées dans la lagune Mellah.

Tableau A-1 : Évolution de la composition taxonomique des peuplements microphytoplanctoniques et fréquence des espèces récoltées dans la station A (novembre 2000 - décembre 2001). (r, a et c : espèces rares, accessoires et constantes).

		N	D	J	F	M	A	M	J	J	A	S	O	N	D	F%
Chlorophyceae																
Chlorococcales																
Pediastrum boryanum	(r)	+	-	-	-	-	-	-	-	-	-	-	-	-	-	7,14
P. clathratum	(r)	+	-	-	-	-	-	-	-	-	-	-	-	-	-	7,14
P. duplex	(r)	+	-	-	-	-	-	-	-	-	-	-	-	-	-	7,14
P. sp.	(r)	-	-	-	-	-	-	-	-	-	-	-	+	-	-	7,14
Scenedesmus tropicus	(r)	+	-	-	-	-	-	-	-	-	-	-	-	-	-	7,14
Oedogoniales																
Oedogonium sp.	(r)	-	-	-	-	-	-	-	-	-	-	-	+	-	-	7,14
Sphaeropleales																
Schroederia setigera	(r)	+	-	-	-	-	-	-	-	-	-	-	-	-	-	7,14
Cyanophyceae																
Chrococcales																
Chroccocus turgidis	(r)	-	-	-	-	-	-	-	-	+	-	+	-	-	-	14,28
Gloecapsa minuta	(r)	+	-	-	-	-	-	-	-	-	-	-	-	-	-	7,14
G. alpina	(r)	-	-	-	-	-	-	-	-	-	-	-	+	-	-	7,14
Gomphosphaeria aponina	(r)	-	-	-	-	-	-	-	-	+	+	-	-	-	-	14,28
Merismopedia elegans	(a)	+	-	-	-	-	-	-	-	+	+	-	+	+	+	42,85
M. geminata	(r)	-	-	-	-	-	+	-	-	+	+	-	-	-	-	21,42
M. glauca	(r)	-	-	-	-	-	-	-	-	+	-	-	-	-	-	7,14
M. punctata	(c)	+	+	-	+	+	-	+	+	+	+	+	+	-	+	78,57
M. tenuissima	(a)	+	-	-	-	-	-	-	+	+	-	+	-	-	-	28,57
Synechocystis diplococcus	(r)	-	+	+	-	-	-	-	-	-	-	-	-	-	-	14,28
Hormogonales																
Anabaena macrospora	(r)	-	-	-	-	-	-	-	+	+	+	-	-	-	-	21,42
A. spiroides	(r)	-	-	-	-	-	-	-	+	-	-	-	-	-	-	7,14
Aphanizomenon flos-aquae	(r)	-	-	-	-	-	-	-	+	+	-	-	-	-	-	14,28
Crinalium endophyticum	(r)	-	-	-	-	-	-	-	-	+	-	-	-	-	-	7,14
Lyngbya epiphytica var. *aquae-dulcis*	(c)	-	+	+	-	+	-	+	-	-	+	+	+	-	-	50
L. luridum	(r)	-	-	-	-	-	-	-	+	-	+	-	-	-	-	14,28
L. martensiana	(a)	+	-	-	-	-	+	-	+	-	-	-	-	+	+	35,71
L. rivulariarum	(r)	-	-	-	-	-	-	-	-	-	-	-	-	+	-	7,14
L. sp.	(r)	-	-	-	-	-	+	-	-	-	-	-	-	-	-	7,14
Nodularia sp	(r)	-	-	-	-	-	-	-	+	-	-	-	-	-	-	7,14
Oscillatoria anguinis	(r)	-	-	-	-	+	-	-	+	-	-	-	-	+	-	21,42
O. bonnemaisonii	(c)	+	+	+	-	-	+	+	+	+	+	+	+	+	-	78,57
O. bonnemaisonii var. *intermedia*	(r)	-	+	-	-	-	-	-	-	-	-	-	-	-	-	7,14
O. platensis	(r)	+	-	-	-	-	-	-	-	-	-	-	-	-	-	7,14
O. subsalsa	(r)	-	-	+	-	-	-	-	+	-	-	-	-	-	-	14,28
O. terribriformis	(r)	-	-	-	-	-	-	-	+	-	-	-	+	-	-	14,28
O. sp.	(r)	-	-	-	-	-	-	-	-	+	+	-	-	-	-	14,28
Pseudoanabaena sp.	(r)	-	-	-	-	-	-	-	-	-	-	-	+	-	-	7,14
Tolypothrix lanata	(r)	-	-	+	-	-	-	-	-	-	-	-	-	-	-	7,14
T. distorta	(r)	-	+	-	-	-	-	-	-	-	-	-	-	-	-	7,14

164

Tableau A-1. (Suite)

Diatomophyceae
Centrales

																%
Aulacodiscus kitonii forma *africana*	(r)	-	-	+	-	-	-	-	-	-	-	-	-	-	-	7,14
Bellerochea horologicalis	(c)	+	+	+	+	+	-	+	+	+	-	+	+	+	+	85,71
B. malleus	(a)	-	+	-	-	+	+	-	+	+	-	-	+	-	-	42,85
Biddulphia aurita	(c)	+	-	+	+	+	-	+	+	+	+	+	-	+	+	78,57
B. mobiliensis	(a)	-	+	+	+	-	-	+	-	-	-	-	-	+	-	35,71
B. obtusa	(c)	-	+	+	+	+	-	+	+	-	-	-	+	-	+	57,14
B.pulchella	(c)	+	+	+	+	+	+	-	-	-	-	+	+	-	-	57,14
B. tridens	(a)	-	+	-	+	+	+	-	+	-	-	-	-	-	-	35,71
B. spp.	(c)	-	+	+	+	+	+	+	+	-	-	+	-	+	-	64,28
Cerataulina pelagica (Ex. *C. bergoni*)	(r)	+	+	+	-	-	-	-	-	-	-	-	-	-	-	21,42
Chaetoceros atlanticus	(r)	-	-	-	-	-	-	-	-	+	-	-	-	-	-	7,14
C. brevis	(r)	-	-	-	-	-	-	-	-	-	-	-	+	-	-	7,14
C. constrictus	(c)	-	+	+	-	+	-	+	-	+	+	-	+	-	-	50
C. curvisetus (= *C. pseudocurvisetis*)	(r)	-	-	-	+	-	-	-	-	+	-	-	+	-	-	21,42
C. decipiens	(r)	-	-	-	+	-	-	-	-	+	-	-	+	-	-	21,42
C. diadema	(a)	-	+	-	-	+	-	-	-	+	-	-	+	-	-	28,57
C. lauderi	(a)	+	+	-	-	-	-	-	-	+	-	+	+	-	-	35,71
C. radicans	(r)	-	-	+	-	-	-	-	-	+	-	-	+	-	-	21,42
C. teres	(r)	-	-	-	-	-	-	-	-	+	-	-	+	-	-	14,28
C. socialis	(r)	-	-	-	-	-	-	-	-	+	-	-	-	-	-	7,14
C. sp.	(r)	-	-	-	-	-	-	-	+	-	-	-	-	-	-	7,14
Coscinodiscus centralis var. *pacifica*	(a)	+	-	-	-	-	-	-	-	+	+	+	+	-	-	35,71
C. jonicianus	(a)	+	-	-	-	-	+	-	+	+	+	-	+	-	-	42,85
C. korstenii	(r)	-	+	-	-	-	-	-	-	-	-	-	-	-	-	7,14
C. nodulifer	(r)	-	-	-	-	-	-	-	+	-	-	-	-	-	-	7,14
C. occulo-iridis	(r)	-	-	-	-	-	-	-	+	+	-	-	-	-	-	14,28
C. sp.	(c)	+	+	+	-	+	+	+	-	-	+	+	+	-	-	64,28
Cyclotella chaetoceras	(r)	-	-	-	-	-	-	-	-	+	-	-	-	-	-	7,14
Cymatodiscus planetophorus	(r)	-	-	-	-	-	-	-	-	-	-	-	-	+	-	7,14
Druridgea geminata	(a)	-	+	+	+	+	+	-	-	+	-	-	-	-	-	42,85
Lauderia borialis (= *L. annulata*)	(a)	-	+	+	-	+	-	+	-	-	-	-	-	-	-	28,57
L. sp.	(r)	-	-	-	-	-	-	-	-	+	-	-	-	-	-	7,14
Leptocylindrus danicus	(a)	-	-	-	-	-	+	+	+	-	-	+	-	-	-	28,57
Melosira lineata	(r)	-	-	-	+	-	-	-	-	-	+	+	-	-	-	21,42
M. moniliformis	(c)	+	-	+	+	+	+	+	+	-	-	+	+	-	-	64,28
M. nummuloides	(a)	-	+	+	+	+	-	-	-	-	-	-	+	+	-	42,85
M. spp.	(a)	-	+	+	-	-	-	-	+	-	+	-	+	-	-	35,71
Paralia sulcata	(c)	+	+	+	+	+	+	-	+	+	+	+	+	+	+	92,85
Planktoniella sol	(a)	+	+	-	+	-	+	+	+	-	-	-	-	-	-	42,85
Rhizosolenia alata	(r)	-	+	-	-	+	-	-	-	-	-	+	-	-	-	21,42
R. delicatula	(r)	-	-	-	+	-	-	-	-	-	-	-	-	-	-	7,14
R. stolterfothii	(r)	-	+	-	-	+	-	-	-	-	-	-	-	-	-	14,28
Skeletonema costatum	(r)	-	-	-	-	-	-	+	-	-	-	+	-	-	-	14,28
Stephanopyxis palmeriana	(r)	-	-	-	+	-	+	+	-	-	-	-	-	-	-	14,28
Triceratium pelagicum	(r)	-	+	-	-	-	-	-	-	-	-	-	-	-	-	7,14

165

Tableau A-1. (Suite)

T. pentacrimus forma aquadratum	(c)	+	+	+	+	-	+	+	+	-	-	+	-	+	-	64,28
T. sp.	(r)	-	+	-	-	-	-	-	-	-	-	-	-	-	-	7,14
Trigonium formosum	(r)	-	-	-	-	+	-	-	-	-	-	-	-	-	-	7,14
Pennales																
Achnanthes brevipes	(c)	+	+	+	+	+	+	+	+	+	+	+	+	+	+	100
A. coactata	(r)	-	+	-	-	-	-	-	-	-	-	-	-	-	-	7,14
A. inflata	(r)	-	-	-	-	-	-	-	+	-	-	-	-	-	-	7,14
A. longipes	(c)	-	+	-	+	+	+	+	-	+	+	-	-	-	-	50
A. spp.	(r)	-	-	-	-	-	-	-	+	-	+	-	-	-	+	21,42
Amphora arenaria var. donkinii	(a)	-	-	-	-	+	+	-	+	+	+	+	-	-	-	42,85
A. bigiba var. interrupta	(r)	-	+	-	-	-	-	-	-	-	-	-	-	+	-	14,28
A. contracta	(a)	+	+	+	-	-	+	-	-	-	-	-	-	-	-	28,57
A. costata	(c)	+	+	+	+	+	-	+	+	+	+	+	-	+	+	85,71
A. exigua	(r)	-	-	-	-	+	-	-	-	+	-	+	-	-	-	21,42
A. ocellata	(r)	-	-	-	-	+	-	-	-	-	+	+	-	-	-	21,42
A. ostrearia	(c)	-	+	+	+	+	+	+	+	-	+	+	+	+	+	78,57
A.ovalis	(c)	-	+	+	+	+	+	+	+	-	-	+	-	+	-	64,28
A robusta	(r)	-	-	-	-	-	-	-	-	-	-	-	-	+	-	7,14
A.salina	(r)	-	-	-	-	+	-	-	-	-	-	-	-	-	-	7,14
A. spp.	(c)	+	+	+	+	+	-	+	+	+	+	+	+	+	-	85,71
A. truncata	(c)	+	+	+	+	+	-	-	+	+	-	-	-	+	-	57,14
Anomoeneis serians	(r)	+	-	-	-	-	-	-	-	-	-	-	-	-	-	7,14
Ardissonia formosa	(r)	-	-	-	-	-	-	-	-	-	-	-	-	+	-	7,14
Asterionella gracillima	(r)	-	-	-	-	-	-	-	-	-	-	-	+	-	-	7,14
A. japonica (= A. gracilis)	(r)	+	-	-	-	-	-	-	-	-	-	-	-	-	-	7,14
Bacillaria paradoxa	(c)	+	+	+	+	-	+	-	+	+	-	-	+	-	+	64,28
Campylodiscus clypeus	(a)	+	+	+	+	+	+	-	-	-	-	-	-	-	-	42,85
C. decorus var. pinnatus	(r)	-	-	+	-	-	-	-	-	-	-	-	-	-	-	7,14
C. echeneis	(c)	+	+	-	+	+	+	+	-	-	-	+	-	-	-	50
C. ecclesianus	(r)	-	-	-	-	+	-	-	-	-	-	-	-	-	-	7,14
C. noricus var. hibernica	(r)	-	-	+	-	-	-	-	-	-	-	-	-	-	-	7,14
C. sp.	(r)	-	-	-	-	-	+	-	-	-	-	-	-	-	-	7,14
Campyloneis grevillei	(r)	-	+	-	-	-	-	-	-	-	-	-	-	-	-	7,14
Climacosphenia monoligera	(c)	+	+	+	-	-	-	-	+	-	+	+	-	-	+	50
Cocconeis scutellum	(r)	-	-	+	-	-	-	-	-	-	-	-	-	-	-	7,14
Diploneis bombus (= Navicula bombus)	(r)	-	-	-	-	-	-	-	-	-	+	-	-	-	-	7,14
D. crabo	(c)	+	+	+	+	+	+	+	+	+	+	+	+	+	-	92,85
D. elliptica	(r)	+	-	+	+	-	-	-	-	-	-	-	-	-	-	21,42
D. fusca	(r)	-	-	-	-	-	-	-	-	-	+	-	-	+	-	7,14
D. lineata	(r)	-	-	-	-	-	-	-	+	-	-	+	-	-	-	14,28
D. ovalis var. oblongella	(c)	-	+	+	+	+	+	+	+	+	+	+	+	+	+	92,85
D. sp.	(r)	-	-	-	-	-	-	-	-	+	-	+	-	-	-	14,28
Donkinia recta	(c)	+	+	-	-	+	-	-	+	+	+	-	-	-	+	50
Entomoneis alata	(a)	-	-	+	-	-	+	-	+	+	+	-	-	-	-	35,71
E. gigantea	(r)	-	-	-	-	-	-	-	+	-	-	-	-	-	-	7,14
Epithemia sorex	(r)	-	-	+	-	-	-	-	-	-	-	-	-	-	-	7,14
Fragilaria crotonensis	(r)	-	-	-	-	-	-	-	+	-	-	-	+	-	-	14,28

166

Tableau A-1. (Suite)

Frustulia romboides	(r)	-	-	-	-	-	-	-	-	-	-	-	-	-	+	7,14
Grammatophora angulosa	(a)	-	-	+	-	+	-	+	+	-	-	-	-	-	-	28,57
G. marina	(a)	+	+	+	-	-	+	-	+	-	-	-	-	-	-	35,71
Gyrosigma attenuatum	(r)	-	+	-	-	-	-	-	-	-	-	-	-	-	-	7,14
G. sp.	(a)	+	+	-	-	-	-	-	+	-	-	+	-	+	+	42,85
Hanzschia amphioxys	(c)	+	+	+	+	+	+	+	+	+	+	+	-	+	+	**92,85**
Licmophora abbreviata	(a)	-	-	+	+	-	-	-	-	+	-	+	-	+	-	42,85
L. dalmatica	(a)	+	+	+	+	-	-	+	-	-	-	+	-	-	-	42,85
L. dalmatica var. *tenella*	(r)	-	-	-	-	-	-	-	-	-	-	+	-	-	-	7,14
L. flabellata	(c)	+	+	+	+	+	+	+	+		+	+	+		+	78,57
L. flabellata var. *splendida*	(r)	-	-	+	-	-	-	-	-	-	-	-	-	-	-	7,14
L. gracilis	(c)	+	+	+	+	+	+	-	+	-	-	+	+	+	+	78,57
L. gracilis var. *elongata*	(r)	-	-	-	-	-	-	-	-	-	-	-	-	-	+	7,14
L. lyngbei	(a)	+	-	+	+	+	-	-	-	-	-	-	-	-	-	28,57
L. spp.	(r)	-	+	+	-	-	-	-	-	-	+	-	-	-	-	21,42
Lyrella clavata	(a)	-	+	-	-	+	-	-	-	-	-	-	+	+	-	28,57
L. lyra	(c)	+	-	-	+	+	+	+	-	-	+	+	-	-	+	57,14
L. lyra var. *recta*	(a)	+	+	-	-	+	-	-	+	-	-	-	-	-	-	28,57
Mastogloia angulata	(c)	+	-	+	+	+	+	+	+	+	+	+	-	-	-	71,42
M. fimbriata	(c)	+	+	-	+	+	+	+	-	+	-	+	-	-	-	57,14
M. grana	(r)	-	-	-	+	-	+	-	-	-	-	-	-	-	-	14,28
M. hustedtii	(r)	-	-	-	-	-	-	-	-	-	-	-	+	-	-	7,14
M. splendidula	(c)	-	+	+	+	+	+	+	+	+	-	-	+	-	+	78,57
M. sp.	(r)	-	-	-	-	-	-	-	-	-	+	-	-	-	-	7,14
Navicula agneta	(r)	-	-	-	-	-	-	+	-	-	-	-	-	-	-	7,14
N. arenaria	(r)	-	-	-	-	+	-	-	-	-	-	-	-	-	-	7,14
N. concellata	(c)	+	+	+	+	+	+	+	+	+	+	+	+	+	+	100
N. cuspidata	(r)	+	-	-	-	-	-	-	-	-	-	-	-	-	-	7,14
N. delognei	(r)	-	-	-	-	-	-	-	-	-	-	-	-	+	-	7,14
N. faaensis	(r)	-	-	-	+	-	-	-	+	-	-	-	-	-	-	14,28
N. humerosa	(c)	+	+	+	+	+	+	+	+	+	+	+	+	+	+	100
N. mutica	(r)	+	-	-	-	-	-	-	-	-	-	-	-	-	-	7,14
N. menaiana	(r)	-	-	-	-	+	-	-	-	-	-	-	-	-	-	7,14
N. monilifera	(r)	-	-	-	-	-	-	+	-	-	-	-	-	-	-	7,14
N. pygmaea	(r)	-	+	-	-	-	-	-	-	-	-	-	-	-	-	7,14
N. peregrina	(a)	+	-	+	+	-	-	+	-	-	+	-	-	-	-	35,71
N. spp.	(r)	-	-	-	-	-	-	+	-	-	-	-	-	-	+	14,28
Nitzschia acicularis	(r)	-	-	+	-	-	-	+	+	-	-	-	-	-	-	21,42
N. bilobata	(c)	+	+	+	+	+	-	+	-	+	-	+	-	-	-	64,28
N. closterium	(c)	+	+	+	-	+	-	+	+	+	+	+	+	+	+	85,71
N. longissima	(c)	+	+	+	+	+	+	+	+	+	+	+	+	+	+	100
N. lorenziana var. *subtilis*	(a)	+	-	+	-	+	-	-	-	-	+	+	-	-	-	35,71
N. navicularis	(r)	-	-	-	-	-	+	-	-	-	-	-	-	-	-	7,14
N. panduriformis	(r)	-	-	-	-	-	-	-	-	-	+	-	-	-	-	7,14
N. reversa	(c)	+	-	+	-	+	+	+	+	+	+	+	+	+	+	85,71
N. seriata	(a)	+	+	+	-	+	-	-	-	-	-	+	-	-	-	35,71
N. spp.	(c)	+	+	+	+	+	+	-	+	-	+	-	+	+	+	78,57

N. subpacifica	(r)	-	-	-	-	-	-	-	-	+	-	-	-	-	-	7,14
N. ventricosa	(r)	-	-	+	-	-	-	-	+	-	-	-	+	-	-	21,42
Pinnularia acrosphaeria	(r)	-	+	-	-	-	-	-	-	-	-	-	-	-	-	7,14
Plagiotropis cancerta	(r)	-	-	-	-	+	-	-	-	-	-	-	-	-	-	7,14
P. lepedoptera	(c)	+	+	+	+	+	+	+	+	+	+	+	+	+	-	92,85
Pleurosigma directum	(a)	-	+	+	-	-	-	-	-	+	+	-	+	-	+	42,85
P. formosum	(c)	+	+	+	+	+	+	+	+	+	+	+	+	+	+	100
P. itium	(a)	+	+	-	-	-	-	+	+	-	-	-	-	+	+	42,85
P. sp.	(r)	-	-	+	-	-	-	-	-	-	-	+	-	+	-	21,42
Podocystis adriatica	(r)	-	-	+	-	-	-	-	-	-	-	-	-	-	-	7,14
Rhabdonema adriaticum	(r)	-	+	-	-	-	-	-	-	+	-	+	-	-	-	21,42
Rhopalodia gibberula	(r)	-	-	-	+	+	-	-	-	-	-	+	-	-	-	21,42
Scoliopleura sp.	(r)	+	-	-	-	-	-	-	+	-	-	-	-	-	-	14,28
Stauroneis biblos	(r)	-	+	-	+	-	-	-	-	-	-	-	-	-	-	14,28
S. membranaea (= *N. membranaea*)	(r)	-	-	-	-	-	-	-	-	-	+	-	-	-	-	7,14
Stenopterobia intermidia	(r)	-	-	+	-	-	-	-	-	-	-	-	-	-	-	7,14
Striatella unipunctata	(c)	+	+	+	+	+	+	+	+	+	+	+	+	+	+	100
Surirella fastuosa	(a)	+	+	+	+	-	-	-	-	-	-	-	+	+	-	42,85
S. fluminensis	(r)	+	-	-	-	-	-	-	-	-	-	-	-	-	-	7,14
S. ovata	(r)	-	-	-	-	-	-	-	-	-	-	-	-	+	-	7,14
S. striatula	(r)	-	-	+	-	-	-	-	-	-	-	-	-	-	-	7,14
S. sp.	(r)	-	-	-	+	-	-	+	-	-	-	-	-	-	+	21,42
Synedra acus	(r)	-	-	-	-	-	-	-	-	-	-	+	-	-	-	7,14
S. fulgens	(c)	-	-	+	+	+	+	-	+	+	+	-	+	+	+	64,28
S. sp.	(c)	+	+	+	+	+	+	+	+	+	+	+	+	+	+	100
S. ulna	(a)	+	-	-	-	-	+	-	-	-	+	+	-	-	+	35,71
Tabellaria fenestrata	(r)	-	-	-	-	-	-	-	-	-	-	-	+	-	-	7,14
Thalassionema longissima	(r)	-	-	-	-	-	-	-	-	-	-	-	-	+	-	7,14
T. nitzschioides	(c)	-	-	+	-	+	+	-	-	+	+	+	+	-	+	57,14
Thalassiophysa hyalina	(c)	+	+	-	+	+	+	-	+	+	+	-	-	+	-	64,28
Trachyneis aspera	(a)	+	-	+	-	+	-	-	+	-	+	-	-	-	-	35,71
Undontella sp.	(r)	-	-	-	-	-	-	-	+	-	-	-	-	-	-	7,14
Dictyochophyceae																
Dictyochales																
Dictyocha fibula var. *major*	(r)	+	-	-	-	-	-	-	-	-	-	-	-	-	+	14,28
D. fibula var. *oculeata*	(r)	-	-	+	-	+	-	-	-	-	-	-	-	-	-	14,28
Dinophyceae																
Dinophysales																
Dinophysis acuminata	(a)	-	+	+	+	-	-	-	+	-	+	-	-	-	-	35,71
D. caudata	(a)	+	+	-	-	-	-	-	+	+	-	-	-	-	-	28,57
D. exigua	(r)	-	-	-	-	-	-	-	+	-	-	-	-	-	-	7,14
D. norvegica	(r)	-	-	+	-	-	-	-	-	+	+	-	-	-	-	21,42
D. ovum	(c)	+	+	+	+	-	+	-	+	+	+	+	-	-	-	64,28
D. parvulum (= *Phalacroma parvulum*)	(r)	-	-	-	-	-	-	-	+	-	-	-	-	-	-	7,14
D. pavillardi	(c)	+	+	-	+	+	-	-	-	+	-	+	-	+	-	50
D. rapa (= *Phalacroma rapa*)	(r)	-	-	-	-	-	-	-	+	-	-	-	-	-	-	7,14
D. rotundata	(r)	-	-	-	-	-	-	-	+	-	-	-	-	-	-	7,14

Tableau A-1. (Suite)

D. sacculus	(c)	+	+	+	+	-	+	+	+	-	+	-	-	-	-	57,14
D. sp.	(a)	+	+	-	+	-	-	-	-	+	+	-	+	-	-	42,85
D. tripos	(r)	-	-	-	-	-	-	+	-	-	-	-	-	-	-	7,14
Ornithocercus magnificus	(r)	-	+	-	-	-	-	+	+	-	-	-	-	-	-	21,42
O. heteroporus	(r)	-	-	-	-	-	-	-	+	-	-	-	-	-	-	7,14
Oxyphysis sp.	(r)	-	-	-	-	-	-	-	-	-	+	-	-	-	-	7,14
Sinophysis sp.	(r)	+	-	-	-	-	-	-	+	-	-	-	-	-	-	14,28
Gymnodiniales																
Gymnodinium gracile	(r)	-	-	-	-	-	-	-	-	-	-	-	-	-	+	7,14
G. splendens (= *G. sanguinum*)	(c)	+	+	-	-	-	+	+	+	+	+	+	+	-	+	71,42
G. sp.	(r)	-	-	-	-	-	-	+	-	+	-	-	-	-	-	14,28
Péridiniales																
Alexandrium tamarense	(a)	+	+	-	-	-	+	+	+	-	-	-	-	-	-	35,71
Amphidiniopsis sp.	(c)	+	-	+	-	+	-	+	+	+	-	+	+	-	+	64,28
Ceratium belone	(r)	-	+	-	-	-	-	-	-	-	-	-	-	-	-	7,14
C. buceros forma *tenue*	(r)	-	+	-	-	-	-	-	-	-	-	-	-	-	-	7,14
C. candelabrum	(r)	-	+	-	-	-	-	-	-	-	+	-	-	-	-	14,28
C. contortum	(r)	-	+	-	-	-	-	-	-	+	-	+	-	-	-	21,42
C. declinatum	(a)	+	+	-	-	-	-	-	-	-	-	+	-	+	-	28,57
C. extensum	(r)	-	+	-	-	-	-	-	-	-	-	-	-	-	-	7,14
C. falcatum	(r)	-	-	-	-	-	-	-	+	-	-	-	-	-	-	7,14
C. furca	(c)	+	+	+	-	+	+	+	+	+	+	-	-	+	-	71,42
C. fusus	(c)	+	+	+	-	+	+	+	-	-	-	+	-	-	-	50
C. hexacanthum	(r)	+	+	-	-	-	-	-	-	-	+	-	-	-	-	21,42
C. horridum	(r)	+	+	-	-	-	-	-	-	-	-	-	-	-	-	14,28
C. lineatum	(r)	-	-	-	-	-	-	-	-	-	-	+	-	-	-	7,14
C. limulus	(r)	-	+	-	-	-	-	-	-	-	-	-	-	-	-	7,14
C. massiliense	(r)	-	+	-	-	-	-	-	-	-	+	-	-	-	-	14,28
C. pentagonum	(r)	+	-	-	-	-	-	-	-	-	-	-	-	-	-	7,14
C. pentagonum var. *tenerum*	(r)	-	+	-	-	-	-	-	-	-	-	-	-	-	-	7,14
C. ranipes	(r)	-	+	-	-	-	-	-	-	-	-	-	-	-	-	7,14
C. setacum	(r)	+	-	-	-	-	-	-	-	-	-	-	-	-	-	7,14
C. symetricum	(r)	-	+	-	-	-	-	-	-	-	-	-	-	-	-	7,14
C. symetricum var. *coarctatum*	(r)	+	-	-	-	-	-	-	-	-	-	-	-	-	-	7,14
C. trichoceros	(r)	+	+	-	-	-	-	-	-	-	+	-	-	-	-	21,42
C. tripos var. *declinatum*	(r)	+	-	-	-	-	-	-	-	-	-	-	-	-	-	7,14
Ceratocorys gorreti	(r)	+	+	-	-	-	-	-	-	-	-	+	-	-	-	21,42
C. horrida	(r)	-	-	-	-	-	-	-	-	-	+	-	-	-	-	7,14
Corythodinium frenguelli (= *Oxytoxum frenguelli*)	(r)	+	-	-	-	-	-	-	-	-	-	-	-	-	-	7,14
Diplopsalis lenticula	(a)	-	+	-	-	+	-	+	-	-	+	-	+	-	-	35,71
Goniodoma polyedricum	(r)	-	-	-	-	-	-	-	-	-	+	-	-	-	+	14,28
Gonyaulax diacantha	(r)	-	-	+	-	-	-	+	-	-	+	-	-	-	-	21,42
G. diegensis	(r)	-	-	-	-	-	-	-	-	-	+	-	-	-	-	7,14
G. digitale	(r)	-	-	-	-	-	-	+	-	-	-	-	-	-	-	7,14
G. monacantha	(r)	-	+	-	-	-	-	+	-	-	-	-	-	-	-	14,28
G. polyedra	(c)	+	+	-	-	+	+	-	+	+	-	+	-	-	-	50
G. polygramma	(r)	-	-	+	-	-	+	-	+	-	-	-	-	-	-	21,42

169

Tableau A-1. (Suite)

G. spinifera	(r)	+	+	-	-	-	-	-	-	-	-	-	-	-	-	14,28
Ostreopsis siamensis	(r)	+	-	-	-	-	-	-	+	+	-	-	-	-	-	21,42
Oxytoxum longiceps	(r)	-	-	-	-	-	-	-	-	-	-	+	-	-	-	7,14
O. milneri	(r)	-	+	-	-	-	-	-	-	-	-	-	-	-	-	7,14
O. sceptrum	(r)	+	-	-	-	-	-	-	-	-	-	-	-	-	-	7,14
O. scolopax	(r)	+	-	-	-	-	-	-	-	-	-	+	-	-	-	14,28
O. tesselatum	(r)	-	+	-	-	-	-	-	-	-	-	-	-	-	-	7,14
Podolampas bipes	(r)	+	-	-	-	-	-	-	-	-	-	-	-	-	-	7,14
P. palmipes	(r)	+	-	-	-	-	-	-	-	-	-	-	-	-	-	7,14
P. spinifer	(a)	+	+	-	-	-	-	-	-	+	-	+	-	-	-	28,57
Protoperidinium claudicans	(r)	-	+	-	-	-	-	-	-	-	-	-	-	-	-	7,14
P. conicum	(a)	-	+	+	-	-	-	+	+	+	-	+	-	-	-	42,85
P. depressum	(c)	+	+	-	-	+	-	+	+	+	-	-	-	-	-	50
P. diabolus	(r)	-	-	-	-	-	-	+	+	-	-	-	-	-	-	14,28
P. divergens	(a)	+	+	-	-	+	-	+	-	+	+	-	-	-	-	42,85
P. granii	(a)	-	-	-	-	+	-	+	-	-	-	+	-	-	+	28,57
P. hirobis	(r)	-	+	-	-	-	-	-	+	-	+	-	-	-	-	21,42
P. ovatum	(r)	-	-	-	-	-	-	-	-	-	-	+	+	-	-	14,28
P. ovum	(r)	-	-	-	-	-	-	-	-	-	+	-	-	-	-	7,14
P. pellucidum	(a)	+	-	-	-	+	-	-	+	-	+	+	+	-	-	42,85
P. punctulatum	(r)	-	-	-	-	+	-	-	-	-	-	-	-	-	-	7,14
P. steinii	(r)	+	-	-	-	-	-	-	-	-	-	-	-	-	-	7,14
P. tenuissimum	(c)	+	+	-	-	-	-	+	-	+	-	+	+	+	-	50
P. trochoidum	(c)	+	+	-	-	-	+	+	-	+	+	+	-	+	+	64,28
P. tuba	(r)	-	-	-	-	-	-	-	-	+	-	-	-	-	-	7,14
P. sp.	(c)	-	+	+	+	-	+	+	+	+	+	+	+	+	-	78,57
Pyrophacus horologium	(a)	-	-	-	-	-	-	-	+	+	+	+	-	-	-	28,57
Prorocentrales																
Prorocentrum balticum	(r)	-	-	-	-	-	-	-	-	+	-	-	-	-		7,14
P. compressum (= Exuviella compressa)	(c)	+	+	+	+	+	-	-	-	-	-	+	-	+	+	57,14
P. gracile	(r)	-	+	-	-	+	-	-	-	-	-	-	-	-	-	14,28
P. lima (= Exuviella marina)	(c)	+	+	+	+	-	+	-	+	+	+	+	+	+	-	78,57
P. micans	(c)	+	+	+	+	+	+	+	+	+	+	+	+	+	+	100
P. minimum	(r)	-	-	-	-	-	-	-	-	+	-	-	-	-	+	14,28
P. scutellum	(a)	-	+	+	+	+	+	-	-	-	-	+	-	+	-	42,85
Protaspidales																
Protaspis glans	(c)	-	-	-	-	-	-	-	+	+	+	+	+	+	+	64,28
Zygophyceae																
Desmidiales																
Staurastrum sebaldi var. *ornatum*	(r)	-	-	-	-	-	-	-	-	-	-	-	+	-	-	7,14
Zygnemales																
Zygnema stellinum	(a)	-	-	+	-	+	-	+	-	-	+	-	+	-	-	35,71
RS : 300		112	126	95	67	90	62	66	108	95	74	93	76	57	48	-

170

Tableau A-2 : Évolution de la composition taxonomique des peuplements microphytoplanctoniques et fréquence des espèces récoltées dans la station B (novembre 2000 – décembre 2001). (r, a et c : espèces rares, accessoires et constantes).

		N	D	J	F	M	A	M	J	J	A	S	O	N	D	F%
Chlorophyceae																
Chlorococcales																
Pediastrum boryanum	(r)	–	–	–	–	–	–	–	–	–	–	–	+	–	–	7,14
Scenedesmus accuminatus	(r)	+	–	–	–	–	–	–	–	–	–	–	–	–	–	7,14
Cyanophyceae																
Chrococcales																
Chrococcus turgidis	(r)	–	–	–	–	–	–	–	+	–	–	+	+	–	–	21,42
Merismopedia punctata	(r)	–	–	–	–	–	–	–	–	–	+	–	+	–	+	21,42
M. tenuissima	(r)	–	–	–	–	–	–	–	–	–	–	–	–	+	–	7,14
Hormogonales																
Gloeotrichia echimulata	(r)	–	–	–	–	–	–	–	–	–	+	–	–	–	–	7,14
Lyngbya martensiana	(r)	–	–	–	–	+	–	–	–	–	–	–	–	–	–	7,14
L. sp.	(r)	+	–	–	–	–	–	–	–	+	–	–	–	–	–	14,28
Oscillatoria anguinis	(r)	–	–	–	–	+	–	–	–	–	+	+	–	–	–	21,42
O. bonnmaisonii	(c)	–	+	–	–	–	+	+	+	+	+	+	+	–	–	57,14
O. sp.	(r)	–	–	–	–	+	–	–	+	–	–	–	–	–	14,28
O. subsalsa	(a)	–	–	–	–	–	–	–	+	+	+	+	+	–	–	35,71
O. terebriformis	(r)	–	+	–	–	–	–	–	–	–	–	–	–	–	–	7,14
Diatomophyceae																
Centrales																
Bellorechia horologicalis	(r)	–	–	–	–	–	–	–	+	–	–	–	–	–	–	7,14
Biddulphia aurita	(a)	–	–	–	–	+	–	+	–	+	–	–	–	–	+	28,57
B. obtusa	(r)	+	+	–	–	–	–	+	–	–	–	–	–	–	–	21,42
B. pulchella (= *B. biddulphiana*)	(r)	+	–	–	–	–	–	–	–	–	–	+	–	–	+	21,42
B. spp.	(r)	–	–	–	–	–	–	–	–	–	–	+	–	–	–	7,14
B. tridens	(a)	+	+	–	–	+	–	–	–	–	–	+	–	–	–	28,57
Chaetoceros atlanticus	(r)	–	–	–	–	–	–	–	–	–	–	–	+	–	–	7,14
C. brevis	(r)	–	–	–	–	–	–	–	–	–	–	–	+	–	–	7,14
C. compressus	(r)	–	–	+	–	–	–	–	–	–	–	–	–	–	–	7,14
C. constrictus	(c)	+	–	+	–	–	+	+	+	+	+	–	+	+	+	71,43
C. curvisetus (= *C. pseudocurvisetus*)	(r)	–	–	–	+	–	–	–	–	–	+	–	–	+	–	21,42
C. decepiens	(r)	–	–	–	+	–	–	–	–	+	–	+	–	–	21,42
C. diadema	(a)	+	–	–	–	–	–	–	+	+	–	–	+	+	–	35,71
C. lauderi	(c)	+	–	+	+	–	–	+	+	+	+	–	+	–	–	57,14
C. radicans	(a)	+	–	+	–	+	–	+	–	+	–	–	–	–	–	35,71
C. socialis	(a)	–	–	+	–	–	–	+	+	+	–	–	+	–	–	35,71
C. sp.	(r)	+	–	–	–	–	–	–	–	–	–	–	+	+	–	21,42
C. teres	(r)	+	–	–	–	–	–	–	–	+	–	–	+	–	–	21,42
C. whigamii	(r)	–	–	–	–	–	–	–	+	–	–	–	–	–	–	7,14
Coscinodiscus centralis var. *pacifica*	(a)	+	–	–	–	–	–	–	+	+	+	+	–	+	–	42,85
C. jonicianus	(a)	+	–	–	–	–	–	–	+	+	+	–	–	+	+	42,85
C. korstenii	(r)	–	–	–	–	–	–	–	+	–	–	–	–	–	–	7,14
C. occulo-iridis	(r)	+	–	–	–	–	–	–	–	–	–	–	–	+	–	14,28
C. radiatus	(r)	–	–	–	–	–	–	–	+	+	–	–	+	–	–	21,42
C. sp.	(c)	–	+	–	–	–	+	+	+	+	–	+	–	–	+	50

171

Tableau A-2. (Suite)

		1	2	3	4	5	6	7	8	9	10	11	12	13	14	%
C. thorii	(r)	-	-	-	-	-	-	-	-	-	+	-	-	-	-	7,14
Cyclotella chaetoceras	(r)	-	-	-	-	-	-	-	+	-	-	-	-	-	-	7,14
Druridgea geminata	(r)	+	-	-	-	-	-	-	+	-	-	+	-	-	-	21,42
Lauderia borealis (= *L. annulata*)	(r)	-	-	-	-	-	-	+	-	-	-	-	-	-	-	7,14
Meloira lineata	(r)	-	-	-	+	+	-	-	-	-	-	-	+	-	-	21,42
M. monoliformis	(a)	-	-	-	-	+	-	-	+	+	+	-	+	-	+	42,85
M. nummuloides	(a)	-	+	+	-	+	+	-	-	-	-	-	+	+	-	42,85
M. spp.	(r)	-	-	-	+	-	-	-	-	-	-	+	-	-	-	14,28
Paralia sulcata	(c)	+	+	+	+	+	+	+	+	+	+	+	+	+	+	100
Plonktoniella sol	(a)	-	-	-	-	-	-	+	+	+	-	-	+	-	-	28,57
Rhizosolinia alata	(r)	-	-	-	-	+	-	-	-	-	-	-	-	-	-	7,14
Triceratium pentacrimus forma *quadratum*	(c)	+	+	-	-	+	-	+	-	+	+	+	-	-	-	50
T. sp.	(r)	-	+	-	-	-	-	-	-	-	-	-	-	-	-	7,14
Pennales																
Achnanthes brevipes	(c)	+	+	+	+	-	+	+	+	+	+	+	+	+	+	92,85
A. longipes	(a)	-	-	+	-	+	+	-	-	+	+	-	-	+	-	42,85
A. sp.	(a)	-	-	-	-	-	-	-	-	+	+	+	+	+	+	42,85
Amphora arenaria var. *donkinii*	(r)	-	-	-	-	-	-	-	-	-	+	-	-	+	-	14,28
A. cingulata	(r)	-	-	-	-	-	-	+	-	-	-	-	-	-	-	7,14
A. communata	(r)	-	-	-	+	-	-	-	-	-	-	-	-	-	-	7,14
A. contracta	(r)	+	+	-	-	+	-	-	-	-	-	-	-	-	-	21,42
A. costata	(r)	-	-	-	-	-	-	-	-	-	-	+	-	-	+	14,28
A. macilenta	(r)	-	-	-	-	-	-	-	-	-	-	+	-	-	-	7,14
A. ostrearia	(r)	-	-	+	-	-	+	-	-	-	-	-	+	-	-	14,28
A. ovalis	(a)	-	+	+	-	+	-	-	-	-	+	-	+	-	-	35,71
A. salina	(r)	-	-	-	-	+	-	-	-	+	-	-	+	-	-	21,42
A. sp.	(r)	+	-	-	-	-	-	-	-	-	-	-	+	-	-	14,28
A. truncata	(a)	+	+	+	-	+	-	-	-	-	-	-	-	-	+	35,71
Baccilaria paradoxa	(c)	+	+	+	+	+	+	+	+	+	+	+	-	-	-	78,57
Campylodiscus clypeus	(a)	+	+	-	-	+	-	-	+	-	-	+	-	-	-	35,71
C. echeneis	(a)	-	-	+	-	+	+	+	-	-	+	+	+	-	-	50
Climacosphenia moniligera	(r)	-	-	-	-	-	-	-	-	-	-	-	-	+	7,14
Cocconeis scutellum	(r)	-	-	-	+	-	-	-	+	+	-	-	-	-	-	21,42
Cymatonitzschia sp. (= *Cymatopleura* sp.)	(r)	+	-	-	-	-	-	-	-	-	-	-	-	-	-	7,14
Diploneis crabo	(c)	+	+	+	+	+	+	+	-	+	+	+	+	+	+	92,85
D. ovalis var. *oblongella*	(c)	+	+	+	+	+	+	+	+	+	+	+	+	+	-	92,85
D. bombus	(r)	-	-	-	-	-	-	-	-	-	-	+	-	-	-	7,14
Donkinia recta	(r)	-	-	-	-	-	-	-	-	+	-	-	-	-	-	7,14
Entomoneis alata	(a)	-	-	-	+	-	-	+	-	+	-	+	-	-	-	28,57
Epithemia zebra	(r)	-	-	-	-	-	-	-	-	-	+	-	-	-	-	7,14
Grammatophora angulosa	(r)	-	-	-	-	-	-	-	+	-	-	-	-	-	-	7,14
G. marina	(r)	-	-	-	+	+	-	+	-	-	-	-	-	-	-	21,42
Gyrosigma attenuatum	(r)	-	-	+	-	-	-	-	-	-	-	-	-	-	-	7,14
G. sp.	(a)	-	+	-	-	-	+	+	-	-	+	+	+	-	-	42,85
Frustilia rhomboides	(r)	-	-	-	-	-	-	-	+	-	-	-	-	-	-	7,14
Hantzschia amphioxys	(a)	-	-	+	-	+	-	-	+	+	-	-	-	-	-	28,57
Licmophora abbreviata	(a)	+	-	-	-	-	-	-	-	+	+	-	-	+	+	35,71

172

Species	Cat.															%
L. dalmatica var. *tenella*	(a)	-	+	-	-	-	+	-	-	+	+	+	+	-	-	42,85
L. flabellata	(c)	+	+	+	-	+	+	+	+	+	+	-	+	+	+	85,71
L. gracilis	(c)	-	-	+	+	+	+	+	-	+	+	-	-	-	+	57,14
L. gracilis var. *elongata*	(r)	-	-	-	-	-	-	-	+	-	-	-	-	-	-	7,14
L. lyngbei	(a)	+	+	+	-	+	-	+	-	-	-	-	-	-	-	35,71
L. spp.	(a)	-	-	-	+	-	-	-	-	-	-	-	+	+	+	28,57
Lyrella clavata	(r)	-	-	-	-	-	-	+	-	-	-	+	-	+	-	21,42
L. lyra	(r)	+	-	-	-	-	-	-	-	-	-	+	+	-	-	21,42
L. lyra var. *recta*	(r)	-	-	-	-	+	-	-	-	-	-	-	-	-	-	7,14
Mastogloia angulata	(c)	+	+	+	-	+	+	-	-	-	-	+	+	+	-	57,28
M. fimbriata	(a)	+	+	+	-	+	-	+	+	-	-	-	-	-	-	42,85
M. hustedii	(r)	-	-	-	-	-	-	-	-	-	-	-	+	-	-	7,14
M. sp.	(r)	-	-	-	-	-	-	-	-	-	+	-	+	-	-	14,28
M. splendidula	(c)	-	-	+	-	+	+	+	-	+	-	+	-	-	+	50
Navicula arenaria	(r)	-	-	-	-	+	-	+	-	-	-	-	-	-	-	14,28
N. concellata	(c)	-	+	+	+	+	+	+	+	+	+	-	+	+	+	85,71
N. cuspidate	(r)	-	-	-	-	-	-	-	-	-	-	+	-	-	-	7,14
N. faaensis	(r)	-	-	-	-	-	-	-	+	-	-	-	-	+	-	14,28
N. humerosa	(a)	-	+	-	+	+	+	+	-	-	-	-	-	-	-	35,71
Nitzschia acicularis	(r)	+	-	-	-	-	-	-	-	-	-	-	-	-	-	7,14
N. bilobata	(r)	-	+	-	-	-	-	-	-	+	-	-	-	-	-	14,28
N. closterium	(a)	-	+	+	-	-	-	+	+	+	-	-	-	-	-	35,71
N. longissima	(c)	+	+	+	+	+	+	+	+	+	+	-	-	-	-	64,28
N. lorenziana var. *subtilis*	(a)	-	+	-	-	-	-	-	-	+	+	+	+	-	-	35,71
N. reversa	(a)	-	+	-	-	-	+	+	+	+	+	-	-	-	-	42,85
N. seriata	(r)	+	-	-	-	-	-	-	-	-	-	-	-	-	-	7,14
N. spp.	(c)	+	+	+	+	+	+	-	+	+	+	+	+	+	+	92,85
N. ventricosa	(r)	-	-	-	-	+	-	-	-	-	-	-	-	-	-	7,14
Plagiotropis cancerta	(r)	-	-	+	-	-	-	-	-	-	-	-	-	-	-	7,14
P. lepidoptera	(c)	+	+	+	-	+	+	+	+	+	+	+	-	-	-	71,43
Pleurosigma directum	(r)	-	-	-	-	-	-	+	-	+	-	+	-	-	-	21,42
P. formosum	(c)	+	+	+	+	+	+	+	+	+	+	+	+	+	+	100
P. itium	(r)	-	-	-	-	+	-	-	-	-	-	-	+	+	-	21,42
Rhopalodia gibberula	(r)	-	-	-	-	-	-	-	-	-	-	-	+	-	-	7,14
R. musculus	(r)	-	-	-	-	-	-	-	-	-	+	-	-	-	-	7,14
Stauroneis biblos	(r)	-	-	-	-	+	-	-	-	-	-	-	-	-	-	7,14
Stenopterobia intermidia	(r)	+	-	-	-	-	-	-	-	-	-	-	-	-	-	7,14
Striatella unipunctata	(c)	+	+	-	-	+	+	+	+	+	+	+	+	+	+	85,71
Surirella fastuosa	(c)	+	+	-	-	+	-	+	+	+	+	+	+	-	-	64,28
S. sp.	(r)	+	+	-	-	-	-	-	-	-	-	-	+	-	-	21,42
Syndra acus	(r)	-	-	-	-	-	-	+	+	-	+	-	-	-	-	21,42
S. fulgens	(a)	-	-	-	+	+	-	-	+	-	+	+	-	+	-	42,85
S. sp.	(c)	+	+	+	+	+	+	+	+	+	-	+	+	+	+	92,85
S. ulna	(a)	-	-	-	-	-	-	-	-	-	+	+	-	+	+	28,57
Thalssionema frauenfelddii (= *Thalassiothrix frauenfeldii*)	(r)	-	-	-	-	-	-	+	-	+	+	-	-	-	-	21,42
T. nitzschoides	(c)	+	+	+	-	+	+	-	-	-	+	+	+	-	-	57,14
Thalassiophysa hyalina	(c)	+	+	+	+	+	+	-	-	+	-	-	-	+	-	57,14

Tableau A-2. (Suite)

Dinophyceae / Dinophysales																%
Dinophysis accuminata	(r)	-	-	+	-	-	+	-	+	-	+		-	-	-	28,57
D. caudate	(r)	-	-	-	-	-	-	-	+	-	-	-	-	-	-	7,14
D. norvegica	(r)	+	-	+	-	-	+	-	-	-	-	-	-	-	-	21,42
D. ovum	(c)	+	+	+	+	-	+	+	+	+	+	-	-	-	-	57,14
D. pavillardi	(r)	-	-	-	-	-	-	-	-	-	+	-	-	-	-	7,14
D. sacculus	(c)	+	+	+	+	-	+	+	+	+	+	-	-	-	-	64,28
D. sp.	(c)	+	+	+	+	-	-	-	+	+	+	-	-	+	-	57,14
Ornithocercus heteroporus	(r)	+	-	-	-	-	-	-	-	-	-	-	-	-	-	7,14
Oxyphysis sp.	(r)	-	-	-	-	-	-	-	-	-	-	+	-	-	-	7,14
Gymnodiniales																
Gymnodinium splendens (= G. sanguinum)	(c)	+	+	-	-	-	+	-	+	+	+	+	+	+	+	71,43
Peridiniales																
Alexandrium tamarense	(r)	-	-	-	-	+	+	-	-	-	-	-	-	-	-	14,28
Ceratium furca	(c)	-	+	+	+	+	+	+	+	-	-	-	-	-	-	50
C. fusus	(r)	-	-	-	-	+	-	-	-	-	+	-	-	-	-	14,28
Diplopsalis lenticula	(a)	-	-	-	-	+	+	+	+	+	+	-	-	-	-	42,85
Gonyodoma polydricum	(r)	-	-	+	-	-	-	-	-	-	-	-	-	-	+	14,28
Gonyaulax monacantha	(r)	-	-	-	-	-	-	-	-	+	-	-	+	-	-	14,28
G. polyedra	(a)	+	+	-	-	+	+	+	-	-	-	-	-	-	-	35,71
G. polygramma	(r)	+	-	-	-	-	+	-	-	-	-	-	-	-	-	14,28
G. spinifera	(r)	-	+	+	-	-	-	-	-	-	-	-	-	-	-	14,28
Oxytoxum milneri	(r)	-	-	-	-	-	-	-	-	-	+	-	-	-	-	7,14
O. scolopax	(r)	-	-	-	-	-	-	-	-	-	+	-	-	-	-	7,14
O. sp.	(r)	-	-	-	-	-	-	-	-	-	+	-	-	-	-	7,14
Protoperidinium claudicans	(r)	+	+	-	-	-	-	-	-	-	-	-	-	-	-	14,28
P. conicum	(r)	-	-	-	-	-	+	-	-	-	+	-	-	-	-	14,28
P. depressum	(r)	-	-	+	-	+	-	+	-	-	-	-	-	-	-	21,42
P. diabolus	(r)	-	-	-	-	+	-	+	-	-	-	-	-	-	-	14,28
P. granii	(r)	-	-	-	-	-	-	-	-	-	+	-	-	-	+	14,28
P. hirobis	(r)	-	-	-	-	-	-	-	-	-	+	-	-	-	-	7,14
P. leonis	(r)	-	-	-	-	-	-	-	-	-	+	-	-	-	+	14,28
P. pellucidum	(a)	-	-	-	-	-	+	-	-	+	+	+	-	-	-	28,57
P. punctulatum	(r)	-	-	-	-	+	-	-	-	-	-	-	-	-	-	7,14
P. subinerme	(r)	-	-	-	-	-	-	-	-	-	+	-	-	-	-	7,14
P. sp.	(c)	+	+	+	-	+	+	+	+	+	+	+	+	-	-	78,57
P. tenuissimum	(a)	+	+	-	-	-	-	+	-	-	+	-	+	-	-	35,71
P. trochoidum	(a)	-	-	-	-	+	+	-	-	-	+	+	+	-	+	42,85
P. tuba	(r)	-	+	-	-	-	-	-	-	-	-	+	-	-	-	14,28
Pyrophacus horologicum	(a)	-	-	-	-	-	-	-	+	+	+	+	-	-	-	28,57
Prorocentrales																
Prorocentrum compressum (= Exuviella compressa)	(c)	-	-	+	+	+	+	-	+	+	-	+	-	-	+	57,14
P. lima (= Exuviella marina)	(c)	-	-	-	-	+	+	+	+	-	-	+	+	-	+	50
P. micans	(c)	+	+	+	+	+	+	+	+	+	+	+	+	+	+	100
P. minimum	(r)	-	-	-	-	-	+	-	-	+	+	-	-	-	+	21,42
P. scutellum	(c)	+	-	+	+	-	-	-	+	+	+	-	-	+	-	50

174

Tableau A-2. (Suite)

		N	D	J	F	M	A	M	J	J	A	S	O	N	D	F%
Protaspidales																
Protaspis glans	(r)	-	-	-	-	-	-	-	+	-	-	-	-	-	-	7,14
Zygophycea																
Desmidiales																
Closterium aciculare	(r)	-	-	-	-	-	-	-	-	+	-	-	+	-	-	14,28
Staurastrum sebaldi var. *ornatum*	(r)	-	-	-	-	-	-	-	-	-	-	-	+	-	-	7,14
Zygnemales																
Zygnema stellinum	(r)	+	-	-	-	-	-	-	+	-	-	-	-	-	-	14,28
RS = 177		58	51	46	29	56	49	51	58	67	59	60	65	34	34	-

Tableau A-3 : Évolution de la composition taxonomique des peuplements microphytoplanctoniques et fréquence des espèces récoltées dans la station C (novembre 2000 - décembre 2001). (r, a et c : espèces rares, accessoires et constantes).

		N	D	J	F	M	A	M	J	J	A	S	O	N	D	F%
Chlorophyceae																
Chlorococcales																
Pediastrum boryanum	(r)	-	-	-	-	-	-	-	-	-	-	-	-	-	+	7,14
Scenedesmus opoliensis	(r)	-	-	-	-	-	+	-	-	-	-	-	-	-	-	7,14
Ulothricales																
Hormidinium sp.	(r)	-	-	-	-	-	+	-	-	-	-	-	-	-	-	7,14
Ulothrix zonata	(r)	-	+	-	-	-	-	-	-	-	-	-	-	-	-	7,14
Cyanophyceae																
Chroococcales																
Chroccocus turgidis	(r)	-	-	-	-	+	-	-	-	-	+	+	-	-	-	21,42
Merismopedia punctata	(r)	-	-	-	-	-	-	+	-	+	+	-	-	-	-	21,42
Hormogonales																
Anabaena macrospora	(r)	-	-	-	-	-	-	-	+	-	-	-	-	-	-	7,14
Calothrix braunii	(r)	-	-	-	-	-	-	-	-	-	-	-	-	+	-	7,14
Lyngbya epiphytica var. *aquae-dulcis*	(a)	-	-	-	-	+	-	+	+	-	+	-	-	-	-	28,57
L. luridum	(r)	-	-	-	-	+	-	-	-	-	-	-	-	-	-	7,14
L. martensiana	(r)	+	-	-	-	+	-	-	-	-	-	-	-	-	-	14,28
Nostoc parmelioides	(r)	-	+	-	-	-	-	-	-	-	-	-	-	-	-	7,14
Oscillatoria anguinis	(r)	-	-	+	-	-	-	-	-	-	-	-	-	-	-	14,28
O. bonnemaisonii	(c)	+	+	+	-	-	+	-	+	+	+	-	-	+	+	64,28
O. sp.	(r)	-	-	-	-	-	-	-	-	+	-	-	-	-	-	7,14
O. platensis	(r)	-	+	-	-	-	-	-	-	-	-	-	-	-	-	7,14
O. subsalsa	(r)	+	-	-	-	-	-	-	-	+	-	-	-	-	+	21,42
Diatomophyceae																
Centrales																
Bellerochea horologicalis	(r)	-	-	-	-	-	+	-	-	-	-	-	-	-	-	7,14
Biddulphia aurita	(r)	-	-	-	-	-	+	-	-	-	-	-	-	-	-	7,14
B. mobiliensis	(r)	+	-	-	-	-	+	-	-	-	-	-	-	-	-	14,28
B.pulchella (= *B. biddulphiana*)	(r)	-	+	-	-	-	+	-	+	-	-	-	-	-	-	21,42
B. spp.	(c)	+	+	+	+	+	+	+	-	-	-	+	-	-	-	57,14
B. tridens	(a)	-	-	+	+	-	+	-	+	+	-	-	-	-	-	35,71
Chaetoceros affinis	(r)	-	-	-	-	-	-	-	-	+	-	-	-	-	-	7,14
C. atlanticus	(r)	-	-	+	-	-	-	-	-	-	-	-	-	-	-	7,14
C. constrictus	(c)	+	-	+	+	-	-	-	+	+	+	-	-	+	-	50
C. curvisetus (= *C. pseudocuvisetus*)	(a)	+	-	+	+	-	-	-	-	+	+	-	+	-	-	42,85
C. decipiens	(r)	+	-	+	-	-	-	-	-	+	-	-	-	-	-	21,42
C. diadema	(c)	+	-	+	-	+	-	+	+	+	+	-	-	+	-	57,14

175

Tableau A-3. (Suite)

C. excentricus	(r)	–	–	–	–	–	–	–	+	–	–	–	–	–	–	7,14
C. lauderi	(a)	+	–	–	–	–	–	–	+	+	+	+	–	–	–	35,71
C. radicans	(r)	+	–	+	–	–	–	–	–	–	–	–	–	–	–	14,28
C. socialis	(a)	+	+	+	–	–	–	+	–	+	–	–	+	–	–	42,85
C. sp.	(a)	–	–	–	–	+	–	+	+	+	–	+	+	–	–	42,85
C. teres	(r)	–	–	–	–	–	–	–	+	–	–	–	–	–	–	7,14
Coscinodiscus centralis	(c)	+	+	–	–	–	–	–	+	+	+	+	–	+	–	57,14
C. centralis var. pacifica	(r)	–	–	–	–	–	–	–	+	–	–	–	–	–	–	7,14
C. gigas	(r)	–	–	–	–	–	–	+	–	–	–	–	–	–	–	7,14
C. joniscianus	(c)	+	+	–	+	–	–	+	+	+	+	–	–	–	+	57,14
C. karstenii	(r)	–	–	–	–	–	–	–	–	+	–	–	–	–	–	7,14
C. nodulifer	(r)	–	–	–	–	–	–	–	+	+	–	–	–	–	–	14,28
C. occulo-iridis	(r)	+	–	–	–	–	–	–	+	–	+	–	–	–	–	21,42
C. sp.	(c)	–	+	–	+	–	+	+	+	+	+	+	+	+	+	78,57
C. thorii	(r)	–	–	–	–	–	+	–	–	–	–	–	–	–	–	7,14
Cyclotella chaetoceras	(r)	–	–	–	–	–	–	–	+	–	–	–	–	–	–	7,14
Druridgea geminata	(c)	+	–	–	+	+	+	+	–	+	–	–	–	–	+	50
Lauderia borealis	(r)	–	–	–	–	–	+	–	–	–	–	–	–	–	–	7,14
Leptocylindrus danicus	(r)	–	–	–	–	–	+	–	–	–	–	–	–	–	–	7,14
Melosira lineata	(r)	–	–	–	–	–	–	–	–	–	+	–	–	–	–	7,14
M. moniliformis	(a)	–	+	+	–	+	–	+	–	–	+	+	–	–	–	42,85
M. nummiloides	(r)	–	+	–	–	–	+	–	–	–	+	–	–	–	–	21,42
M. sp.	(r)	+	–	–	–	+	–	–	–	–	–	–	–	+	–	21,42
Paralia sulcata	(c)	+	+	+	+	+	+	+	+	+	+	+	+	+	+	100
Plonktonella sol	(a)	–	+	–	–	–	–	+	+	–	–	+	–	+	–	35,71
Rhizosolenia alata	(r)	–	–	–	–	–	+	–	–	–	–	–	–	–	–	7,14
R. stolterfothii	(r)	–	–	–	–	–	+	–	–	–	–	–	–	–	–	7,14
Terpsinoe americana	(r)	–	–	–	–	–	+	–	–	–	–	–	–	––	–	7,14
Triceratium pentacrimus forme quadratum	(a)	+	+	–	+	–	–	+	–	–	+	+	–	–	–	42,85
T. sp.	(r)	–	–	–	+	–	–	–	–	–	–	–	–	–	–	7,14
Pennales																
Achnanthes brevipes	(c)	+	+	+	+	–	+	+	–	+	+	+	–	+	+	78,57
A. inflata	(r)	–	–	–	+	–	–	–	–	–	–	–	–	–	–	7,14
A. longipes	(r)	–	–	–	–	–	–	+	–	+	+	–	–	–	–	21,42
A. spp.	(r)	–	–	–	–	–	–	–	–	+	–	+	–	–	–	14,28
Amphora arenaria var. donkinii	(r)	–	–	–	–	–	–	–	–	+	+	–	–	–	–	14,28
A. contracta	(r)	–	–	–	–	–	+	–	–	–	–	–	–	–	–	7,14
A. costata	(r)	–	–	–	–	–	–	–	–	–	+	–	–	+		14,28
A. exigua	(r)	–	–	–	–	–	+	–	–	–	–	–	–	–	–	7,14
A. ocellata	(r)	–	–	–	–	–	–	–	–	–	+	–	–	–		7,14
A. ostrearia	(a)	–	+	–	+	–	+	–	–	–	+	–	–	–	–	28,57
A. ovalis	(a)	+	–	+	+	–	+	–	–	–	+	–	–	–	–	35,71
A. spp.	(a)	–	–	–	–	+	+	–	+	+	+	–	–	–	–	35,71
Baccilaria paradoxa	(c)	+	+	+	+	–	+	+	+	+	+	–	–	–	–	64,28
Campylodiscus clypeus	(r)	–	–	+	+	–	–	+	–	–	–	–	–	–	–	21,42
C. echeneis	(a)	–	–	–	+	–	–	+	–	–	+	–	+	–		28,57

176

Tableau A-3. (Suite)

C. noricus var. hibernica	(r)	+	-	-	-	-	-	-	-	-	-	-	-	-	-	7,14
Climacosphenia moniligera	(r)	-	-	-	-	-	-	-	-	+	-	-	-	-	-	7,14
Cocconeis scutellum	(r)	-	-	-	-	-	+	-	-	-	-	-	-	-	-	7,14
C. placentula	(r)	-	-	-	-	-	+	-	-	-	-	-	-	-	-	7,14
Cymatoneis circumvalata	(r)	-	-	-	-	-	+	-	-	-	-	-	-	-	-	7,14
Diploneis crabo	(c)	+	-	+	+	+	+	+	-	+	-	+	+	+	+	78,57
D. ovalis var. oblongella	(c)	-	+	+	+	+	+	+	+	+	+	+	+	+	+	92,85
D. spp.	(r)	-	-	-	-	-	-	-	-	+	-	-	-	-	-	7,14
Entomoneis alata	(r)	-	-	-	-	-	+	-	-	-	+	-	-	-	-	14,28
Grammatophora angulosa	(r)	-	-	-	-	-	-	-	+	-	-	-	-	-	-	7,14
G. marina	(r)	-	-	-	+	+	-	-	-	-	-	-	-	-	-	14,28
Gyrosigma sp.	(c)	-	+	+	+	-	-	-	-	+	-	+	+	+	+	57,14
Hantzschia amphioxy	(a)	-	-	-	-	-	+	+	+	-	+	-	-	-	-	28,57
Licmophora abbreviata	(a)	-	+	-	+	-	+	-	-	+	-	-	-	-	-	28,57
L. dalmatica	(r)	-	-	-	-	-	+	-	-	-	+	-	-	-	-	14,28
L. damatica var. tenella	(r)	+	-	-	-	-	-	-	-	-	-	-	-	-	-	7,14
L. flabellate	(c)	+	+	+	+	+	+	+	+	-	+	-	-	-	+	71,42
L. gracilis	(a)	+	-	-	+	-	+	+	-	-	+	-	-	-	-	35,71
L. lyngbei	(a)	+	+	-	-	-	+	+	-	-	-	-	-	-	-	28,57
Lyrella clavata	(r)	-	-	-	-	+	-	-	-	-	-	-	-	-	-	7,14
L. lyra var. recta	(r)	-	-	+	-	-	-	-	-	-	-	-	-	-	-	7,14
Mastogloia angulata	(c)	+	+	+	+	-	+	+	-	+	-	+	+	+	-	71,43
M. fimbriata	(r)	-	-	+	-	-	+	-	-	-	-	-	-	-	-	14,28
M. grana	(r)	-	-	-	-	-	-	-	-	-	-	-	-	-	+	7,14
M. splendidula	(r)	-	-	-	-	-	+	+	-	-	-	-	-	-	+	21,42
Navicula concellata	(c)	+	+	+	+	-	+	+	+	+	+	+	-	-	+	78,57
N. humerosa	(a)	-	-	+	+	+	+	-	-	-	+	-	+	-	-	42,85
Nitzschia closterium	(c)	-	+	+	-	+	+	+	+	+	+	-	-	-	-	50
N. fluminensis	(r)	-	-	-	-	-	-	-	-	-	-	-	-	+	-	7,14
N.longissima	(c)	+	+	+	-	-	+	+	+	+	-	-	-	-	-	50
N. lorenziana var. subtilis	(r)	-	-	+	-	-	-	-	+	-	-	-	-	-	-	14,28
N. reversa	(a)	-	+	-	-	-	+	+	+	+	+	-	-	-	-	42,85
N. sigma var. sigma	(r)	-	-	-	-	-	-	-	+	-	-	-	-	-	-	7,14
N. seriata	(r)	-	-	-	-	-	+	-	-	-	-	-	-	-	-	7,14
N. spp.	(c)	+	+	-	-	+	-	-	+	+	+	+	+	+	+	71,43
N. turgida	(r)	+	-	-	-	-	-	-	-	-	-	-	-	-	-	7,14
Pinnularia sp.	(r)	-	-	-	-	-	+	-	-	-	-	-	-	-	-	7,14
Plagiotropis lepidoptera	(a)	-	-	-	-	-	+	+	+	-	+	+	-	-	-	35,71
Pleurosigma directum	(a)	-	-	-	-	+	+	-	+	+	-	+	-	-	-	35,71
P. formosum	(c)	+	+	+	+	+	+	+	+	+	+	+	+	+	+	100
P. itium	(a)	+	-	-	+	-	+	-	-	+	-	-	+	-	-	35,71
P. sp.	(r)	-	-	-	-	+	-	-	-	+	-	-	-	-	+	21,42
Rhopalodia gibburilla	(r)	-	-	-	-	-	-	-	-	-	+	-	-	-	-	7,14
Striatella unipunctata	(c)	+	+	-	-	-	+	+	+	+	+	-	+	-		64,28
Surirella fastuosa	(r)	-	-	-	-	-	-	-	-	-	+	-	-	-	-	7,14
Synedra acus	(r)	-	-	-	-	-	-	-	-	-	+	-	-	-	-	7,14
S. fulgens	(a)	+	-	+	-	-	-	-	+	+	-	+	-	-	-	35,71

177

Tableau A-3. (Suite)

S. sp.	(c)	+	+	+	+	+	+	+	+	+	+	+	-	+	+	92,85
S. ulna	(a)	-	-	-	-	-	-	-	-	+	+	+	+	+	+	42,85
Thalassionema frauenfeldii (= Thalassithrix frauenfeldii)	(r)	-	-	-	-	-	-	-	-	-	+	-	-	-	-	7,14
T. longissima	(a)	+	-	-	-	-	+	-	-	+	-	-	+	-	-	28,57
T. nitzschoides	(c)	+	+	+	+	-	-	-	-	-	+	+	+	-	-	50
Thalassiophysa hyalina	(a)	+	+	-	-	-	+	-	-	-	+	-	-	+	+	42,85
Dictyochophyceae **Dictyochale**																
Dictyocha octonaria	(r)	-	-	-	-	-	+	-	-	-	-	-	-	-	-	7,14
Dinophyceae **Dinophysales**																
Dinophysis acuminata	(c)	+	-	+	+	-	+	-	+	+	+	-	-	-	-	50
D. caudate	(r)	-	-	-	-	-	+	-	+	-	-	-	-	-	-	14,28
D. norvegica	(r)	+	-	+	-	-	-	-	-	-	+	-	-	-	-	21,42
D. ovum	(c)	+	+	+	-	-	+	-	+	+	+	-	-	-	-	50
D. pavillardi	(a)	+	+	-	+	-	-	-	+	+	-	+	-	-	-	42,85
D. rotundata	(r)	-	-	-	-	-	+	-	-	-	-	-	-	-	-	7,14
D. sacculus	(c)	+	+	+	-	-	-	-	+	+	+	+	+	-	-	+	64,28
D. sp.	(c)	+	+	+	+	-	-	-	-	+	+	+	+	-	-	57,14
Gymnodiniales																
Gymnodinium gracile	(r)	+	-	-	-	-	-	-	-	-	-	-	-	-	-	7,14
G. splendens (= G. sanguinum)	(c)	+	+	-	-	+	+	+	+	+	+	+	+	+	+	85,71
G. sp.	(r)	-	-	-	-	-	-	-	-	-	-	+	-	-	-	7,14
Peridiniales																
Alxandrium tammarense	(r)	-	-	-	-	-	+	+	-	-	-	-	-	-	-	14,28
Amphydiniopsis sp.	(r)	-	-	-	-	-	+	-	+	-	-	-	-	-	-	14,28
Ceratium candelabrum	(r)	-	+	-	-	-	-	-	-	-	-	-	-	-	-	7,14
C. furca	(a)	+	-	+	-	-	+	+	-	-	+	+	-	-	-	42,85
C. fusus	(r)	-	-	-	-	-	+	-	-	-	-	-	-	-	-	7,14
C. tripos var. declinatum	(r)	-	-	-	-	-	+	-	-	-	-	-	-	-	-	7,14
C. tripos var. atlanticum	(r)	-	-	-	-	-	+	-	-	-	-	-	-	-	-	7,14
Diplopsalis lenticula	(a)	-	-	-	-	-	+	+	+	+	+	+	-	-	-	42,85
Gonyodoma polydricum	(r)	-	-	-	-	-	+	-	-	-	-	+	-	-	+	21,42
Gonyaulax diacantha	(r)	-	-	-	-	-	-	-	-	-	+	-	-	-	-	7,14
G. monacantha	(r)	+	-	-	-	-	-	--	-	-	-	-	-	-	-	7,14
G. polyedra	(a)	-	+	-	-	-	+	+	+	-	-	+	-	-	-	35,71
G. polygramma	(r)	-	-	-	-	-	-	-	-	-	-	+	-	-	-	7,14
G. spinifera	(a)	+	+	+	-	-	-	-	-	+	-	-	-	-	-	35,71
G. sp.	(r)	-	-	-	-	-	-	-	-	-	-	-	-	-	+	7,14
Oxytoxum longiceps	(r)	-	-	-	-	-	-	-	-	-	+	-	-	-	-	7,14
O. milneri	(r)	-	-	-	-	-	-	-	-	+	+	-	-	-	-	14,28
O. scolopax	(r)	-	-	-	-	+	-	-	-	-	-	-	-	-	-	7,14
O. sp.	(r)	-	-	-	-	+	-	-	-	-	+	-	-	-	-	14,28
Protoperidinium bipes	(r)	-	-	-	-	+	-	-	-	-	-	-	-	-	-	7,14
P. conicum	(r)	-	-	-	-	-	-	-	-	-	+	-	-	-	-	7,14
P. depressum	(r)	-	+	+	-	-	+	-	-	-	-	-	-	-	-	21,42
P. diabolus	(r)	-	-	-	-	+	-	-	-	-	-	-	-	-	-	7,14

178

Tableau A-3. (Suite)

P. divergens	(r)	-	-	-	-	-	-	-	-	-	+	-	-	+	14,28
P. excentricum	(r)	-	-	-	-	-	-	-	+	+	-	-	-	-	14,28
P. globulus	(r)	-	-	-	-	-	+	-	-	-	-	-	-	-	7,14
P. granii	(r)	-	+	-	-	-	+	-	-	-	-	-	-	-	14,28
P. hirobis	(r)	-	-	-	-	-	-	-	-	-	+	+	-	-	14,28
P. ovatum	(r)	-	-	-	-	-	+	-	-	-	+	-	-	-	14,28
P. pelucidum	(r)	-	-	-	-	-	+	-	-	-	+	-	-	-	14,28
P. sp.	(c)	+	+	+	+	+	-	-	+	+	+	+	-	-	64,28
P. tenuissimum	(a)	+	+	-	-	-	+	-	-	-	+	+	-	-	35,71
P. trochoidum	(a)	-	-	-	-	-	-	+	-	+	+	+	-	-	28,57
P. tuba	(a)	+	+	-	-	-	+	+	-	-	-	-	-	-	28,57
Pyrophacus horologicalis	(r)	-	-	-	-	-	-	-	+	+	+	+	-	-	28,57
Prorocentrales																
Prorocentrum balticum	(r)	-	-	-	-	-	-	-	-	+	-	-	-	-	7,14
P. compressum (= Exuviella compressa)	(r)	-	-	-	+	-	-	+	-	-	-	+	-	-	21,42
P. lima (= Exuviella marina)	(a)	-	-	+	-	-	-	+	-	-	+	+	-	-	28,57
P. micans	(c)	+	+	+	+	+	+	+	+	+	+	+	+	+	+	100
P. minimum	(r)	-	-	-	-	-	-	-	-	+	-	+	-	-	+	21,42
P. scutellum	(a)	+	-	+	-	-	-	-	+	+	-	+	-	-	35,71
Protaspidale																
Protaspis glans	(a)	-	-	-	+	-	-	-	+	-	+	+	-	-	28,57
Zygophyceae																
Desmidiales																
Closterium aciculare	(r)	-	-	-	-	-	-	-	+	-	-	-	+	+	21,42
C. chrenbergii var. chrenbergii	(r)	-	-	-	-	-	-	-	-	-	-	-	-	+	7,14
Zygnemale																
Zygnema stellinum	(r)	+	+	-	-	-	-	-	+	-	-	-	-	-	21,42
RS : 185		58	49	45	41	25	83	49	57	66	64	63	19	23	32	-

Tableau A-4 : Répartition du microphytoplancton selon les classes dans la station A. (r, a et c : espèces rares, accessoires et constantes, ST : Richesse spécifique totale).

Classes	Nombre d'espèces (r)	(%)	Nombre d'espèces (a)	(%)	Nombre d'espèces (c)	(%)	ST	(%)
Diatomées	93	49,73	33	66	44	69,84	170	56,67
Dinophycées	60	32,08	13	26	16	25,40	89	29,67
Cyanophycées	24	12,83	3	6	3	4,76	30	10
Chlorophycées	7	3,74	–	–	–	–	7	2,34
Zygophycées	1	0,54	1	2	–	–	2	0,66
Dictyochophycées	2	1,07	–	–	–	–	2	0,66
Totaux	187		50		63		300	

Tableau A-5: Variations mensuelles de la richesse spécifique du microphytoplancton dans la station A (novembre 2000 – décembre 2001). (S : Richesse spécifique, r, a et c : espèces rares, accessoires et constantes, ST : Richesse spécifique totale).

Mois	N	D	J	F	M	A	M	J	J	A	S	O	N	D
Espèces (r)	33	40	23	8	19	4	6	38	30	17	27	22	8	9
r (%)	29,46	31,74	24,20	11,94	21,11	6,45	9,10	35,20	31,59	29,97	29,03	28,94	14,07	18,75
Espèces (a)	29	31	23	14	22	15	14	25	18	17	17	17	12	12
a (%)	25,90	24,60	24,20	20,90	24,44	24,20	21,21	23,14	18,94	22,97	18,29	22,36	21,03	25
Espèces (c)	50	55	49	45	49	43	46	45	47	40	49	37	37	27
c (%)	44,64	43,66	51,60	67,16	54,45	69,35	69,69	41,66	49,47	54,06	52,68	48,70	64,90	56,25
ST	111	126	95	67	90	62	66	108	95	74	93	76	57	48

Tableau A-6 : Répartition du microphytoplacton selon les classes dans la station B. (r, a et c : espèces rares, accessoires et constantes, ST : Richesse spécifique totale).

Classe/catégories	Nombre d'espèces (r)	(r) (%)	Nombre d'espèces (a)	(a) (%)	Nombre d'espèces (c)	(c) (%)	ST	ST (%)
Diatomées	66	61,11	28	80	24	70,58	118	66,66
Dinophycées	28	25,92	6	17,14	9	26,47	43	24,29
Cyanophycées	9	8,33	1	2,85	1	2,94	11	6,21
Chlorophycées	2	1,85	-	-	-	-	2	1,13
Zygophycées	3	2,80	-	-	-	-	3	1,70
Totaux	108	100	35	100	34	100	177	100

Tableau A-7 : Variations mensuelles de la richesse spécifique du microphytoplancton dans la station B (novembre 2000 – décembre 2001). (r, a et c : espèces rares, accessoires et constantes, ST : Richesse spécifique totale).

Mois	N	D	J	F	M	A	M	J	J	A	S	O	N	D
Espèces (r)	22	10	8	6	15	11	10	14	18	12	25	28	6	8
r (%)	37,93	19,60	17,39	20,70	26,78	22,45	19,60	24,14	26,86	20,33	41,66	43,67	17,64	23,53
Espèces (a)	11	14	10	3	16	8	14	17	19	19	13	16	11	9
a (%)	18,96	27,45	21,74	10,34	28,57	16,32	27,45	29,31	28,36	32,20	21,66	24,61	32,36	26,47
Espèces (c)	25	27	28	20	25	30	27	27	30	28	22	21	17	17
c (%)	43,10	52,94	60,87	68,96	44,64	61,22	52,94	46,55	44,77	47,45	36,66	32,31	50	50
ST	58	51	46	29	56	49	51	58	67	59	60	65	34	34

Tableau A-8 : Répartition du microphytoplancton selon les classes dans la station C. (r, a et c : espèces rares, accessoires et constantes, ST : Richesse spécifique totale).

Classe/catégories	Nombre d'espèces (r)	(r) (%)	Nombre d'espèces (a)	(a) (%)	Nombre d'espèces (c)	(c) (%)	ST	ST (%)
Diatomées	61	53,50	26	66,66	24	75	111	60
Dinophycées	34	29,82	12	30,78	7	21,87	53	28,65
Cyanophycées	11	9,65	1	2,56	1	3,13	13	7,02
Chlorophycées	4	3,50	-	-	-	-	4	2,16
Zygophycées	3	2,63	-	-	-	-	3	1,62
Dictyochophycées	1	0,89	-	-	-	-	1	0,55
Totaux	114	100	39	100	32	100	185	100

Tableau A-9 : Variations mensuelles de la richesse spécifique du microphytoplancton récolté dans la station C (novembre 2000 – décembre 2001). (r, a et c : espèces rares, accessoires et constantes, ST : Richesse spécifique totale).

Mois	N	D	J	F	M	A	M	J	J	A	S	O	N	D
Espèces (r)	14	9	10	5	6	41	7	14	17	17	18	1	4	11
r (%)	24,13	18,37	22,22	12,20	24	49,40	14,30	24,57	25,75	26,56	28,58	5,20	17,39	34,37
Espèces (a)	17	13	10	12	5	20	20	19	20	22	22	7	4	4
a (%)	29,32	2,53	22,22	29,27	20	20,10	40,80	33,33	30,30	34,37	34,92	36,84	17,39	12,5
Espèces (c)	27	27	25	24	14	22	22	24	29	25	23	11	15	17
c (%)	46,55	55,10	55,56	58,53	56	26,50	44,90	42,10	43,95	39,07	36,50	57,90	65,22	53,13
ST	58	49	45	41	25	83	49	57	66	64	63	19	23	32

Tableau A-10 : Variations mensuelles de la densité (ind.l^{-1}) chez les différents groupes microphytoplanctoniques de la station A (novembre 2000 – décembre 2001).

	N	D	J	F	M	A	M	J	J	A	S	O	N	D
Chlorococcales	1	0	0	0	0	0	0	0	0	0	0	0	0	0
Chlorophycées	1	0	0	0	0	0	0	0	0	0	0	0	0	0
Chroococcales	1	0	0	0	0	0	0	9,50	7,70	0	4,50	0	0	0,75
Hormogonales	0	3	1,80	0	3,60	5	2	8	2,20	4,20	13,50	3,50	0,50	0
Cyanophycées	1	3	1,80	0	3,60	5	2	17,50	9,90	4,20	18	3,50	0,50	0,75
Centrales	33	25,50	40,20	9,80	52,20	25	13	5	5197,50	12	31,50	261,50	8	1,50
Pennales	32	53,25	174,60	232,80	387,90	343	136	97,50	181,50	100,20	190342	22,80	5,50	10,50
Diatomophycées	65	78,75	214,80	242,60	440,10	368	149	102,50	5379	112,20	190373,50	284,30	13,50	12
Dictyochales	1	0	0	0	0	0	0	0	0	0	0	0	0	0
Dictyochophycées	1	0	0	0	0	0	0	0	0	0	0	0	0	0
Dinophysales	104	18	1362	2,80	1,80	1	0	1,50	1,10	5,40	4,50	0,50	0	0
Gymnodiniales	0	11,25	0	0	0	0	0	0,50	4,40	0	13,50	9	0	769,50
Péridiniales	18	24,75	0	0	1,80	7	236	7	44	48	182,25	13	0,25	0,75
Prorocentrales	714	641,25	1682,40	369,60	1287,90	21	47	24,75	4051,30	52,20	36	27,50	7,25	12
Protaspidales	31	15,75	0	0	0	0	0	701,25	1,50	81	11,25	0	0	0
Dinophycées	867	710,75	3044,40	372,40	1291,50	29	283	735	4102,30	186,60	247,50	50	7,50	782,25
Desmidiales	0	0	0	0	0	0	0	0	0	0	0	0	0,50	0
Zygnemales	0	0	0	0	0	0	0	0	0	1,20	0	2	0	0
Zygophycées	0	0	0	0	0	0	0	0	0	1,20	0	2,50	0	0
Totaux	935	792,75	3261	615	1735,20	402	434	855	9491,20	304,20	190639	340,30	21,50	795

Tableau A-11: Variations mensuelles de la densité (ind.l^{-1}) des espèces microphytoplanctoniques récoltées dans la station A (novembre 2000 - décembre 2001).

Mois	N	D	J	F	M	A	M	J	J	A	S	O	N	D
Chlorophyceae														
Chlorococcales														
Pediastrum boryanum	1													
Cyanophyceae														
Chrococcales														
Chroccocus turgidis									3,30		4,50			
Merismopedia elegans								2,50						
M. geminata								0,50	2,20					
M. glauca									1,10					
M. punctata	1							5						0,75
M. tenuissima								1,50	1,10					
Hormogonales														
Anabaena macrospora								7,50	2,20	0,60				
Lyngbya epiphytica var. *aquae-dulcis*		1,50	0,60		1,80		2			1,80				
L. martensiana												0,50		
Oscillatoria anguinis					1,80									
O. bonnemaisonii		1,50	1,20			5		0,50		1,80	11,25	2,50	0,50	
O. terebriformis												0,50		
O. sp.											2,25			
Diatomophyceae														
Centrales														
Aulacodiscus kitonii forma africana			0,60											
Bellerochea horologicalis	2							2,75			2,25	0,50	7,25	
Biddulphia aurita	1		1,80		7,20			1		0,60			0,50	
B. mobiliensis			3	1,40										
B. obtusa					2,70						2,25	0,50		
B.pulchella (= *B. biddulphiana*)		0,75	0,60											
B. tridens		1,50			0,90	3								
B. spp.				4,20	1,80	1							0,25	
Cerataulina pelagica (Ex. *C. bergoni*)		1,50												
Chaetoceros atlanticus									211,20					
C. brevis												3,50		
C. constrictus			5,40				3		990	1,80		85		
C. curvisetus (= *C. pseudocurvisetus*)			0,60						492,80			6		
C. decipiens									123,20			20,50		
C. diadema		1,50							1111			25		
C. lauderi									1123,10			85		
C. radicans									246,40			23,50		
C. socialis									649			13		
C. teres									211,20					
Coscinodiscus centralis var. *pacifica*	2								20,90	4,80	9	0,50		
C. jonicianus	4								18,70	2,40				
C. sp.	15	4,50									13,50	2		
Lauderia borealis (= *L. annulata*)		2,25			20,70		9							

Melosira moniliformis	2		20,40			2	1	0,75						
M. nummuloides			6,60	2,80	2,70									
M. spp.									1,20					
Paralia sulcata	7	2,25	1,20	1,40	14,40	19			1,20	4,50				1,50
Planktoniella sol							0,50							
Rhizosolenia alata		6,75			1,80									
R. stolterfothii		4,50												
Pennales														
Achnanthes brevipes	1	0,75	8,40	4,20	4,50	4	32		3,30					
A. longipes		1,50			4,50									
Amphora arenaria var. donkinii					0,90	1		4,50	3,30	1,80	2,25			
A. costata					0,90		1	1,50			4,50			0,25
A. exigua					6,30									
A. ostrearia			2,40	4,20	4,50	3	1							0,25
A. ovalis		1,50	3,60	1,40	1,80	2		2,25						0,50
A. salina					8,10									
A. spp					0,90			2,50	1,10	2,40				
A. truncata					5,40			1,50	1,10					
Bacillaria paradoxa		1,50	1,80	1,40		2		1,25						
Campylodiscus clypeus			0,60											
C. echeneis					0,90									
Climacosphenia monoligera	3													
Diploneis crabo	3	2,25	6	2,80	4,50	2	1		1,10	1,20	2,25	0,50		
D. elliptica					0.9									
D. ovalis var. oblongella		3,75	24	4,20	77,40	12	12	1		3	9		0,25	0,75
Donkinia recta					0,90									
Entomoneis alata			2,40			4		2,75						
Hanzschia amphioxys	2				25,20		12	15,75	1,10	1,20				
Licmophora abbreviata								0,50						
L. dalmatica var. tunella				1,80		2					6,75			
L. flabellata var. splendida	2	9,75	13,20	77	16,20	14								0,75
L. gracilis		0,75	1,20	2,80	8,10						18			
L. lyngbei				1,40	3,60									
Lyrella clava					0,90									0,50
L. lyra				1,40	4,50						2,25			0,75
L. lyra var. recta		1,50			4,50			1						
Mastogloia angulata	1		1,20			4		0,25			2,25			
M. fimbriata	1	0,75			7,20	5								
M. grana				1,40										
M. splendidula			1,80	2,80	8,10	2	4						1	
M. sp.									4,80					
Navicula arenaria					8,10									
N. concellata	4	3,75	13,20	11,20	35,10	4	7	7	4,40	4,20	9	1,30	1	0,75
N. humerosa			1,20		0,90			1,25	2,20		6,75		2	0,25

Tableau A-11. (Suite)

N. peregrina			0,60				1							
N. spp.														0,75
Nitzschia bilobata					9,90		2							
N. closterium		0,75			12,60	4	26		60,50		2,25	4,50		1,50
N. longissima	1	1,50	14,40	49	22,50	3	22	2,25	31,90	5,40				
N. lorenziana var. *subtilis*									1,80					
N. reversa			4,80				2	2		3		4,50		
N. seriata	1				0,90									
N. spp.	3	3	8,40	1,40	3,60	4				13,80				1,50
N. ventricosa									15,75					
Plagiotropis lepedoptera		0,75	3,60	5,60	10,80		5	2	4,40	1,20	6,75	1,50	0,50	
Pleurosigma formosum	8	3	25,20	32,20	51,30	127	6	0,75		7,20	22,50	3,50	1,50	0,75
P. itium		1,50				1								
Rhabdonema adriaticum		0,75							2,20					
Rhopalodia gibberula					3,60									
Striatella unipunctata		4,50	1,80	12,60	2,70			0,25	1,10		9	0,50		0,75
Surirella fastuosa			1,20									0,50		
Synedra acus											$1,90.10^{5}$			
S. fulgens				2,80		1			4,50	7,20		1,50		
S. sp.	2	8,25	33,60	11,20	28,80	167	2	1	7,70	4,80		1,50	0,50	2,25
Thallasionema nitzschioides						1			55	37,20	238,50			
Thalassiophysa hyalina		1,50			0,90				1,10					
Trachyneis aspera					3,60									
Dictyochophyceae														
Dictyochales														
Dictyocha fibula var. *major*	1													
Dinophyceae														
Dinophysales														
Dinophysis acuminata			178,80											
D. caudata								0,75						
D. ovum	19	3	816						3	2,25				
D. pavillardi	5	3,75			1,80					2,25				
D. sacculus	75	8,25	367,20	2,80		1		0,75		1,80				
D. sp.	5	3							1,10	0,60		0,50		
Gymnodiniales														
Gymnodinium splendens (= *G. sanguinum*)			11,25					0,50	4,40		13,50	9		769,50
Peridiniales														
Alexandrium tamarense						112								
Amphidiniopsis sp.							2	2	1,10					0,75
Ceratium candelabrum		0,75												
C. declinatum		0,75								2,25				
C. furca	1	0,75			0,90	1							0,25	
C. fusus	3	3								2,25				
C. trichoceros	1	0,75												
Diplopsalis lenticula		3,75					10			32,40				
Gonyaulax diachantha											4,50			
G. polyedra									1,10					
G. polygramma							5	0,25						
G. spinifera	2	3,75												
Ostreopsis siamensis	3								3,50	12,10				
Protoperidinium conicum		0,75					35							

Tableau A-11. (Suite)

P. depressum						5								
P. diabolus						2								
P. divergens						14								
P. granii						15								
P. pellucidum	2				0,90			0,50		1,20	4,50	1,50		
P. tenuissimum	6	3,75					5				6,50			
P. trochoidum		3				1	10			3	15,75			
P. sp.		3,75				1	25	0,75	23,10	11,40	153	5		
Pyrophacus horologium								6,60						
Prorocentrales														
Prorocentrum balticum								459,80						
P. compressum (= *Exuviella compressa*)			9,60	364	1239,30									
P. gracile		2,25			10,80									
P. lima (= *Exuviella marina*)	2	0,75				8	4	18,70	3	11,25	0,50			
P. micans	712	637,50	1672,80	5,60	36	13	47	20,75	2137,30	49,20	24,75	27	7,25	12
P. minimum									1435,50					
P. scutellum		0,75			1,80									
Protaspidales														
Protaspis glans	31	15,75						701,25	1,50	81	11,25			
Zygophyceae														
Desmidiales														
Staurastrum sebaldi var. *ornatum*													0,50	
Zygnemales														
Zygnema stellinum										1,20		2		
Totaux	935	792,75	3261	615	1740,60	402	434	847,50	9491,20	304,20	190639	340,30	21,50	795
Richesse spécifique	37	53	39	28	56	28	37	44	44	36	36	36	16	15

Tableau A-12 : Variations mensuelles des dominances (%) chez les différents groupes microphytoplanctoniques de la station A, (novembre 2000 – décembre 2001).

	N	D	J	F	M	A	M	J	J	A	S	O	N	D
Chlorococcales	0,107	0	0	0	0	0	0	0	0	0	0	0	0	0
Chlorophyceae	0,107	0	0	0	0	0	0	0	0	0	0	0	0	0
Chroococcales	0,107	0	0	0	0	0	0	1,133	0,077	0	0,002	0	0	0,094
Hormogonales	0	0,362	0,054	0	0,206	1,240	0,460	0,938	0,023	1,377	0,007	1,030	2,325	0
Cyanophyceae	0,107	0,362	0,054	0	0,206	1,240	0,460	2,071	0,100	1,377	0,009	1,030	2,325	0,094
Centrales	3,544	3,077	1,284	1,590	2,900	6,217	2,994	0,583	54,660	3,933	0,016	77,066	37,207	0,188
Pennales	3,412	6,432	5,343	37,850	22,750	85,314	31,326	11,446	1,905	33,255	99,848	6,626	25,575	1,317
Diatomophyceae	6,956	9,509	6,627	39,440	25,650	91,531	34,320	12,029	56,565	37,188	99,864	83,692	62,782	1,505
Dictyochales	0,107	0	0	0	0	0	0	0	0	0	0	0	0	0
Dictyochophyceae	0,107	0	0	0	0	0	0	0	0	0	0	0	0	0
Dinophysales	11,121	2,177	41,786	0,455	0,103	0,248	0	0,174	0,011	1,770	0,002	0,145	0	0
Gymnodiniales	0	1,361	0	0	0	0	0	0,058	0,046	0	0,007	2,617	0	96,880
Péridiniales	1,923	7,072	0	0	0,1	1,739	54,367	0,817	0,462	15,746	0,093	3,780	1,162	0,094
Prorocentrales	76,361	77,512	51,584	60,100	74,063	5,223	10,830	2,893	42,785	17,724	0,019	8	33,730	1,510
Protaspidales	3,315	1,905	0	0	0	0	0	82,010	0,173	26,574	0,006	0	0	0
Dinophyceae	92,720	90,027	93,370	60,555	74,266	7,210	65,197	85,952	43,477	61,814	0,127	14,542	34,892	98,484
Desmidiales	0	0	0	0	0	0	0	0	0	0	0	0,145	0	0
Zygnémales	0	0	0	0	0	0	0	0	0	0,393	0	0,581	0	0
Zygophyceae	0	0	0	0	0	0	0	0	0	0,393	0	0,726	0	0

Tableau A-13 : Variations mensuelles de la dominance (abondances relatives en %) des espèces microphytoplanctoniques récoltées dans la station A (novembre 2000 - décembre 2001).

	N	D	J	F	M	A	M	J	J	A	S	O	N	D
Chlorophyceae														
Chlorococcales														
Pediastrum boryanum	0,107													
Cyanophyceae														
Chrococcales														
Chroccocus turgidis								0,034		0,002				
Merismopedia elegans							0,300							
M. geminata							0,058	0,023						
M. glauca							0,010							
M. punctata	0,107						0,600							0,094
M. tenuissima							0,175	0,010						
Hormogonales														
Anabaena macrospora								0,880	0,023	0,197				
Lyngbya epiphytica var. *aquae-dulcis*		0,181	0,018		0,103		0,460			0,590				
L. martensiana												0,150		
Oscillatoria anguinis					0,103									
O. bonnemaisonii		0,181	0,036			1,240		0,058			0,590	0,006	0,730	2,325
O. terebriformis												0,150		
O. sp.											0,001			
Diatomophyceae														
Centrales														
Aulacodiscus kitonii forme *africana*			0,018											
Bellerochea horologicalis	0,214							0,330			0,001	0,150	33,720	
Biddulphia aurita	0,107		0,055		0,414			0,120		0,198			2,325	
B. mobiliensis			0,092	0,227										
B. obtusa					0,155						0,001	0,150		
B. pulchella (= *B. biddulphiana*)			0,090	0,018										
B. tridens		0,181			0,051	0,746								
B. spp.				0,681	0,010	0,250							1,162	
Cerataulina pelagica (Ex. *C. bergoni*)		0,181												
Chaetoceros atlanticus								2,220						
C. brevis												1,020		
C. constrictus			0,165				0,691		10,414	0,590		24,720		
C. curvisetus (= *C. pseudocurvisetus*)			0,018						5,184			1,750		
C. decipiens									1,296			5,962		
C. diadema		0,181							11,680			7,300		
C. lauderi									11,814			24,720		
C. radicans									2,600			6,900		
C. socialis									6,830			3,800		
C. teres									2,220					
Coscinodiscus centralis	0,214							0,220		1,580	0,005	0,150		
C. jonicianus	0,437							0,196		0,790				
C. sp.	1,610	0,544									0,007	0,600		
Lauderia borealis (= *L. annulata*)		0,273			1,190		2,073							

186

Melosira moniliformis	0,214		0,625			0,497	0,230	0,088						
M. nummuloides			0,202	0,455	0,155									
M. spp.										0,394				
Paralia sulcata	0,748	0,272	0,036	0,227	0,828	4,726				0,394	0,002			0,188
Planktoniella sol								0,058						
Rhizosolenia alata		0,812			0,103									
R. stolterfothii		0,550												
Pennales														
Achnanthes brevipes	0,107	0,09	0,257	0,681	0,258	0,995	7,373		0,034					
A. longipes		0,181			0,258									
Amphora arenaria var. *donkinii*					0,051	0,250		0,530	0,034	0,600	0,002			
A. costata					0,051		0,230	0,176			0,002		1,162	
A. exigua					0,362									
A. ostrearia			0,073	0,681	0,258	0,746	0,230						1,162	
A. ovalis		0,181	0,110	0,227	0,103	0,497		0,263					2,325	
A. salina					0,465									
A. spp					0,051			0,300	0,011	0,790				
A. truncata					0,316			0,176	0,011					
Bacillaria paradoxa		0,181	0,055	0,227		0,497		0,146						
Campylodiscus clypeus		0,020												
C. echeneis					0,051									
Climacosphenia monoligera	0,320													
Diploneis crabo	0,320	0,280	0,184	0,454	0,258	0,497	0,230		0,011	0,394	0,001	0,150		
D. elliptica					0,051									
D. ovalis var. *oblongella*		0,453	0,735	0,681	4,455	2,985	2,765	0,180		0,986	0,005		1,162	0,094
Donkinia recta					0,051									
Entomoneis alata		0,073				0,995		0,320						
Hantzschia amphioxys	0,214				1,449		2,765	1,842	0,011	0,394				
Licmophora abbreviata								0,050						
L. dalmatica var. *tenella*				0,455		0,460					0,003			
L. flabellata var. *splendida*	0,214	1,180	0,404	12,50	0,931	3,226								0,094
L. gracilis		0,090	0,036	0,454	0,465						0,009			
L. lyngbei				0,227	0,207									
Lyrella clavata					0,051								2,325	
L. lyra				0,227	0,258						0,001			0,094
L. lyra var. *recta*		0,181			0,258			0,120						
Mastogloia angulata	0,107		0,036			0,995		0,030			0,001			
M. fimbriata	0,107	0,090			0,414		1,152							
M. grana				0,227										
M. splendidula			0,055	0,454	0,465	0,497	0,921					0,300		
M. sp.										1,580				
Navicula arenaria					0,465									
N. cancellata	0,427	0,453	0,404	1,818	2,018	0,995	1,613	0,820	0,046	1,380	0,005	0,380	4,651	0,094
N. humerosa			0,036		0,051			0,146	0,023		0,003	0,600	1,162	
N. peregrina			0,018				0,230							

N. spp.														0,094
Nitzschia bilobata					0,569	0,460								
N. closterium		0,090			0,724	0,921	3,040	0,636			0,001	1,310		0,188
N. longissima	0,10	0,181	0,440	7,960	1,294	0,746	5,070	0,263	0,335	1,775				
N. lorenziana var. *subtilis*									0,591					
N. reversa			0,147				0,460	0,234		0,986		1,310		
N. seriata	0,107				0,050									
N. spp.	0,320	0,363	0,267	0,227	0,207	0,995				4,536				0,188
N. ventricosa								1,842						
Plagiotropis lepedoptera		0,090	0,110	0,909	0,620		1,152	0,234	0,046	0,394	0,003	0,436	2,325	
Pleurosigma formosum	0,855	0,363	0,772	5,230	2,950	31,590	1,382	0,090		2,366	0,011	1,020	6,976	0,094
P. itium		0,182			0,230									
Rhabdonema adriaticum		0,090						0,023						
Rhopalodia gibberula				0,207										
Striatella unipunctata		0,544	0,055	2,048	0,155		0,030	0,011			0,005	0,150		0,094
Surirella fastuosa			0,036									0,150		
Synedra acus											99,660			
S. fulgens				0,454		0,250		0,526		2,366		0,463		
S. sp.	0,214	0,999	1,030	1,818	1,650	41,540	0,460	0,120	0,081	1,580		0,463	2,325	0,290
Thallasionema nitzschioides						0,250			0,580	12,230	0,129			
Thalassiophysa hyalina		0,181			0,051				0,011					
Trachyneis aspera				0,207										
Dictyochophyceae														
Dictyochales														
Dictyocha fibula var. *major*	0,107													
Dinophyceae														
Dinophysales														
Dinophysis acuminata				5,483										
D. caudata								0,090						
D. ovum	2,032	0,363	25,020							0,986	0,001			
D. pavillardi	0,534	0,453			0,103						0,001			
D. sacculus	8,021	0,999	11,280	0,454		0,250		0,090		0,591				
D. sp.	0,534	0,363							0,011	0,197		0,150		
Gymnodiniales														
Gymnodinium splendens (= G. sanguinum)		1,361						0,058	0,040		0,007		2,200	96,880
Peridiniales														
Alexandrium tamarense						25,806								
Amphidiniopsis sp.							0,460	0,234	0,011					0,094
Ceratium candelabrum		0,090												
C. declinatum		0,090									0,001			
C. furca	0,107	0,090			0,050	0,230							1,126	
C. fusus	0,320	0,373									0,001			
C. trichoceros	0,107	0,090												
Diplopsalis lenticula		0,453				2,304				10,650				
Gonyaulax diachantha											0,002			

Tableau A-13 (Suite)

G. polyedra									0,011					
G. polygramma				1,243		0,030								
G. spinifera	0,214	0,453												
Ostreopsis siamensis	0,320						0,410	0,140						
Protoperidinium conicum		0,090				8,064								
P. depressum						1,152								
P. diabolus						0,460								
P. divergens						3,225								
P. granii						3,460								
P. pellucidum	0,214			0,050				0,058		0,394	0,002	0,440		
P. tenuissimum	0,641	0,453				1,152						1,900		
P. trochoidum		0,363			0,250	2,304				0,986	0,008			
P. sp.		4,540			0,250	5,760	0,090	0,243	3,750	0,080		1,454		
Pyrophacus horologium								0,070						
Prorocentrales														
Prorocentrum balticum								4,840						
P. compressum (= Exuviella compressa)				0,294	59,180	71,270								
P. gracile		0,272			0,620									
P. marina	0,214	0,090			1,990		0,467	0,197	0,986	0,006	0,150			
P. micans	76,150	77,130	51,290	0,909	2,07	3,243	10,830	2,426	22,480	16,173	0,013	7,900	33,730	1,510
P. minimum									15,100					
P. scutellum		0,090			0,010									
Protaspidales														
Protaspis glans	3,315	1,910					82,010	0,173	26,627	0,006				
Zygophyceae														
Desmidiales														
Staurastrum sebaldi var. *ornatum*												0,150		
Zygnemales														
Zygnema stellinum										0,394		0,600		
Totaux	100	100	100	100	100	100	100	100	100	100	100	100	100	100

Tableau A-14 : Variations mensuelles de la densité (ind.l⁻¹) chez les différents groupes microphytoplanctoniques de la station B, (novembre 2000–décembre 2001).

	N	D	J	F	M	A	M	J	J	A	S	O	N	D
Chlorococcales	1,25	0	0	0	0	0	0	0	0	0	0	2,40		
Chlorophycées	**1,25**	**0**	**0**	**0**	**0**	**0**	**0**	**0**	**0**	**0**	**0**	**2,40**	**0**	**0**
Chroococcales	0	0	0	0	0	0	0	1	0	0	0	0	0	0
Hormogonales	3,75	0	0	0	0	3	3	0	16,80	3,20	5,75	6	0	0
Cyanophycées	**3,75**	**0**	**0**	**0**	**0**	**3**	**3**	**1**	**16,80**	**3,20**	**5,75**	**6**	**0**	**0**
Centrales	268,75	19	2631,20	0,52	20	19	30,60	55	25483,21	73,60	17,25	24669,60	4	5,75
Pennales	617,50	148	140,70	1,56	284	155	46,80	78	103,20	187,4	2,92.10⁶	824,40	50,40	128,80
Diatomophycées	**886,25**	**167**	**2771,90**	**2,08**	**304**	**174**	**77,40**	**133**	**25586,41**	**261**	**2,92.10⁶**	**25494**	**54,40**	**134,55**
Dinophysales	2059,85	27	2821	0	0	2	0,60	119	52	42,40	0	0	0	1,15
Gymnodiniales	118,75	40	0	0	0	0	0	833	206,40	1,60	138	264	0	1045
Péridiniales	56,25	156	0	0	0	321	26,40	79	14,40	420,80	44,85	6	0	2,30
Prorocentrales	12425	525	1296,40	1,56	281	36	56,40	2670	9504	271,20	36,80	75,60	16,80	60,95
Protaspidales	0	0	0	0	0	0	0	2	0	0	0	0	0	0
Dinophycées	**14659,25**	**748**	**4117,40**	**1,56**	**281**	**359**	**83,40**	**3703**	**9776,80**	**736**	**219,65**	**345,60**	**16,80**	**1109,40**
Desmidiales	0	1	0	0	0	0	0	0	7,20	0	0	6	0	0
Zygnémales	2,50	0	0	0	0	0	0	0	0	0	0	0	0	0
Zygophycées	**2,50**	**1**	**0**	**0**	**0**	**0**	**0**	**0**	**7,20**	**0**	**0**	**6**	**0**	**0**
Total	**15553**	**916**	**6889,30**	**3,64**	**585**	**536**	**163,8**	**3837**	**35387,21**	**1000,20**	**2,92.10⁶**	**25854**	**71,20**	**1243,95**

Tableau A-15 : Variations mensuelles de la densité (ind.l⁻¹) des espèces microphytoplanctoniques récoltées dans la station B (novembre 2000 – décembre 2001).

	N	D	J	F	M	A	M	J	J	A	S	O	N	D
Chlorophyceae														
Chlorococcales														
Pediastrum boryanum												2,40		
Scenedesmus accuminatus	1,25													
Cyanophyceae														
Chrococcales														
Merismopedia punctata								1						
Hormogonales														
Oscillatoria bonnmaisonii	3,75					3	3		16	3,20	5,75	2,40		
O. subsalsa									0,80			3,60		
Diatomophyceae														
Centrales														
Biddulphia aurita									0,80					
B. obtusa				1										
B. pulchella (= B. biddulphiana)									288					1,15
B. tridens	1,25				1									
Chaetoceros affinis									320					
C. atlanticus												1260		
C. brevis												240		
C. constrictus	32,50		1428				8,40	1	0,009			10578	0,80	
C. curvisetus (= C. pseudocurvisetus)									264					
C. decepiens			91						708			3228		

190

Tableau A-15. (Suite)

C. diadema	87,50								6336				1926	0,80	
C. lauderi	68,75		36,40	0,13			5,40		9184				3654		
C. radicans	37,50		109,90			1	7,20		3484,80						
C. socialis			962,40				4,800	2	3168				3498		
C. sp.													120		
C. teres	11,25								1552				96		
Coscinodiscus centralis	11,25	1						4	68,80	1,60				2,40	
C. jonicianus	5							10	25,60	0,80					
C. korstenii									24						
C. radiatus									38,40					2,40	
C. sp.						2		38	8	31,20					
Melosira lineata														2,40	
M. monoliformis	3,75			0,26	2										
M. nummuloides			0,70		15										
Paralia sulcata	10	17	2,80	0,13	16	2	4,80		12	40	17,25	64,80			4,60
Triceratium pentacrimus var. quadratum									0,80						
Pennales															
Achnanthes brevipes	10	12	0,70		11			1	4,80		4,60	12			
A. longipes	15	1			6				4,80	4,80				0,80	
A. coactata	1,25	1													
A. ostrearia					1										
A. ovalis			0,70		3				3,20			3,60			
A. truncata	1,25	5			1										
Baccilaria paradoxa	11,25		0,70		6		1,80		1,60			1,20			
Campylodiscus echeneis		1			1										
Diplonis crabo	5	4			16		2,40			4	2,30	21,60			
D. ovalis var. oblengella	28,75	51			100	4	6	1	3,20		2,30	1,20	0,80		
Donkinia recta									0,80						
Entomoneis alata					1			1	1,60						
Grammatophora marina				0,39	12										
Hantzschia amphioxys					1			1							
Gyrosigma sp												7,20			
Licmophora dalmatica										0,80		1,20			
L. flabellata	21,25			0,26	13	13	1,80	1				3,60	0,80		
L. gracilis					4			1							1,15
L. lyngbei	3,75				3		1,80								
L. spp.													0,80		
Mastogloia angulata					1							1,20			
M. fimbriata	5			0,13	5		5,40								
M. hustedii												2,40			
M. sp.										1,60		3,60			
M. splendidula			1,40		5	4	1,80								115
Navicula arenaria		2			2		1,20								
N. concellata	3,75	6	2,80		6	1		1	6,40	4		3,60			
N. faenensis								2							
Nitzschia closterium							5,40	9							
N. longissima	15		1,40	0,39	1		1,80	25		0,80					
N. lorenziana var. subtilis	1,25								3,20			708			
N. reversa							1,80		3,20						

191

Tableau A-15. (Suite)

N. spp.	31,25	17	0,70		2	5		6	9,60	0,80	1,15	1,20	8	1,15
Plagiotropis lepidoptera	1,25	1	0,70		3	2	1,80							
Pleurosigma directum										2,40				
P. formosum	56,25	12	5,60	0,26	81	39	9,60	4	20	16	21,85	44,40	8,80	2,30
P. itium														1,15
Rhopalodia gibberula												1,20		
R. musculus										0,80				
Striatella unipunctata		4			2			4		1,60	1,15		0,80	
Surirella fastuosa		1			1							1,200		
Syndra acus											$2,92.10^6$			
S. fulgens						1		5		2,40				
S. sp.														1,15
S. ulna	68,75	30	126	0,13	27	55	4,20	16	46,40	4,80		7,20	29,60	6,90
Thalssionema nitzschoides	2,50													
Thalassiophysa hyalina	335										137,80	849,85		
Dinophyceae														
Dinophysales														
Dinophysis accuminata			238					7						
D. norvegica			271,60											
D. ovum	87,50	8	441,70			1		56		16				
D. pavillardi	36,75													
D. sacculus	1916,25	8	1495,90			1	0,60		52	26,40				
D. sp.	18,75	11	373,80					56						1,150
Gymnodiniales														
Gymnodinium splendens (= *G. sanguinum*)	118,75	40						833	206,40	1,60	138	264		1045
Peridiniales														
Alexandrium tamarense					302	21								
Ceratium furca								1						
Diplopsalis lenticula								72		372	6,90			
Gonyaulax polyedra		5					1,20							
G. polygramma						1								
G. spinifera	11,25	9												
Oxytoxum milneri											2,30			
O. scolopax											4,60			
O. sp.											3,45			
Protoperidinium claudicans		1												
P. conicum							3,60							
P. granii											3,45			
P. hirobis											2,30			
P. leonis														1,15
P. pellucidum	2,50										11,50	1,20		
P. sp.	25	15					0,60			2,40		2,40		
P. tenuissimum	5					5				40		1,20		1,15
P. trochoidum		6												

Tableau A-15. (Suite)

P. tuba	12,50	120			13						10,35	1,20		
Pyrophacus horologium								6	14,40	6,40				
Prorocentrales														
Prorocentrum compressum (= Exuviella compressa)				0,91	277	9								
P. lima (= Exuviella marina)			0,70	0,13	2		24	1			11,50	3,60		
P. micans	11300	525	1295,70	0,52	2	20	32,40	2669	9504	52	25,30	72	16,80	47,15
P. minimum						7				219,20				13,80
P. scutellum	1125													
Protaspidales														
Protaspis glans								2						
Zygophyceae														
Desmidiales														
Closterium aciculare		1							7,20			6		
Zygnemales														
Zygnema stellinum	2,50													
Totaux	15553	916	6889	3,64	585	536	163,80	3837	35387,21	1000	2921125,85	25854	71,20	1243,95
Richesse spécifique	44	30	24	12	29	27	27	30	35	31	21	41	13	13

Tableau A-16 : Variations mensuelles des dominances (%) chez les différents groupes microphytoplanctoniques dans la station B, (novembre 2000 –décembre 2001).

	N	D	J	F	M	A	M	J	J	A	S	O	N	D
Chlorococcales	0,008	0	0	0	0	0	0	0	0	0	0	0,009	0	0
Chlorophycées	0,008	0	0	0	0	0	0	0	0	0	0	0,009	0	0
Chroococcales	0	0	0	0	0	0	0	0,06	0	0	0	0	0	0
Hormogonales	0,024	0	0	0	0	0,56	1,23	0	0,04	0,32	2.10^{-4}	0,02	0	0
Cyanophycées	0,024	0	0	0	0	0,56	1,23	0,06	0,04	0,32	2.10^{-4}	0,02	0	0
Centrales	1,75	2,09	37,27	14,28	3,42	4,09	20,29	1,92	77,71	7,34	59.10^{-5}	95,53	5,61	0,50
Pennales	1,84	16,17	2,06	42,84	48,48	28,84	28	2,06	0,15	18,72	99,99	3,18	70,85	1,21
Diatomophycées	3,59	18,26	39,33	57,12	51,90	32,93	48,29	3,98	77,86	26,06	99,99	98,71	76,46	1,71
Dinophysales	13,47	2,94	41,58	0	0	0,36	0,36	3,08	0,12	4,22	0	0	0	0,10
Gymnodiniales	0,77	4,36	0	0	0	0	0	21,70	0,46	0,15	0,005	1,02	0	92,46
Péridiniales	0,36	17,02	0	0	0	59,47	15,89	2,08	0,032	42,17	0,002	0,02	0	0,20
Prorocentrales	81,68	57,30	19,09	42,85	48,10	6,70	34,23	69,07	21,32	27,09	0,001	0,28	23,59	5,69
Protaspidales	0	0	0	0	0	0	0	0,05	0	0	0	0	0	0
Dinophycées	96,28	81,62	60,67	42,85	48,01	66,53	50,48	95,98	21,93	73,64	0,008	1,32	23,59	98,45
Desmidiales	0	0,12	0	0	0	0	0	0	0,08	0	0	0,02	0	0
Zygnemales	0,01	0	0	0	0	0	0	0	0	0	0	0	0	0
Zygophyceae	0,01	0,12	0	0	0	0	0	0	0,08	0	0	0,02	0	0

Tableau A-17 : Variations mensuelles de la dominance (abondances relatives en %) des espèces microphytoplanctoniques récoltées dans la station B (novembre 2000 – décembre 2001).

	N	D	J	F	M	A	M	J	J	A	S	O	N	D
Chlorophyceae														
Chlorococcales														
Pediastrum boryanum												0,015		
Scenedesmus accuminatus	0,008													
Cyanophyceae														
Chrococcales														
Merismopedia punctata							0,060							
Hormogonales														
Oscillatoria bonnmaisonii	0,025					0,560	1,850		0,035	0,330	0,0009	0,015		
O. subsalsa									0,002			0,021		
Diatomophyceae														
Centrales														
Biddulphia aurita									0,002					
B. obtusa			0,130											
B. pulchella (= B. biddulphiana)									0,640					0,191
B. tridens	0,008				0,170									
Chaetoceros affinis									0,710					
C. atlanticus									4,973					
C. brevis									0,235					
C. constrictus	0,212		21,030				5,120	0,620	20,590			40,915	1,120	
C. curvisetus (= C. pseudocurvisetus)									0,590					
C. decepiens			1,340						1,580			12,485		
C. diadema	0,600								14,210			7,454	1,120	
C. lauderi	0,450		0,530	3,570		3,300			20,600			14,135		
C. radicans	0,245		1,620		0,170	4,400			7,820					
C. socialis			12,700				2,950	0,052	7,120			13,525		
C. sp.												0,555		
C. teres	0,0730								3,480			0,415		
Coscinodiscus centralis var. pacifica	0,073	0,130							0,150	0,160			3,410	
C. jonicianus	0,032							0,260	0,057	0,090				
C. korstenii									0,053					
C. radiatus									0,086			0,175		
C. sp.						0,380		0,870	0,017	3,110				
Melosira lineata												0,125		
M. monoliformis	0,025			7,150	0,350									
M. nummuloides			0,010		2,780									
Paralia sulcata	0,065	1,860	0,040	3,580	2,740	0,370	2,930		0,026	3,990	0,0006	0,255		0,455
Triceratium pentacrimus forma quadratum									0,001					
Pennales														
Achnanthes brevipes	0,065	1,320	0,010		2,050		0,020	0,010		0,0001	0,052			
A. longipes	0,099	0,130			1,030			0,010	0,470				1,120	

Tableau A-17. (Suite)

A. coactata	0,008	0,130												
Amphora ostrearia			0,010	0,520						0,330		0,014		
A. ovalis					0,18									
A. truncata	0,008	0,550		0,170										
Baccilaria paradoxa	0,073		0,010	1,020	1,09			0,003				0,005		
Campylodiscus echeneis		0,130		0,170										
Diploneis crabo	0,032	0,440		2,740	1,460					0,390	0,0001	0,134		
D. ovalis var. *oblongella*	0,190	5,600		17,090	0,750	3,660	0,020	0,007			0,0001	0,005	1,120	
Donkinia recta										0,079				
Entomoneis alata				0,170			0,020			0,160				
Grammatophora marina				10,710	2,250									
Hantzschia amphioxys				0,170			0,020							
Gyrosigma sp.												0,034		
Licmophora dalmatica										0,090		0,005		
L. flabellata	0,140			7,140	2,230	2,420	1,090	0,020				0,014	1,100	
L. gracilis					0,750		0,020							
L. lyngbei	0,025				0,550	1,090								
L. spp.													1,100	
Mastogloia angulata				0,170								0,005		
M. fimbriata	0,032			3,580	0,860	3,300								
M. hustedii												0,013		
M. sp.			0,020	0,860	0,740	1,090						0,100		
M. splendidula										0,160		0,014		
Navicula arenaria		0,230		0,340		0,730								
N. concellata	0,024	0,660	0,040	1,025	0,180			0,060	0,014	0,390		0,014		
N. faenensis							0,050							
Nitzschia closterium						3,300	0,200							
N. longissima	0,098		0,020	10,710	0,180	1,090	0,650			0,090				
N. lorenziana var. *subtilis*	0,008							0,007				2,730		
N. reversa						1,090		0,007						
N. spp.	0,204	1,860	0,010	0,340	0,930			0,100	0,021	0,090	0,0001	0,005	11,230	0,191
Plagiotropis lepidoptera	0,008	0,130	0,010	0,510	0,380	1,090								
Pleurosigma directum										0,240				
P. formosum	0,368	1,320	0,080	7,140	13,840	7,280	5,860	0,100	0,044	1,590	0,001	0,213	12,350	0,200
P. itium														0,100
Rhopalodia gibberula												0,005		
R. musculus										0,090				
Striatella unipunctata		0,440		0,340				0,100		0,160	0,0001		1,120	
Surirella fastuosa		0,120		0,170								0,005		
Synedra acus											**99,960**			
S. fulgens				0,170			0,120			0,230				
S. sp.	0,450	3,300	1,850	3,570	4,610	10,260	2,560	0,400	0,100	0,480		0,031	41,570	0,610
S. ulna														0,100
Thalassionema nitzschioides	0,024									13,740	0,030			
Thalassiophysa hyalina	0,016													

Tableau A-17. (Suite)

Dinophyceae														
Dinophysales														
Dinophysis accuminata			3,500				0,140								
D. norvegica			4,000												
D. ovum	0,570	0,880	6,500		0,180		1,400		1,590						
D. pavillardi	0,237														
D. sacculus	12,550	0,880	22,030		0,180	0,360			0,116	2,650					
D. sp.	0,120	1,290	5,550				1,400								0,100
Gymnodiniales														
Gymnodinium splendens (= G. sanguinum)	0,770	4,400					21,700	0,460	0,160	0,004	1,020				92,460
Peridiniales														
Alexandrium tamarense					56,340	12,810									
Ceratium furca							0,060								
Diplopsalis lenticula							1,800		37,170	0,0002					
Gonyaulax polyedra		0,600				0,750									
G. polygramma					0,180										
G. spinifera	0,073	0,880													
Oxytoxum milneri									0,0001						
O. scolopax									0,0001						
O. sp.									0,0001						
Protoperidinium claudicans		0,130													
P. conicum						2,190									
P. granii									0,0001						
P. hirobis									0,0001						
P. leonis															0,100
P. pellucidum	0,016										0,0004	0,005			
P. sp.	0,161	13,280			2,440						0,0003	0,005			
P. tenuissimum	0,032	1,695				0,370			0,240			0,015			
P. trochoidum					0,940					3,990		0,005			0,100
P. tuba	0,081	0,695													
Pyrophacus horologium								0,130	0,032	0,640					
Prorocentrales														
Prorocentrum compressum (= Exuviella compressa)				25,000	47,350	1,670									
P. lima (= Exuviella marina)			0,010	3,570	0,340		14,660	0,020			0,0004	0,034			
P. micans	74,310	57,350	19,080	14,280	0,340	3,730	19,780	69,540	21,320	5,190	0,001	0,275	23,590	4,173
P. minimum						1,340				21,900					1,220
P. scutellum	7,370														
Protaspidales														
Protaspis glans							0,050								
Zygophyceae														
Desmidiales														
Closterium aciculare		0,130						0,086				0,023			
Zygnemales														
Zygnema stellinum	0,016														
Totaux	100	100	100	100	100	100	100	100	100	100	100	100	100	100

Tableau A-18 : Variations mensuelles de la densité (ind.l⁻¹) chez les différents groupes microphytoplanctoniques dans la station C, (novembre 2000 – décembre 2001).

	N	D	J	F	M	A	M	J	J	A	S	O	N	D
Chroococcales	0	0	0	0	1	0	0	0	0	0,90	6,25	0	0	0
Hormogonales	5	0	0	1,20	0	3,60	0	0	0,80	0	12,50	0	0	1,20
Cyanophyceae	5	0	0	1,20	1	3,60	0	0	0,80	0,90	18,75	0	0	1,20
Centrales	288	9	22863	39,60	4	11,70	10,40	63	16902,4	95,40	1254	601,20	4	4,80
Pennales	106	35,50	42	68,40	23	285,30	86,40	132	114,80	162	3,70.10⁶	27,90	27,60	30
Diatomophyceae	394	44,50	22905	108	27	297	96,80	195	17017,2	257,40	3701254	629,10	31.60	34,80
Dinophysales	314	30	1107	15,60	0	0	0,80	232	20	1176,30	25	0	0	0
Gymnodiniales	56	30	0	0	0	333	4	1785	131,20	5,40	538,75	45,90	0	480
Péridiniales	165	66	0	2,40	0	6513,30	75,20	22	2225,60	56781	3416,25	0	0	0
Prorocentrales	5675,60	207,75	937	7,20	1	1390,50	79,20	7395	40263,6	31,50	196,25	19,80	11,20	44,40
Protaspidales	0	0	0	0	0	0	0	10	0	0	0	0	0	0
Dinophyceae	6210,60	333,75	2044	25,20	1	8236,80	159,2	9444	42640,4	57994,2	4176,25	65,70	11,20	524,4
Desmidiales	0	0	0	0	0	0	0	0	0	0	0	0	5,60	0
Zygophyceae	0	0	0	0	0	0	0	0	0	0	0	0	5,60	0
Totaux	6609,60	378,25	24949	134,4	29	8537,40	256	9639	59658,4	58252,5	3777401,5	694,80	48,40	560,4

Tableau A-19 : Variations mensuelles de la densité (ind.l⁻¹) des espèces microphytoplanctoniques récoltées dans la station C, (novembre 2000 – décembre 2001).

	N	D	J	F	M	A	M	J	J	A	S	O	N	D
Cyanophyceae														
Chroococcales														
Chroccocus turgidis				1							6,25			
Merismopedia punctata										0,90				
Hormogonales														
Lyngbya epiphytica					1,80									
O. bonnemaisonii	5			1,20	1,80				0,80		12,50			1,20
Diatomophyceae														
Centrales														
Biddulphia tridens				6			0,80			2,70				
B. sp.		0,75	1		1	0,90	4,80							
Chaetoceros affinis										144				
C. constrictus	40		13328	4,80					5	4560	0,90			
C. curvisetus (= C. pseudocuvisetus)	28			2,40						200		297		
C. decipiens	20									720				
C. diadema	35		4760							4872				
C. lauderi	30									4768	2,50			
C. radicans			2040											
C. socialis	20	0,75	2720							600		211,50		
C. sp.										80				
C. teres										840		90		
Coscinodiscus centralis var. pacifica	10	4,50		1,20					21	48,80	43,20	38,75	1,60	
C. joniscianus	15								3	24	18,90			
C. korstenii										13,60				

197

Tableau A-19. (Suite)

C. nodulifer								9,60					
C. occulo-iridis	9												
C. sp.						0,90	2,40	34	8		1177,5	2,70	0,80
Druridgea geminata				1,20									
Melosira moniliformis			6								10		
M. sp.	1												
Paralia sulcata	80	3	8	19,20	3	4,50	2,40		14,40	29,70	25,25	1,60	4,80
Rhizosolenia stolterfothii						5,40							
Triceratium pentacrimus forma *quadratum*				4,80									
Pennales													
Achnanthes brevipes	2		3	2,40		1,80		12	5,60	2,70	43,75	2,40	1,20
A. inflata				1,20				1					
A. longipes					1								
Amphora arenaria									2,40				
A. costata								1					
A. ovalis				1,20		2,70							
A. spp						4,50							
Baccilaria paradoxa	7	0,75		2,40					0,80				
Campylodiscus clypeus				3,60									
C. echeneis				8,40			1,60						
C. noricus var.*hibernica*	1												
Diploneis crabo	2		2	2,40			1,60					3,60	1,20
D. ovalis var. *oblongella*		6				118,8	16		0,80	1,80	2,50		4
Entomoneis alata				3,60									
Gyrosigma sp.												1,80	1,60
Hantzschia amphioxys						7,20	3,20	1					
Licmophora abbreviata			3						0,80				
L. dalmatica						0,90							
L. damatica var. *tenella*	6												
L. flabellate		3,25	3	7,20	1	6,30				0,90			
L. gracilis	5			1,20									
L. lyngbei	9						0,80						
Mastogloi angulata						0,90	0,80		1,60		5	2,70	1,60
M. splendidula						27	4	1					
Navicula concellata		1,50	1			10,80	2,40	2	1,60		15		
N. humerosa						1,80							
Nitzschia closterium		0,75					5,60	5	8				
N.longissima	8					55,80	7,20	22	1,20				
N. lorenziana var. *subtilis*			2										
N. reversa								4	3,20				
N. spp.	15	6,75						64	27,20		11,25	0,90	1,20
Plagiotropis lepidoptera							2,40				6,25		
Pleurosigma directum								1	5,60				
P. formosum	33	6,75	11	27,60	3	23,40	17,60	2	36	6,30	55	16,20	4,80
P. itium				2,40									

198

Tableau A-19. (Suite)

Striatella unipunctata							1,60		1,60		1,25		4	
Synedra acus											3,769.10^6			
S. fulgens			1						2,40					
S. sp.	14	9	9	8,40	18	19,80	17,60	20	16	15,30			8	27,60
S. ulna												2,70		
Thalassionema nitzschioides	4	0,75	7							135	2200			
Dinophyceae														
Dinophysales														
Dinophysis acuminata			5	1,20					4,80	4,50				
D. norvegica			2							16,20				
D. ovum	103	18	80					87	1,60	356,4				
D. pavillardi	12			8,40				12	0,80					
D. sacculus	185	3	1020	4,80			0,8	113	4,80	361,8				
D. sp.	14	9		1,20				20	8	437,4	25			
Gymnodiniales														
Gymnodinium gracile	2													
G. splendens	54	30				333	4	1785	131,2	5,40	451,25	45,90		480
G. sp.											87,50			
Peridiniales														
Alxandrium tammarense						6426	40							
Ceratium furca	1					34,20	0,80							
C. fusus						1,80								
Diplopsalis lenticula								13	1,60	131,4				
Gonyaulax monacantha	15													
G. polyedra						46,80	2,40				1650			
G. polygramma											60			
G. spinifera	14	6,75												
Oxytoxum longiceps											30			
O. milneri											45			
O. scolopax						0,90								
O. sp.											23,75			
Protoperidinium conicum											7,50			
P. depressum		3,75				0,90								
P. divergens											32,50			
P. excentricum									0,80					
P. granii		3				0,90	1,60							
P. hirobis											11,25			
P. pellucidum									1,80					
P. sp.	108	36		2,40					2217,6	56610	1360			
P. tenuissimum	17	12,75				1,80			3,60	21,25				
P. trochoidum							24	3		31,50	100			
P. tuba	10	3,75				6,40								
Pyrophacus horologicalis								6	5,60	2,70	75			
Prorocentrales														
Prorocentrum balticum									560					
P. compessum (= Exuviella compressa)				2,40		4,80								

199

Tableau A-19. (Suite)

P. lima (= *Exuviella marina*)			2					28			21,25			
P. micans	5635	207,75	935	4,80	1	1390,50	46,40	7395	36462	31,50	87,50	19,80	11,20	20,40
P. minimum									3241,60		87,50			24
P. scutelum	40,60													
Protaspidales														
Protaspis glans								10						
Zygophyceae														
Desmidiales														
Closterium aciculare												5,60		
Totaux	6609,6	378,25	24949	133,2	29	8534,7	256	9639	59658,4	5825,25	$3,77.10^6$	694,8	48,40	560,4
Richesse spécifique	38	24	23	27	8	31	30	26	45	25	35	12	13	8

Tableau A-20 : Variations mensuelle des dominances (%) chez les différents groupes microphytoplanctoniques de la station C, (novembre 2000 – décembre 2001).

	N	D	J	F	M	A	M	J	J	A	S	O	N	D
Chroococcales	0	0	0	0	3,448	0	0	0	0	0,001	0,0001	0	0	0
Hormogonales	0,070	0	0	0,895	0	0,041	0	0,010	0,001	0	0,0003	0	0	0,210
Cyanophyceae	0,070	0	0	0,895	3,448	0,041	0	0,010	0,001	0,001	0,0004	0	0	0,210
Centrales	4,120	2,160	89,370	29,470	13,780	0,140	5,440	0,650	28,230	0,160	0,030	86,560	6,800	0,850
Pennales	1,570	8,550	0,140	50,890	79,310	3,340	32,600	1,380	0,220	0,280	99,850	4,010	64,830	5,340
Diatomophyceae	5,690	10,710	89,510	80,360	93,090	3,480	38,040	2,030	28,450	0,440	99,880	90,570	71,630	6,190
Dinophysales	4,500	15,920	6,670	11,600	0	0	0,300	2,400	0,030	2,010	0,001	0	0	0
Gymnodiniales	0,802	7,310	0	0	0	3,900	1,530	18,350	0,220	0,009	0,014	6,600	0	85,650
Péridiniales	2,36	15,910	0	1,780	0	76,300	29,540	0,220	3,730	97,470	0,090	0	0	0
Prorocentrales	86,60	50,150	3,760	5,370	3,450	16,300	30,230	76,900	67,620	0,074	0,005	2,850	18,900	7,920
Protaspidales	0	0	0	0	0	0	0	0,100	0	0	0	0	0	0
Dinophyceae	94,26	89,290	10,430	18,750	3,470	96,500	61,600	97,970	71,600	99,563	0,110	9,450	18,900	93,570
Desmidiales	0	0	0	0	0	0	0	0	0	0	0	0	9,450	0
Zygophyceae	0	0	0	0	0	0	0	0	0	0	0	0	9,450	0

Tableau A-21 : Variations mensuelles de la dominance (abondance relatives en %) des espèces microphytoplanctoniques récoltées dans la station C (novembre 2000 – décembre 2001).

	N	D	J	F	M	A	M	J	J	A	S	O	N	D
Cyanophyceae														
Chroococcales														
Chroccocus turgidis					3,448						0,0002			
Merismopedia punctata										0,001				
Hormogonales														
Lyngbya epiphytica var. aquae-dulcis						0,021								
Oscillatoria bonnemaisonii	0,075			0,893		0,021			0,001	0,0003				0,214
Diatomophyceae														
Centrales														
Biddulphia tridens				4,464			0,312			0,004				
B. sp.		0,198	0,004		3,448	0,011	1,875							
Chaetoceros affinis									0,241					
C. constrictus	0,605		53,421	3,571				0,052	7,643	0,002				
C. curvisetus (= C. pseudocurvisetus)	0,423			1,785					0,335			42,745		
C. decipiens	0,302								1,207					
C. diadema	0,529		19,080						8,167					
C. lauderi	0,454								7,992	0,0001				
C. radicans			8,176											
C. socialis	0,302	0,198	10,903						1,006			30,431		
C. sp.									0,134					
C. teres									1,408			12,953		
Coscinodiscus centralis var. pacifica	0,151	1,189		0,893				0,218	0,082	0,074	0,001		3,306	
C. joniscianus	0,227							0,031	0,040	0,033				
C. korstenii									0,023					
C. nodulifer									0,016					
C. occulo-iridis	0,136													
C. sp.						0,010	0,937	0,353	0,013		0,031	0,388	1,653	
Druridgea geminata				0,893										
Melosira moniliformis			0,024								0,0003			
M. sp.	0,015													
Paralia sulcata	1,210	0,793	0,032	14,285	10,345	0,053	0,937			0,024	0,051	0,0007	3,305	0,856
Rhizosolenia stolterfothii						0,063								
Triceratium pentacrimus forma quadratum				3,577										
Pennales														
Achnanthes brevipes	0,030	0,012		1,785		0,021		0,125	0,009	0,005	0,001		4,958	0,214
A. inflata				0,893				0,010						
A. longipes					3,448									
Amphora arenaria var. donkinii									0,004					
A. costata								0,010						
A. ovalis				0,893		0,032								
A. spp.						0,053								
Baccilaria paradoxa	0,106	0,198		1,785					0,001					

Tableau A-21 (Suite)

Campylodiscus clypeus				2,678									
C. echeneis			6,25		0,625								
C. noricus var. Hibernica	0,015												
Diploneis crabo	0,030		0,008	1,785	0,625				0,518			0,214	
D. ovalis var. oblongella		1,586		1,391	6,250		0,001	0,003	0,0001		8,264		
Entomoneis alata					0,042								
Gyrosigma sp.											0,259	3,306	
Hantzschia amphioxys					0,084		1,250	0,011					
Licmophora abbreviata			0,012					0,001					
L. dalmatica					0,009								
L. damatica var. tenella	0,091												
L. flabellate		0,859	0,012	5,357	3,448	0,074					0,001		
L. gracilis	0,075			0,893									
L. lyngbei	0,136					0,312							
Mastogloia angulata						0,010	0,312		0,003		0,0001	0,388	3,306
M. splendidula						0,316	1,562	0,010					
Navicula concellata		0,396	0,004			0,126	0,937	0,021	0,003		0,0004		
N. humerosa						0,021							
Nitzschia closterium		0,198					2,187	0,052	0,013				
N. longissima	0,121					0,653	2,812	0,228	0,002				
N. lorenziana var. subtilis				0,008									
N. reversa						1,562		0,005					
N. spp.	0,227	1,784					0,664	0,045			0,0001	0,129	2,479
Plagiotropis lepidoptera							0,937				0,0002		
Pleurosigma directum								0,010	0,009				
P. formosum	0,499	1,784	0,044	20,535	10,345	0,274	6,875	0,021	0,060	0,011	0,001	2,321	9,917
P. itium				1,786									
Striatella unipunctata						0,625		0,003	0,00003		8,264		
Synedra acus									99,793				
S. fulgens			0,008					0,004					
S. sp.	0,212	2,379	0,036	6,250	62,069	0,232	6,875	0,207	0,027	0,023		16,529	4,925
S. ulna										0,388			
Thalassionema nitzschoides	0,060	0,198	0,028								0,232	0,058	
Dinophyceae													
Dinophysales													
Dinophysis acuminata			0,022	0,893				0,008	0,008				
D. norvegica			0,008						0,028				
D. ovum	1,558	4,756	0,321				0,902	0,003	0,612				
D. pavillardi	0,181				6,250		0,124	0,001					
D. sacculus	2,798	0,791	4,088	3,571		0,312	1,172	0,008	0,622				
D. sp.	0,212	2,379		0,894				0,207	0,013	0,751	0,0007		
Gymnodiniales													
Gymnodinium gracile	0,030												
G. splendens	0,817	7,931			3,901	1,562	18,518	0,219	0,009	0,012	6,650		85,653
G. sp.									0,002				

202

Tableau A-21 (Suite)

Peridiniales														
Alxandrium tammarense						75,269	15,625							
Ceratium furca	0,015					0,401	0,312							
C. fusus						0,021								
Diplopsalis lenticula								0,135	0,003	0,226				
Gonyaulax monacantha	0,227													
G. polyedra						0,544	0,937				0,044			
G. polygramma											0,001			
G. spinifera	0,212	1,784												
Oxytoxum longiceps											0,0008			
O. milneri											0,001			
O. scolopax						0,010								
O. sp.											0,001			
Protoperidinium conicum											0,0002			
P. depressum		0,995				0,010								
P. divergens											0,0008			
P. excentricum								0,001						
P. granii		0,793				0,010	0,626							
P. hirobis											0,0003			
P. pellucidum										0,003				
P. sp.	1,634	9,517		1,785				3,717	97,181	0,037				
P. tenuissimum	0,257	3,380				0,022			0,006	0,0005				
P. trochoidum						9,375	0,031			0,054	0,003			
P. tuba	0,151	0,992				2,500								
Pyrophacus horologicalis								0,063	0,009	0,004	0,002			
Prorocentrales														
Prorocentrum balticum								0,939						
P. compessum (= Exuviella compressa)				1,785		1,875								
P. lima (= Exuviella marina)			0,008			10,937					0,0005			
P. micans	85,254	54,924	3,747	3,571	3,449	16,287	18,125	76,719	61,111	0,054	0,002	2,839	23,141	3,640
P. minimum									5,433		0,002			4,283
P. scutelum	0,623													
Protaspidales														
Protaspis glans								0,104						
Zygophyceae														
Desmidiales														
Closterium aciculare													11,570	
Totaux	100	100	100	100	100	100	100	100	100	100	100	100	100	100

Tableau A-22 : Variations mensuelles des indices de diversité (H'), de diversité maximale (H'$_{max}$) exprimés en bits/ind. et de l'equitabilité (E) dans les stations A, B et C (novembre 2000 – décembre 2001).

Station A

	N	D	J	F	M	A	M	J	J	A	S	O	N	D
H'	1,68946	1,87659	2,13880	2,38959	2,53286	2,67018	**4,06081**	1,44656	3,50366	3,40724	**0,04358**	3,45169	2,68265	0,29574
H'max	5,20945	5,72459	5,2854	4,80735	5,80735	4,80735	5,20945	5,45943	5,45943	5,16992	5,16992	5,16992	4	3,90689
E	0,32431	0,32781	0,40466	0,49707	0,43614	0,55543	**0,77951**	0,26496	0,64176	0,65905	**0,00843**	0,66764	0,67066	0,07569

Station B

	N	D	J	F	M	A	M	J	J	A	S	O	N	D
H'	1,46038	2,53003	2,98729	3,2652	2,65673	2,63058	**3,97506**	1,49749	2,90642	2,89990	**0,00561**	2,59944	2,42161	0,53770
H'max	5,45943	4,90689	4,58496	3,58496	4,85798	4,75488	4,75488	4,90689	5,12928	4,95419	4,39231	5,35755	3,70043	3,70043
E	0,26749	0,51560	0,65154	0,91080	0,54688	0,55323	**0,83599**	0,30158	0,56663	0,58534	**0,00127**	0,48519	0,65441	0,14531

Station C

	N	D	J	F	M	A	M	J	J	A	S	O	N	D
H'	1,23068	2,67763	2,00876	4,08507	1,94178	1,27342	3,91793	1,11771	2,13524	4,00349	**0,02755**	2,12775	3,29844	0,88974
H'max	5,24792	4,58496	4,52356	4,75488	3	4,95419	4,90689	4,70044	5,49185	4,64385	5,12928	3,58496	3,70044	3
E	0,23451	0,584	0,44406	0,85913	0,64726	0,25704	0,79845	0,23779	0,38880	0,86210	**0,00537**	0,59352	**0,89136**	0,29658

Planche I : <u>Lagune Mellah et exploitation conchylicole</u>

1– Chenal : à mi-distance entre la lagune et la mer (station C).

2– Embouchure du chenal (coté mer).

3– Photographie montrant le niveau de colmatage du chenal.

4– Embouchure du Oued R'kibet.

5– Embouchure de l'Oued El-Mellah.

6– Embouchure de l'Oued Bélaroug.

7– Vue d'ensemble d'une bordigue.

8– Détail d'une bordigue (Chambre de la mort).

9– Disposition de la bordigue au niveau du chenal (coté lagune).

10– Dune de sable bordant La rive Nord-Est de la lagune.

11– Végétation de la rive Ouest du chenal.

12– Vue d'ensemble de la lagune par temps calme.

13– Méthode de collecte de la palourde *Ruditapes decussatus* dans le Mellah.

14– Technique d'élevage de l'huître creuse *Crassostrea gigas* dans le Mellah.

15– Technique d'élevage de la moule *Mytilus galloprovincialis* dans le Mellah.

Planche I : Lagune Mellah

Planche II : <u>Appareils de mesures et engins de prélèvements</u>

1- Embarcation (chaland) utilisée lors des sorties dans la lagune Mellah.
2- Disque de Secchi.
3- Filet à plancton.
4- Thermo-salinomètre de terrain (Kent Eil 5005).
5- pH-mètre de terrain (pH-mètre 29)
6- Benne Van Veen.

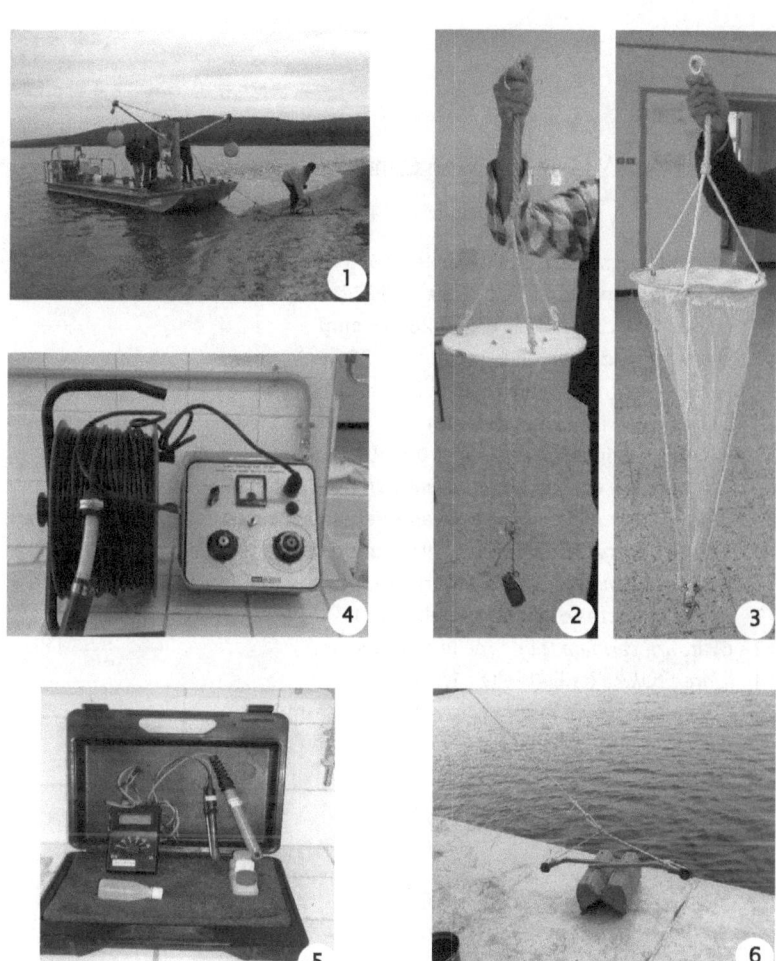

Planche V : Quelques espèces macrozoobenthiques du Mellah

1- *Ruditapes decussatus* (taille réelle : 10-51 mm).
2- *Brahydontes marioni* (taille réelle : 15-25 mm).
3- *Cardium glaucum* (taille réelle : 20-35 mm).
4- *Cerithium vulgatum* (taille réelle : 40-70 mm).
5- *Hydrobia ventrosa* (taille réelle : 4-6 mm).
6- *Rissoa* sp. (taille réelle : 4-6 mm).
7- Nainereis laevigata (longueur : 100-200 mm).
8- *Capitella capitata* : partie antérieure grandie (longueur : 20-100 mm).
9- *Heteromastus filiformis* : partie antérieure grandie (longueur : 20-100 mm).
10- *Harmathoë spinifera* : partie antérieure grandie (longueur : 15-20 mm).
11- *Phyllodoce pusilla* : partie antérieure grandie (longueur : 15-17 mm).
12- *Nereis caudata* (longueur : 40-60 mm).
13- *Cyathura carinata* (taille réelle : 14-16 mm).
14- *Idotea baltica* (taille réelle : 15-20 mm).
15- *Corophium insidiosum* (taille réelle : 5-6 mm).

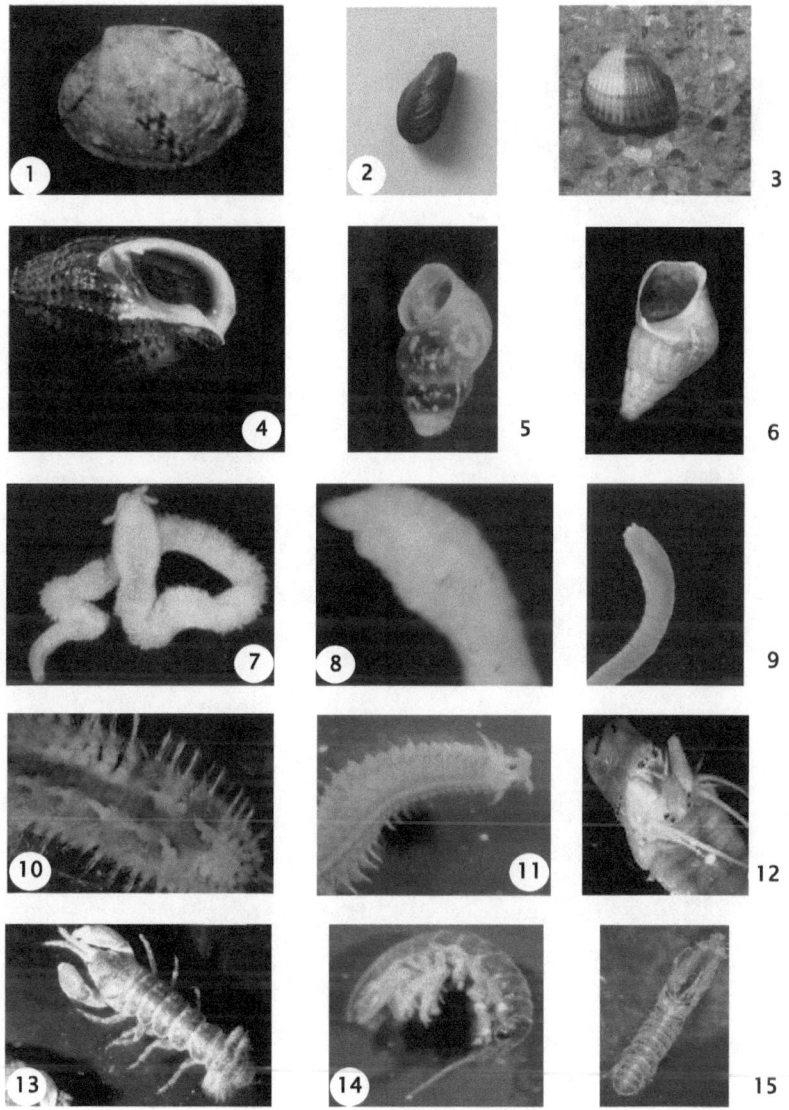

FSC
www.fsc.org
MIX
Papier | Fördert
gute Waldnutzung
FSC® C083411

Zeitfracht Medien GmbH
Ferdinand-Jühlke-Straße 7
99095 Erfurt, Deutschland
produktsicherheit@kolibri360.de

Druck:
CPI Druckdienstleistungen GmbH
im Auftrag der
Zeitfracht Medien GmbH
Ein Unternehmen der Zeitfracht - Gruppe
Ferdinand-Jühlke-Str. 7
99095 Erfurt

www.tredition.de

Urs Aebersold

* 1944 in Oberburg / CH

1963 Abitur in Biel/Bienne (CH)

1964 Schauspielschule in Paris, Kurzspielfilm "S"

Studium an der Universität Bern

Weitere Kurzspielfilme. "Promenade en Hiver",

"Umleitung", "Wir sterben vor"

1967-70 Studium an der HFF München

1974 Erster Kinospielfilm DIE FABRIKANTEN

als Co-Autor, Co-Produzent und Regisseur

Diverse Drehbücher für "Tatort"

Ab 2016 erste Buchveröffentlichungen

VERZAUBERT / NOVEMBERSCHNEE / DAS BLOCKHAUS - Drei Erzählungen

JULIA / AM ENDE EINES TAGES / DUNKEL IST DIE NACHT - Drei Erzählungen

NUITS BLANCHES - Roman

DER BAUCH MEINER SCHWESTER / EIN PERFEKTES PAAR / DIESES JÄHE VER-STUMMEN - Drei Erzählungen

BLUT WIRD FLIESSEN - Psychothriller
TÖDLICHE ERINNERUNG - Psychothriller